까다롭지만 탈 없이 배우는 중학 물리

까다롭지만
탈 없이 배우는
중학 물리

헷갈리는 개념을 꼭꼭 씹어주는
물리 소화제

초판 1쇄 인쇄   2023년 10월 11일
초판 1쇄 발행   2023년 10월 19일

지은이   강태형
펴낸이   최종현
기획   김동출
편집   최종현
교정   김한나
마케팅   유정훈
지원   윤석우
디자인   무모한 스튜디오

펴낸곳   ㈜엠아이디미디어
주소   서울특별시 마포구 신촌로 162, 1202호
전화   (02) 704-3448 팩스 02) 6351-3448
이메일   mid@bookmid.com
홈페이지   www.bookmid.com
등록   제2011-000250호

ISBN   979-11-90116-90-9(43420)

까다롭지만
탈 없이 배우는
중학 물리

추천하며

이 책에는 물리에 대한 생각의 힘을 키워줄 수 있는 183개의 좋은 질문이 있다. 질문에 대한 문제를 풀어가다 보면 물리개념이 자연스럽게 형성되고, 우리 주변의 다양한 물리적 현상들이 더 새롭게 보여 물리에 대한 재미를 찾을 수 있을 것이라 생각한다. 특히 책 중간중간 나오는 과학노트는 자연현상을 종합적으로 탐구할 수 있도록 생각거리를 던져주고 있어 물리에 대한 퍼즐 맞추기를 이어갈 수 있도록 사고의 과정을 이끌고 있다. 이 책을 통해 생각의 힘을 키우고 세상을 바라보는 즐거운 상상도 더해지기를 바란다.

군포중앙고등학교 교감 **오정현**

『까탈물리』는 좋은 물리책입니다. 저자가 '문제'의 형식으로 던지는 질문들이 탁월합니다. 저자가 던지는 질문이 모두 일상에서 누구나 경험할 수 있는 소재들이어서 좋습니다. 수능에서 물리2를 선택하고 1등급을 받는 대한민국 최상위 학생들은 수능 문항에서만 만날 수 있는 '정제되고 제한된 조건의 문제 상황'은 쉽게 해결합니다. 하지만 정작 일상에서 익숙하게 만나는 현상들을 물리개념으로 풀어내는 데에는 어려움을 겪어요. 자신이 일상생활 속에서 발견한 현상들에 대해 스스로에게 질문해 보는 데 익숙하지 않기 때문입니다. '질문이 없으면, 대답도 없다.' 그래서 이 책은 정말 좋은 책입니다. 저자는 일상 속에서 누구나 쉽게 경험할 수 있는 상황을 이용해서 독자들에게 끊임없이 질문합니다. 저자로부터 받은 질문에 독자들이 대답하다 보면 어느새 독자들이 자신의 눈으로 주변에서 질문을 찾게 될 것 같아요. 물리학의 창으로 세상을 보고 질문을 하기 시작하면 물리학의 재미는 자연스럽게 따라옵니다. 그래서 이 책은 훌륭합니다.

고양송산중학교 교사 **임대환**

이 책을 소개받을 때는 중학교 학생들을 대상으로 만들어진 책이라고 하여 마냥 쉬운 책이겠지 하고 아무 생각 없이 책장을 넘겼습니다. 몇 페이지를 읽고 난 후 이 책이 갖고 있는 본질을 알고 깜짝 놀랐습니다.

이 책은 과학의 근본을 물리적으로 파헤치려고 애쓴 책입니다. '이렇다'의 결론보다는 '이렇기 때문에'라는 원인에 초점을 두어 근원적인 질문인 'Why'를 강조한 점이 강점인 책입니다. 그래서 책을 한 권 읽었다는 느낌보다는 한편의 거대한 과학 영화를 본 듯한 느낌이어서 책을 보는 내내 즐거웠습니다. 물리학에 기초를 두었으나 수학, 화학, 생명과학, 지구과학의 다양한 사례들을 폭넓게 접목하여 과학을 공부하는 학생들에게 찐 물리학의 참맛을 알게 하는 책입니다.

물리학에 흥미를 갖고 있는 학생, 과학고나 영재고를 지망하는 상위권 학생들은 꼭 읽어봐야 할 필독 도서로, 여러분의 물리학적 성장에 큰 도움을 주리라 생각하여 적극 추천합니다.

인천온라인학교 물리 교사 / EBSi 과학탐구영역 물리 강사 **장인수**

물리는 자연 현상을 탐구하여 정성적이고 정량적으로 해석하는 학문으로 우리 생활과 밀접한 관련을 지니고 있다. 따라서 과학적 원리를 이용하면 우리의 생활이 편리해질뿐더러 지적 욕구도 충족시켜준다. 그러나 현행 과학 교과 교육과정이 실생활과 연결짓는 개념으로 이루어져 있음에도 많은 학생들에게 특히 물리 수업은 지루하고, 암기해야 한다고 생각해서 '어려운 과목'으로 인식된다. 물리학은 개념을 문제에 적용하는 것이 어렵고 수학적으로 해결해야 하는 부분도 많기 때문이다. 하지만 『까탈물리』는 물리가 어렵다는 오해를 해소하도록 구성되어 있다. 실생활과 연결지은 문제로 접근하여 그 해답을 과학적 핵심 개념으로 체계적으로 정리하였다. 또한 과학과 교육과정에 충실하였고, 학생들이 간편하게 이 책 한 권으로 물리에 대한 지적 궁금증을 해소하도록 하였으니 많은 학생들이 이 책을 통해 물리학에 대한 흥미를 느끼길 바란다.

서울삼선중학교 교사 **장호준**

중학교 교육과정의 물리개념들을 흥미 위주의 지식 나열이 아닌, 하나의 개념에 대한 연속적인 질문들을 통해 체계적인 물리학으로 초대하면서도 지루하지 않게 구성한 점이 인상적이다. 또한 다양한 질문들이 직관적인 사고에 반하는 것으로 제시되어, 독자로 하여금 비과학적 개념을 과학적 개념으로 다듬고 수정할 수 있는 계기가 되는 동시에 개념의 확장을 꾀할 수 있다. 비단 중학생뿐 아니라 교육 현장의 교사들에게도 이 책을 추천한다. 저서의 질문들을 재구성한다면 수업 시간에 학생들과 보다 역동적인 토론의 장이 열릴 수 있을 것이라 기대한다.

구성고등학교 물리 교사 / EBSi 과학탐구영역 물리 강사 **차 영**

들어가는 말

물리학은 어떤 학문일까요? 물리를 뜻하는 영단어 피직스^{physics}는 '자연'을 의미하는 그리스어 '퓌시스'에서 나왔습니다. 만물^{萬物}의 이치^{理致}를 연구하는 학문이라고 해서 물리학^{物理學}이지요. 과학 과목은 물리학, 지구과학, 화학, 생명과학으로 나눌 수 있는데 모두 물리학이 바탕입니다.

지금은 그렇지 않지만 예전에는 고등학교 분과를 문과와 이과로 나누었습니다. 의대나 공대, 자연과학대 등으로 진학하기 위해서는 이과에서 물리를 공부해야 했지요. 앞서 말한 것처럼 대부분의 이과적 지식이 물리학에 기반하고 있기 때문입니다. 그런데 이렇게 중요한 물리학을 포기해버리는 학생들이 많이 있습니다. 참으로 안타까운 일이 아닐 수 없습니다.

학생들이 물리학을 포기하는 가장 큰 이유는 아마도 물리학에 나오는 여러 공식 때문일 것입니다. 공식을 외우지 못해서라기보다, 물리 현상을 적절한 공식으로 표현하는 것이 어려워서 그렇겠지요. 게다가 계산도 무척이나 복잡합니다. 때문에 수학이 약한 사람은 물리학을 시작도 하기 전에 포기합니다. 그리고 공식이 가지는 물리학적 의미가 무엇인지 그 추상적(?)인 개념을 이해하기 어렵다는 것이 물리학을 포기하는 두 번째 이유일 것입니다.

하지만 물리학을 포기해서는 안 됩니다. 물리학은 포기하기에는 너무나 재미있는 학문입니다. 물리학을 포함한 과학의 목적은 탐구와 예측, 그리고 조정입니다. 현재의 몇 가지 단서를 가지고 과거에 일어난 일을 설명하고, 미래에 일어날 일을 예측한 후, 그 미래를 조정하는 것이 과학입니다. 따라서 물리학 문제를 푸는 것은 탐정이 사건 현장에서 범인을 찾아내는 것과 같이 흥미진진한 일이지요. 그리고 이 과정을 통해서 물리 현상을 이해하고 공식이 가지는 의미와 개념을 파악하는 물리학적 방법론을 익힐 수 있습니다.

그래서 이 책은 독자님에게 의심을 불어넣기 위해 지은 책입니다. 때로는 추리 소설처럼, 때로는 퍼즐처럼 문제를 제시합니다. '의심'은 '호기심'을 부르고, '호기심'은 '탐구'를 부릅니다. 추리 소설을 읽듯이, 퍼즐을 풀 듯이 재미있게 이 책을 읽어주시기 바랍니다.

각 장에는 미적분처럼 고등수학을 이용해야 풀 수 있는 어려운 문제가 없습니다. 수학을 모르는 사람도 이해할 수 있도록 수식은 사칙연산 정도만 이용했습니다. 중학교 교육과정을 벗어난 공식이 사용된 경우가 간혹 있는데, 이때에는 그 적용 과정에서 물리학적 의미에만 집중하면 더 특별한 묘미를 맛볼 수 있을 것입니다.

문제 다음에는 엉뚱한 곳에서 헤매지 않도록 해설을 해놓았습니다만, 문제를 읽은 뒤 바로 해설을 보지 마시고 탐구探求하고 궁리窮理하시기 바랍니다. 이를 위해서 답은 일부러 마지막에 배치했습니다. 일단 물리의 개념을 이해하고 나면 물리만큼 흥미진진한 학문이 없다는 것을 실감할 수 있을 것입니다. 그러다 보면 자신이 '물알못'에서 '물잘알'로 바뀌었다는 것을 알 수 있겠지요.

이 책에서는 물리학을 중학교 교육과정에 맞추어 장을 나누었습니다. 그리고 물리학으로 설명할 수 있는 지구과학, 화학, 생명과학 이야기도 '과학 노트'라는 이름으로 첨가하였습니다. 물리학으로 속을 썩는 분들에게는 좋은 약이 되리라 생각합니다.

마지막으로 이 책이 나올 수 있도록 원고를 흔쾌히 받아주신 MID 최종현 대표님에게 감사의 말씀을 드립니다. 그리고 꼼꼼하게 원고를 감수해 주신 김동출 박사님, 송현수 박사님께 감사드립니다. 원고를 편집하고 다듬는 데 수고해 주신 유정훈 님을 비롯한 편집자님들에게도 감사의 말씀을 전합니다.

차례

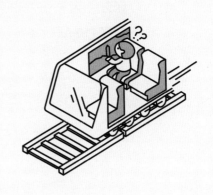

6파트 전기와 자기

7파트 운동과 에너지

1

열

✓ CHECKPOINT

1 온도와 열평형 과정을 물질을 구성히는 입자들의 배치나 움직임 등으로 설명할 수 있다.

2 열은 전도, 대류, 복사로 전달됨을 알고, 열전달 과정을 모형 등을 사용하여 다양하게 표현할 수 있다.

3 물질에 따라 비열과 열팽창 정도가 다름을 알고, 이러한 성질이 일상생활에서 유용하게 활용됨을 인식할 수 있다.

1
열의 이동과 평형

일반적으로 고온의 물체와 저온의 물체를 접촉시키면 고온의 물체에서 저온의 물체로 열이 이동하고, 그 결과 고온의 물체는 온도가 내려가고 저온의 물체는 온도가 올라갑니다. 이를 '전도'라 합니다.

열전도도(P)는 일정 시간(t) 동안 전달되는 열에너지(Q)입니다. 열전도도는 물체의 열전도율(K)에 따라 다르고, 전도체의 단면적(A)과 전도체 간의 온도차(T1-T2=ΔT)에 비례하며 전도체의 두께(L)에 반비례합니다.

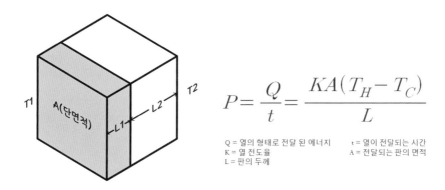

$$P = \frac{Q}{t} = \frac{KA(T_H - T_C)}{L}$$

Q = 열의 형태로 전달 된 에너지
K = 열 전도율
L = 판의 두께

t = 열이 전달되는 시간
A = 전달되는 판의 면적

열의 전도는 두 물체의 온도가 똑같아질 때까지 계속되는데 두 물체의 온도가 같아져 열의 흐름이 없을 경우를 열평형熱平衡에 있다고 합니다.

그런데 때로는 열의 이동이 일상생활에 지장을 주는 경우가 있습니다. 여름에 더워서 에어컨을 켠다든지 혹은 겨울에 난방을 하는 경우 집안과 집밖에서 일어나는 열의 이동은 냉난방비를 올리는 주범입니다. 때문에 주택은 집안 내부의 온도를 유지하고 열이 이동하지 않도록 합니다.

이것을 단열斷熱, heat insulation이라고 합니다.

두 금속 막대 A, B는 단면적이 같습니다. 길이는 B가 A보다 2배 길고 열전도율은 B가 A보다 2배 높습니다. 금속 막대 A의 한쪽 끝은 100℃의 열원과 접촉하고 금속 막대 B는 0℃의 열원과 접촉합니다.

충분한 시간이 지났을 때 두 금속 막대 접점에서의 온도는 얼마나 될까요?

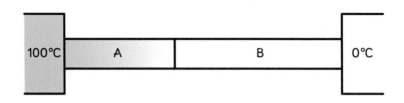

1. 0℃

2. 25℃

3. 50℃

4. 75℃

5. 100℃

열은 온도가 높은 곳에서 낮은 곳으로 흐릅니다. 때문에 열은 100℃의 열원에서 금속막대 A와 B를 거쳐 0℃의 열원으로 이동합니다. 이때, 두 금속 막대를 통해 단위 시간당 이동하는 열량은 같게 됩니다.

이를 열전도도 공식에 적용해보겠습니다.

$$P = \frac{Q}{t} = \frac{KA(T_H - T_C)}{L}$$

Q = 열의 형태로 전달 된 에너지   t = 열이 전달되는 시간
K = 열 전도율   A = 전달되는 판의 면적
L = 판의 두께

A의 열전도율*을 a, 길이를 L이라고 하면, B의 열전도율은 2a, 길이는 2L입니다. A의 열전도도는 a(100-T)/L, B의 열전도도는 2aT/2L입니다. A의 열전도도=B의 열전도도입니다. 따라서 a(100-T)/L=2aT/2L입니다.

문제 2. 난방비를 줄이려면?

겨울이라 실내 온도를 26도에 맞추고 보일러를 돌립니다. 그런데 1시간 정도 외출을 하게 되었습니다. 난방비를 줄이려면 보일러를 켜두는 것이 좋을까요, 꺼두는 것이 좋을까요?

1. 꺼야 한다.

2. 켜 두어야 한다. 식은 방을 26℃까지 올리는 데 더 많은 난방비가 든다.

3. 내부와 외부의 온도 차이, 외출의 시간에 따라 다르다.

....

* 열전도율의 단위는 J/(m·s·K)입니다만 중학교 과정에서는 몰라도 됩니다(J:일, m:미터, s:초, K:절대온도).

아무리 단열이 잘 된 집이라도 열은 항상 빠져나갑니다. 때문에 꺼야 합니다. 어차피 빠져나간 열만큼 보충해야 하니 동일한 에너지를 쓰는 것이 아닌가 하는 의문을 가질 수도 있습니다. 하지만 실제로는 식은 방을 다시 이전의 온도까지 올리는 것이 에너지를 덜 사용합니다.

이를 쉽게 이해하려면 구멍이 난 물통으로 비유하는 것이 적절합니다. 구멍 난 물통의 수위를 일정하게 유지하기 위해 계속 물을 부어준다면 수압도 일정하기 때문에 매시간 같은 양의 물이 새어나갑니다.

하지만 물 붓기를 중단하면 수위는 내려가고 수압도 덩달아 낮아지기 때문에 새어나가는 물의 양도 줄어듭니다. 열도 마찬가지라서 내부와 외부의 온도 차이가 많이 날수록 훨씬 많은 열이 빠져나갑니다.

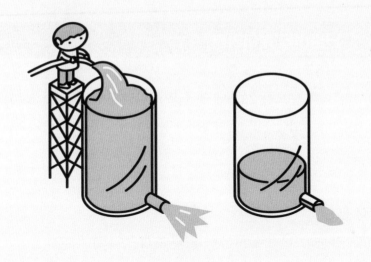

내연기관은 엔진이 뜨거울수록 열효율이 높아집니다. 이유는 위에서 설명했습니다. 온도 차이가 많이 날수록 훨씬 많은 열이 빠져나가고 그만큼 열효율이 좋아집니다.

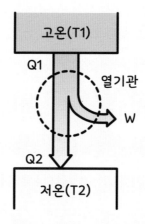

$$\Delta U = 0$$

열역학 1법칙에 따라 한 번의 순환 과정 동안 열기관이 외부에 한 일은 흡수한 열량과 방출한 열량의 차이와 같다.

$$W = Q_1 - Q_2 \qquad e = \frac{W}{Q_1} = \frac{Q_1 - Q_2}{Q_1}$$

하지만 너무 뜨거우면 자동차를 타는 인간이 견딜 수 없으니 온도를 적당히 조절하게 됩니다. 그래서 가솔린 엔진의 열효율은 38% 정도, 디젤 엔진의 열효율은 43% 정도입니다.

그렇다면 전기자동차의 효율은 얼마나 될까요? 논란이 있긴 하지만 내연기관보다 효율이 높은 것은 확실합니다. 게다가 공해물질도 전혀 나오지 않습니다. 언젠가 내연기관 자동차와의 차이가 거의 없어지게 된다면 인간과 자연 모두에게 더할 나위 없이 좋은 교통수단이 되지 않을까요?

문제 3. 우주의 미래

우주는 빅뱅으로 탄생했다고 합니다. 조그만 점에서 시작해 확장하면서 현재의 광활한 우주가 된 것이라고 합니다. 빅뱅 이후 1초 정도의 시간이 흐르면서 우주의 온도가 100억°C 정도로 낮아졌습니다. 그 후 우주는 점점 팽창하면서 더 식어, 현재 우주의 온도는 약 –270.4°C입니다. 지금도 우주는 팽창 중입니다.

미래의 우주는 어떻게 될까요?

1. 우주는 열평형 상태에 도달하고 모든 입자가 붕괴한다.

2. 우주는 멸망하지 않는다. 언젠가는 팽창을 멈추고 도로 수축하여 빅뱅의 상태로 돌아갈 것이다.

3. 시공간이 찢어지고 시간도 공간도 모두 사라진다.

4. 1,000년도 못 사는 인간이 어찌 수십억 년의 일을 알 수 있겠는가? 알 수 없다.

가설만 분분할 뿐 우주의 미래가 어떻게 될지는 알 수가 없습니다. 가장 많은 지지를 받는 설은 빅 프리즈 big freeze입니다. 우주는 끝없이 팽창하고 열의 이동도 완전히 끝나 열평형 상태(최대 엔트로피 상태)가 될 것입니다.

만약 우주 전체의 질량이 충분히 크다면 중력 때문에 우주의 팽창이 멈추고 다시 수축을 하다가 다시 빅뱅의 상태로 돌아갑니다. 이를 빅 크런치 Big Crunch라고 합니다. 그렇게 된다면 빅뱅 – 빅 크런치 – 빅뱅 – 빅 크런치 – …의 과정이 무한히 반복될 것입니다.

그런데 현재 우주의 팽창 속도는 점점 빨라지고 있습니다. 빅프리즈로 끝난다고 가정해도 너무나 빠르기 때문에 이를 설명하기 위해 우주를 팽창시키는 암흑에너지라는 것이 있지 않을까하는 추측을 하고 있습니다.

만일 암흑에너지의 성질이 우주가 팽창할수록 밀도가 증가하는 것이라면 빅 립big rip이 일어납니다. 빅 립이 일어나면 시공간이 찢어지고 시간도 공간도 모두 사라진다고 합니다.

그러나 위의 이야기는 모두 가설들이며 아마 우리가 죽기 전에는 일어나지 않을 가능성이 굉장히 높습니다. 또 일어난다고 하더라도 그 전에 인류가 멸망할 가능성이 높아 확인이 불가능할 겁니다.

2
전도, 대류, 복사

물체에서 열이 전달되는 방법은 대류, 전도, 복사가 있습니다. 유체(액체나 기체)의 경우는 대류$^{對流, \text{Convection}}$가 일어납니다. 온도가 높은 고체의 표면과 접촉한 유체 내의 각 입자가 직접 움직여 열을 전달합니다. 뜨거워진 입자는 열팽창을 하게 되어 차가운 입자보다 밀도가 작아져 위로 상승하고, 반대로 차가운 입자는 하강하게 됩니다.

대류는 방법에 따라 강제대류와 자연대류로 나눌 수 있습니다.

자연대류   **강제대류**

자연대류란 온도 차이에 의해 유발되는 공기 밀도 차이에 따라 발생하는 대류를 말하고, 강제대류란 외력에 의해 고체 표면을 지나가는 흐름을 유발하는 대류를 말합니다.

대류의 열전달속도(Q)는 대류를 일으키는 유체의 종류(h)에 따라 달라지고, 고체표면의 면적(A)과 고체와 대류를 하는 유체의 온도차(ΔT)에 비례합니다.

$$Q = hA\Delta T$$

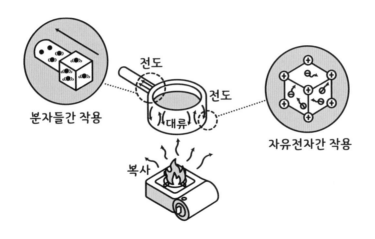

분자들간 작용

전도

전도

대류

자유전자간 작용

복사

전도傅導, conduction는 열이 물질을 통해서 이동하는 것을 말합니다. 전기 전도와 구별하기 위해서 열전도라고 해야합니다. 대류의 경우 입자가 열을 가지고 직접 이동하지만 전도의 경우는 입자는 움직이지 않습니다. 대부분 고체에서 일어납니다.

복사輻射, radiation란 열이 물체에서 매질 없이 전자기파의 형태로 사방으로 방출되는 것입니다. 열에너지가 태양에서 거의 진공 상태인 우주를 넘어 지구에 도달하는 현상이 복사입니다. 복사에너지 공식에는 적분과 삼각함수가 들어가는 데다가 공식을 설명하기 위해서는 양자역학이 필요하기 때문에 알려드릴 수가 없습니다.

열은 대류든 전도든 복사든 관계없이 온도가 높은 물체에서 온도가 낮은 물체로 이동하는데 두 물체의 온도가 같아질 때까지 이동합니다. 앞서 보았듯 이 상태를 열평형 상태라고 합니다.

구름의 모양은 참으로 다양합니다만 대략 10가지로 분류합니다.

• 상층운 - 권운(털구름) · 권적운(털쎈구름) · 권층운(털층구름)

• 중층운 - 고층운(높층구름) · 고적운(높쎈구름)

• 하층운 - 층운(층구름) · 층적운(층쎈구름) • 난층운(비층구름)

• 수직형 - 적운(쎈구름) · 적란운(쎈비구름)

이름의 뜻을 알면 구름의 모양을 이해할 수 있습니다.

• 권卷, 털 : 고도 5km 이상, 부드러운 털 모양

• 층層 : 수평으로 퍼진 모양

• 적積, 쎈 : 수직으로 쌓인 모양

• 고高, 높 : 고도 2km ~ 6km 높이

• 란亂, 비 : 비바람을 유발

그런데 하늘에 구름이 생기는 이유는 무엇 때문일까요?

1. 열의 대류

2. 열의 전도

3. 열의 복사

4. 신의 창조

대지와 해양은 태양빛을 받아 데워지지만 하늘 위는 온도가 낮기 때문에 대류 현상에 의해 수증기가 올라가 구름이 됩니다. 그래서 구름이 만들어지는 고도까지를 대류권이라고 부릅니다.

지구 대기의 약 80%가 대류권에 존재합니다. 일반적으로는 해발고도 10~11km 정도까지의 높이이지만 극지방의 경우 7km, 열대지방의 경우 16km까지가 대류권입니다.

대류권 위의 성층권의 경우는 아래가 위보다도 온도가 낮기 때문에 대류 현상이 일어나지 않고 따라서 구름도 만들어지지 않습니다.

성층권 위의 중간권은 아래가 위보다 온도가 높기 때문에 대류 현상이 일어나지만 수증기가 극히 희박하기 때문에 구름이 거의 만들어지지 않습니다.

그런데 중간권에서 예외적으로 구름이 만들어지기도 합니다. 위도 70~90도 부근 해발고도 76~85km 높이에서 만들어지는데 너무 높다 보니 태양빛을 반사해서 밤에도 반짝입니다. 그래서 야광운夜光雲이라 불립니다.

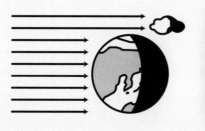 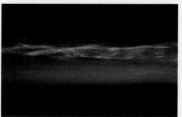

문제 2. 겨울 주택

이층집이 있습니다. 1층과 2층은 사다리로 연결되어 있고 막혀있지 않습니다.
난방을 하지 않는다면 1층과 2층 중 어디가 더 따뜻할까요?

1. 1층이나 2층이나 온도는 같다.
2. 그때그때 다르다.
3. 1층이 따뜻하다.
4. 2층이 따뜻하다.

외부로부터 열이 들어오거나 나가지 않고 난방도 하지 않는다면, 더운 공기는
비중이 가볍기 때문에 위로 올라가고 찬 공기는 아래로 내려옵니다. 그리고 이런
상태는 안정된 상태이기 때문에 대류도 일어나지 않습니다. 여름에도 마찬가지
라서 겨울에는 2층에서 지내고 여름에는 1층에서 지내는 경우도 더러 있습니다.
　　동양철학에서는 이런 상태를 화수미제火水未濟라고 합니다. 위와 아래가 화합
이 안 되는 모습이라며 불길하게 여깁니다. 그런 면에서 온돌 방식은 몸에 좋은
난방법입니다. 한의학에서는 수승화강水昇火降 혹은 두한족열頭寒足熱이라고 해서
머리는 차게 발은 따뜻하게 하는 것이 건강에 좋다고 합니다.

실제로도 온돌은 몸에 좋을 뿐 아니라 열효율도 높기 때문에 다른 나라에서도 도입하고 있습니다. 그런데 무중력에서도 온돌을 이용할 수 있을까요?

글쎄요. 무중력 상태에서는 대류가 일어나지 않습니다. 그러나 전도는 일어납니다. 우주에서 한번 실험해보면 좋겠습니다.

과학노트

얼룩말에 줄무늬가 있는 이유는 무엇 때문일까요? 흔히 알려진 오해는 줄무늬가 사자에게 혼동을 일으켜 잡아먹히는 일을 줄여준다는 것입니다. 하지만 얼룩말은 줄무늬로 숨을 수 있는 숲보다는 오히려 줄무늬가 눈에 잘 띄는 초원에서 대부분의 시간을 보냅니다. 게다가 사자는 줄무늬로 혼동을 느끼지 않습니다.

그래서 나온 다른 가설은 사자가 아니라 파리에게 혼동을 주기 위해서라는 가설입니다. 줄무늬가 주는 착시 효과 때문에 파리가 불시착을 하게되고 그 결과 추락한다는 것입니다. 이는 실제 실험을 통해서도 확인된 사실입니다.

또 줄무늬가 체온을 낮춰준다는 가설이 있습니다. 검은색 줄무늬가 흰색 줄무늬보다 12~15℃가량 더 높습니다. 이 온도 차이 때문에 대류 현상이 일어나 피부에 바람이 생긴다는 가설입니다. 참 재미있는 가설입니다. 정말 얼룩말에게 물어보고 싶네요. 그런데 아마 얼룩말도 정확한 이유는 모를 것 같습니다.

여름에 에어컨과 함께 선풍기를 작동시키는 것이 훨씬 시원합니다. 선풍기가 찬 공기를 강제로 대류시켜 주기 때문입니다.

그런데 선풍기를 이용하면 겨울에 난방 효율을 높일 수 있다고 합니다. 어떤 방법을 사용한 것일까요?

1. 그런 방법은 없다.

2. 선풍기를 작동시킬 때 뒷면에서 나오는 열로 난방을 한다.

3. 선풍기의 바람이 강하게 몸에 닿으면 마찰열로 뜨거워진다.

4. 천정에 올라가 있는 따뜻한 공기를 강제대류시킨다.

물론 선풍기를 작동시킬 때 뒷면에서 나오는 열로 난방을 할 수도 있겠습니다만 그렇게 하는 것보다는 전기난로가 효율이 더 좋을 것입니다.

히터를 이용해 난방을 하는 경우 선풍기를 천정을 향해 작동시키면 강제대류가 일어나 위의 뜨거운 공기가 아래로 내려오기 때문에 난방의 효과가 올라갑니다.

실제로는 선풍기가 아닌 서큘레이터를 이용합니다. 선풍기는 넓게 바람을 보내지만 바람을 보내는 거리가 짧습니다. 반면 서큘레이터는 바람을 보내는 범위가 좁지만 먼 거리까지 보낼 수 있기 때문입니다.

그래서 서큘레이터는 이름 그대로 공기를 순환시키는 목적으로 사용됩니다. 여름에는 에어컨과 같이 사용하고, 겨울에는 히터와 함께 사용하면 전기세를 아낄 수 있습니다.

세계에서 가장 경이로운 건축물이라고 하면 머릿속에 여러 가지가 떠오릅니다. 하지만 제가 생각하는 최고의 건축물은 인간이 만든 것이 아닙니다. 흰개미가 만든 흰개미집이야말로 최고의 건축물입니다.

수백만 마리의 흰개미들은 3m 이상의 집을 짓고 그 안에서 버섯을 길러 먹고삽니다. 그런데 버섯 균을 재배하는 과정에서 발생하는 열이 100W 정도입니다. 또한 아프리카는 한여름 기온이 40℃가 넘게 올라갑니다.

그럼에도 불구하고 수백만 마리의 흰개미들은 이 안에서 엄청난 양의 산소를 소비하고 이산화탄소를 배출하면서도 질식하지 않으며, 집 내부는 약 30℃ 정도의 온도와 50% 정도의 습도를 유지합니다.

이것이 가능한 이유는 대류 현상을 적극적으로 활용한 흰개미집의 구조 때문입니다. 흰개미집은 밑으로 들어온 공기가 내부의 오염되고 데워진 공기를 위로 빠져나가게 하는 구조를 가지고 있습니다.

사실 흰개미의 주거지는 땅 밑입니다. 위로 솟아오른 것은 환기장치입니다. 이 환기장치 안에는 무수한 통로들이 있는데 이 통로가 공기를 순환시킵니다. 게다가 이 통로의 길이를 다르게 해서 지나가는 공기가 서로 다른 진동수로 울리게 한

다는 가설도 있습니다. 이 가설에 따르면 서로 다른 주파수의 혼합으로 공기 순환

이 더 효율적으로 일어나게 된다고 합니다(일종의 자연적 파이프 오르간입니다).

　　실제로 이러한 흰개미집을 모방한 건물이 있습니다. 짐바브웨에 있는 '이스트

게이트 쇼핑센터'입니다. 이 건물은 흰개미집과 같은 방식으로 에어컨 없이 24℃

를 유지합니다. 때문에 냉방비용이 다른 건물의 10% 수준밖에 되지 않습니다. 호

주의 멜버른 시의회 청사도 흰개미집을 모방했습니다. 우리나라에 절실히 필요한

건물이네요.

문제 4. 빨리 데워지면 빨리 식는다

뚝배기와 양은냄비에 라면을 끓입니다. 양은냄비는 전도율이 좋아 금방 끓습니다. 하지만 그만큼 빨리 식어버립니다. 반면 뚝배기는 전도율이 낮아 물을 끓이는 데 시간이 많이 걸립니다. 하지만 식는 데에도 시간이 오래 걸리기 때문에 라면을 다 먹을 때까지 뜨끈뜨끈하게 먹을 수 있습니다.

확실히 '빨리 데워지면 빨리 식는다'라는 속담이 맞는 것 같습니다. 그런데 세상엔 빨리 데워지지만 천천히 식는 물질이 있다는 이야기가 있습니다. 사실일까요?

1. 사실이다.

2. 사실이 아니다.

3. 물체의 재질에 따라 다르다.

빨리 데워진다면 열의 전도가 그만큼 잘 된다는 의미입니다. 때문에 식을 때도 빨리 식습니다. 열을 빠르게 받아들이지만 늦게 방출하는 재료가 있는지는 저자가 아직 배운 것이 모자라서 있는지 없는지 모르겠습니다.

양은냄비와 같은 금속의 경우는 전도율이 매우 높습니다. 금속 내부의 자유전자가 직접 이동하면서 열을 전달하기 때문입니다. 때문에 전기 전도체는 열전도체이기도 합니다. 하지만 그 반대는 성립하지 않습니다. 다이아몬드는 열을 잘 전달하지만 전기는 통하지 않습니다.

문제 5. 숯불 위를 걷기

숯불 위를 걷는 행위는 고대로부터 여러 문화권에서 성인식이나 종교적인 의식으로 행하여졌습니다. 현대에 들어서는 극기 훈련이나 마음의 치유를 위해 숯불 걷기를 실시하기도 합니다.

숯불의 온도는 800℃나 됩니다. 그럼에도 발에 화상을 입지 않고 숯불 위를 걷는 것이 가능한 이유는 무엇 때문일까요?

1. 숯은 열전도를 잘 못하기 때문이다.

2. 숯은 열전도를 잘 하기 때문이다.

3. 몸속의 기(氣)가 발바닥을 지켜주기 때문이다.

4. 불가능하다. 숯불 위를 걷는 것은 속임수다.

숯불 걷기는 벌겋게 달아오른 숯 위를 걷는 것이 아닙니다. 숯불을 피운 후 그 위에 새로운 숯을 깔고 걷는 것입니다. 숯은 열전도를 잘 못하기 때문에 아래는 벌겋게 달아올라도 위쪽은 그리 뜨겁지 않습니다.

또한 숯이 깔린 길은 울퉁불퉁하기 때문에 발바닥과 숯이 접촉되는 면은 실제로 그리 넓지 않습니다. 그리고 걸어가는 사이 숯불의 열기로 발바닥에 땀이 나게 되는데, 이 땀이 수증기층을 형성해서 발로 열기가 전달되는 것을 막아줍니다.

혹시 숯불 위를 걸을 사람을 위해 한 가지 팁을 주겠습니다. 숯불 위에서 화상을 입지 않고 걸으려면 천천히 걸어야 합니다. 빨리 걸으면 발이 숯을 뒤집기 때문에 화상을 입을 위험이 있습니다.

숯불 걷기와 비슷한 것으로 끓는 기름에 손 넣기가 있습니다. 손에 물을 묻히고 200℃ 가까운 기름에 집어넣으면 신기하게도 화상을 입지 않습니다. 좀 더 온도가 높은 300℃의 녹은 납 속에서도 화상을 입지 않습니다. 심지어는 1,400℃의 쇳물에 손을 넣는 묘기를 보이는 사람도 있습니다.

손에 화상을 입지 않는 이유는 라이덴프로스트 효과 $^{Leidenfrost\ effect}$ 때문입니다. 라이덴프로스트 효과는 액체가 끓는점보다 높은 고체에 접하면 순간적으로 증발해 기체가 되면서 고체와 액체 사이에 증기막을 형성하게 되어 열의 전도를 막아버리는 현상입니다.

하지만 자칫하면 화상을 입을 수 있으니 라이덴프로스트 효과를 꼭 확인해보고 싶으신 분들은 다리미나, 프라이팬을 달구어 물을 몇 방울 떨어트리는 실험을 해보시기 바랍니다. 라이덴프로스트 효과로 물방울이 마치 구슬처럼 통통 튀는 것을 확인할 수 있습니다.

문제6. 얼음에 외투를 씌우면?

겨울이 되면 두꺼운 외투를 입게 됩니다. 하얀 털 외투를 입은 북극곰은 -40℃의 추위와 시속 120km의 강풍도 견뎌냅니다.

그렇다면 얼음을 외투로 감싸면 외투의 온기로 얼음을 더 빨리 녹일 수 있을까요?

1. 그렇다. 외투가 두꺼울수록 더 빨리 녹는다.

2. 아니다. 외투가 두꺼울수록 더 녹지 않는다.

3. 무생물인 얼음은 외투와 관계없이 녹는 시간이 같다.

외투는 단열재^{斷熱材}입니다. 단열재란 열의 전도를 막는 물질입니다. 항온동물이 외투를 입으면 따뜻한 이유는 몸에서 나는 열이 밖으로 빠져나가지 않기 때문입니다.

얼음을 외투로 감싼다면 어떻게 될까요? 외부의 온도가 높다면 외부의 열이 내부로 침투를 하지 못하기 때문에 쉽게 녹지 않습니다. 외투가 두꺼울수록 단열효과는 더 높아지니 더 녹지 않게 됩니다.

과학노트

<미션 투 마스>(2000)라는 영화를 보면 우주 공간에서 헬멧을 벗자마자 순식간에 얼어 죽는 장면이 나옵니다. 이것은 완전히 고증 오류입니다. 우주 공간은 진공이기 때문에 헬멧을 벗어도 순식간에 얼어붙거나 하지 않습니다.

진공은 가장 좋은 단열재로, 열을 전달할 매질이 없기 때문에 전도율이 0입니다. 때문에 보온병은 용기 벽을 이중으로 만들고 그 사이를 진공처리하여 온도를 유지합니다.

문제7. 얼음 녹이기

같은 무게와 같은 온도의 얼음이 세 종류 있습니다.
다음 중 가장 빨리 녹는 얼음은 어느 것일까요?

1. 공 모양

2. 주사위 모양

3. 성게 모양

4. 1,2,3 모두 동일하다.

열의 전도는 표면적의 크기에 비례합니다. 따라서 표면적이 가장 작은 공 모양
이 가장 천천히 녹고 표면적이 큰 성게 모양이 가장 빨리 녹습니다. 같은 형태라
면 부피가 작은 쪽이 빨리 녹습니다. 무게가 작은 쪽이 표면적의 비율이 넓기 때
문입니다.

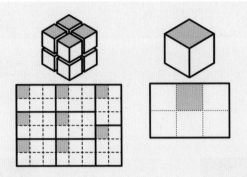

한 변의 길이가 1m인 정육면체의 부피는 1m^3, 겉넓이는 6m^{2}입니다.

한 변의 길이가 2m인 정육면체의 부피는 8m^3, 겉넓이는 24m^{2}입니다.

부피는 2×2×2=8배 늘었는데 겉넓이는 2×2=4배만 늘어납니다. 만약 부피가 10×10×10=1,000배가 되면 겉넓이는 10×10=100배만 늘어납니다. 때문에 부피가 클수록 전도는 잘 일어나지 않습니다.

과학노트

생물 다양성을 잘 보여주는 법칙으로 베르그만과 알렌의 법칙이 있습니다.

베르그만 법칙이란 체온을 일정하게 유지하는 정온동물이 같은 종일 경우, 일반적으로 추운 곳에 살수록 체격이 크고, 더운 곳에 살수록 체격이 작다는 법칙입니다.

알렌의 법칙은 체온을 일정하게 유지하는 정온동물이 같은 종일 경우 일반적으로 추운 곳에 살수록 신체의 말단부가 짧고 체격이 크고, 더운 곳에 살수록 신체의 말단부가 길다는 법칙입니다. 둘 다 생물의 표면적을 줄여 체온 유지를 하기 위해서입니다. 대표적인 예로 사막여우와 북극여우를 들 수 있습니다.

인류도 이 법칙에 적용됩니다. 북유럽인은 남유럽인들보다 평균 신장이 더 크고, 중국 북부지방의 사람들은 남부 지방보다 평균 신장이 더 큽니다. 우리나라도 마찬가지라 1930년대에 일제가 조사한 자료를 보면 함경도, 평안북도가 제일 크고 충청남도, 전라북도가 가장 작았습니다.

다음에 북한 사람들을 볼 때 얼굴을 유심히 보시기 바랍니다. 키는 영양도 큰 영향을 끼치니 확인하기 어려울 수 있지만, 우리나라 사람보다 귀가 더 작은 것을 볼 수도 있습니다.

문제 8. 열이 전달되는 속도

열이 전달되는 방법으로는 대류, 전도, 복사가 있습니다.
이 중 가장 빠르게 열이 전달되는 방법은 무엇일까요?

1. 대류
2. 전도
3. 복사
4. 그때그때 다르다.

대류는 물질이 직접 움직여 열을 전달합니다. 때문에 전달 속도는 물질의 움직이는 속도와 같습니다. 유체의 종류와 고체의 접촉면, 고체와 유체의 온도 차이 등에 의해 속도가 변합니다.

전도는 금속의 경우 자유전자가 열에너지를 전달합니다. 금속도선에서 전자는 전지가 연결되어 있지 않아도 수천 km/s 정도로 랜덤하게 움직입니다. 전지를 걸어 전압이 걸리면 -에서 + 방향으로 알짜 움직임이 발생하는데 이 알짜 움직임의 속력을 유동 속력이라고 합니다. 대류와 전도는 속도가 조건에 따라 달라지기 때문에 어느 쪽이 더 빠르다고 할 수 없습니다.

복사열은 전자기파입니다. 전자기파의 속도는 빛의 속도와 같은 30만 km/s입니다. 따라서 복사열의 전달 속도 역시 30만 km/s이며 물질에 관계없이 일정합니다.

문제 9. 한낮의 더위

하루 중 가장 더운 시간은 언제일까요?

1. 10시
2. 12시
3. 14시
4. 16시

12시에 태양이 가장 높이 뜨고 태양열도 가장 강합니다. 하지만 땅에서 올라오는 복사열이 더해지는 2~3시가 가장 덥습니다.

이는 한 해에도 그대로 적용되어 태양이 가장 높이 뜨는 하지(양력 6월 21일 경) 때가 아니라 입추(양력 8월 7일 경)가 되어야 연중 최고 기온을 기록합니다.

그러면 언제 가장 추울까요? 땅은 복사열을 오래 저장하지 못합니다. 때문에 하루 중에는 해 뜨기 직전, 일년 중에는 해가 가장 짧은 1월이 가장 춥습니다.

문제 10. 우주 공간에 얼음 한 조각

우주비행사가 우주선 밖으로 나가 실험을 합니다. 얼음을 넣은 주스병의 뚜껑을 열고 우주 공간으로 뿌렸습니다. 주스병에 든 얼음이 우주 공간으로 빠져나왔습니다.

얼음의 온도는 어떻게 될까요?

1. 복사열을 내면서 온도가 내려간다.

2. 단열 팽창이 일어나 온도가 내려간다.

3. 진공에서는 열의 대류나 전도가 일어나지 않으니 온도는 그대로다.

진공에서는 열의 대류나 전도가 일어나지는 않지만 복사는 일어납니다. 때문에 복사를 통해 열이 빠져나가면서 서서히 온도가 떨어집니다.

그런데 얼음은 차가운데 어떻게 열의 복사가 이루어지는 것일까요?

열의 이동은 두 물체의 온도 차이에 의해 일어납니다.

우주 공간의 온도는 -270℃입니다. 때문에 온도가 높은 얼음에서 복사열이 방출되어 우주 공간으로 흩어집니다.

그런데 복사는 전자기파에 의해 전달된다고 했습니다. 따라서 우주 공간의 얼음은 전파를 발산하게 됩니다. 성능 좋은 라디오를 얼음 옆에 가져다 대면 얼음이 떠는 소리를 들을 수 있을 것입니다.

실제로 우주 공간에 얼음을 버리면 안됩니다.

인공위성이 떠 있는 정지 궤도에서 움직이는 물체의 속력은 초속 7~11km 정도입니다. 지름 10cm 정도의 파편 하나면 위성 하나를 충분히 박살낼 수 있습니다.

현재 지구 궤도를 떠돌고 있는 지름 10cm 이상의 파편은 2만 개가 넘는 것으로 알려졌습니다. <그래비티>(2013)라는 영화에 나오는 우주 쓰레기와의 충돌은 충분히 있을 수 있는 일입니다. 영화에서 라이언 스톤 박사는 간신히 살아 돌아왔지만 맷 코왈스키는 결국 사망합니다. 현실에서는 둘 다 살아남기 힘들 것입니다. 우주비행사들을 위해서라도 우주 쓰레기를 없앨 방안을 마련해야 합니다.

3
비열과 열팽창

비열은 단위 질량을 가진 어떤 물질의 온도를 단위 온도만큼 올리는 데 필요한 열량을 말합니다. 비열의 단위는 $cal/g\cdot°C$ 또는 $J/g\cdot°C$입니다. 1g의 어떤 물체의 온도를 1°C 올리는 데 필요한 열량(cal 또는 J)을 나타내는 단위입니다. 물의 비열은 $1cal/g\cdot°C$입니다. 1g의 물을 1°C 올리는 데 1cal의 열량이 듭니다.

비열은 물질마다 다릅니다. 비열이 작은 철로 만든 숟가락은 불에 가져다 대면 순식간에 손으로 만질 수 없을 정도로 뜨거워지지만 비열이 큰 물을 냄비에 담아 끓이려면 한참 기다려야 끓습니다.

한편 열을 받은 물체는 입자의 운동이 활발해져서 입자가 차지하는 부피가 커집니다. 이처럼 물체의 온도가 높아질 때 부피가 팽창하는 현상을 열팽창이라고 합니다. 비열처럼 열팽창의 정도도 물질마다 다릅니다.

구리는 미생물을 죽이는 효과가 있습니다. 실제로 구리 합금인 청동으로 만든 유기에 밥을 담으면 잘 쉬지 않습니다. 또 발냄새 방지용 신발 깔창에도 구리가 들어갑니다. 육수를 이용한 음식의 경우 잡내를 없애기 위해 뜨겁게 달군 구리를 육수에 넣고 휘젓기도 합니다.

온도 80˚C의 육수 10kg에 300˚C로 달군 1kg의 구리 구슬을 넣어 열평형 상태에 도달했다면 육수의 온도는 어떻게 될까요?

(육수의 비열은 1Kcal/kg · ˚C, 구리의 비열은 0.09Kcal/kg · ˚C)

1. 85℃ 이하

2. 85℃ ~ 90℃

3. 90℃ ~ 95℃

4. 95℃ ~ 100℃

열평형 상태가 되었을 때 '구리가 잃은 열량 = 물이 얻은 열량'입니다.

구리가 잃은 열량은 1 kg × 0.09 Kcal/kg · ˚C × (300-T) = 0.09Kcal/˚C × (300-T) 이고

물이 얻은 열량은 10kg × 1 Kcal/kg · ˚C × (T-80) = 10Kcal/˚C × (T-80) 입니다.

따라서 0.09 Kcal/˚C × (300-T) =10Kcal/kg · ˚C × (T-80)을 계산하면 약 82℃ 입니다.

차가운 유리컵에 뜨거운 물을 부으면 컵이 깨지는 경우가 있습니다. 이는 열팽창의 정도가 달라서입니다.

컵의 내부는 뜨거운 물로 온도가 상승하여 팽창을 하는데 컵 외부는 열이 제대로 전도되지 않아 팽창되지 않고 그대로 있습니다. 이 때문에 유리컵에 변형이 발생하고 결국 깨지게 됩니다.

두꺼운 유리컵과 얇은 유리컵 중 어느 쪽이 더 쉽게 깨질까요?

1. 두꺼운 유리컵

2. 얇은 유리컵

3. 둘 다 같다.

4. 내부와 외부의 온도 차이에 따라 다르다.

두꺼운 유리컵은 열의 전도가 잘 되지 않습니다. 때문에 내부와 외부의 온도차가 심하게 나고 그만큼 변형이 더 크게 일어나기 때문에 더 잘 깨집니다.

유리가 얇으면 열이 빨리 전달되기 때문에 내외부의 온도 차이가 크지 않아 변형도 적게 일어나고 깨질 확률이 낮아집니다.

일반유리는 80℃ 정도의 온도차가 나면 깨집니다. 이런 단점을 보완하기 위해서 유리그릇은 내열유리로 만들어집니다. 내열유리는 350℃ 정도의 온도차까지 견딜 수 있습니다. 음식물을 조리할 때 음식물을 아무리 가열하더라도 약 300℃가 넘어가면 타버리므로 안심하고 사용해도 됩니다.

기차를 타고 강원도 철길을 지나면 '철컹철컹'하는 소리를 들을 수 있습니다. 이는 기차 레일이 군데군데 띄어져 있는데 이 레일 간의 이음매를 열차 바퀴가 통과할 때 나는 소리입니다.

그런데 왜 철도 레일을 띄어둔 것일까요?

1. 처음에는 연결되어 있었지만 시간이 지나면서 끊어진 것이다.

2. 철로가 온도에 따라 늘어나고 줄어들기 때문에 띄어놓았다.

3. 철로 레일 사이의 물이 빠질 수 있도록 띄어놓았다.

4. 재료비를 아끼기 위해 일부러 짧은 철로를 이용하였다.

철로는 온도가 올라가면 팽창하여 길이가 늘어납니다. 때문에 틈이 없이 붙여 놓으면 여름에는 휘어져버립니다. 이러한 상황을 방지하기 위해 25m 길이로 레일을 만들고 일부러 사이를 약간 띄어 놓습니다.

겨울

여름

요즘은 장대長大 레일을 이용합니다. 300m 길이의 레일을 부설하고는 레일을 용접해 이어버립니다. 그래서 이음매가 없습니다. 이를 CWR^Continuous Welded Rail이라 합니다.

이것이 가능한 이유는 침목의 재료를 나무에서 콘크리트로 바꾸었기 때문입니다. 레일을 고정하는 핀과 침목이 튼튼하면 레일이 열팽창으로 늘어나는 것을 버틸 수 있습니다. 그럼에도 불구하고 폭염으로 휘어져버리는 경우가 있는데 이때는 찬물을 뿌려 철로를 수축시킵니다.

과학노트

바이메탈은 서로 다른 열팽창률을 가진 두 금속을 붙여서 만든 물질입니다.

바이메탈에 열이 가해지면 두 금속이 각각 팽창하게 되는데, 열팽창 정도가 서로 다르므로 하나가 더 많이 팽창합니다. 하지만 양끝이 서로 붙어있기 때문에 열팽창 정도가 적은 금속 쪽으로 휘어지게 됩니다.

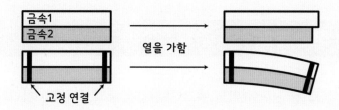

이 특성을 이용하여 일정 온도 이상이 되면 회로를 끊어야 하는 다리미, 전기밥솥, 토스터, 전기주전자, 온풍기 등이 만들어집니다.

또 온도가 내려가면 원래 모습으로 돌아가는 성질을 이용해 크리스마스 트리의 장식용 꼬마전구를 만들기도 합니다.

꼭 두 개bi의 금속metal만 붙이란 법은 없습니다. 세 개의 금속으로 만드는 트라이메탈trimetal이나 네 개의 금속으로 만드는 테트라메탈tetrametal도 있습니다.

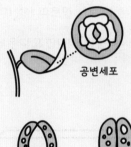

공변세포

기공이 열림

기공이 닫힘

식물의 잎에 있는 공변세포도 바이메탈처럼 서로 다른 팽창률을 이용해 기공을 여닫습니다. 공변세포의 안쪽은 팽창률이 낮고 바깥쪽은 팽창률이 높습니다. 때문에 공변세포가 물로 채워지면 기공이 열립니다. 반대로 물이 빠지면 기공이 닫힙니다.

문제 4. 원반 통과

쇠공을 쇠로 된 원반 중앙의 동그란 구멍에 통과시키려고 합니다. 그런데 공의 지름이 구멍의 지름보다 약간 크기 때문에 통과를 못하고 있습니다.

어떻게 하면 통과할 수 있을까요?

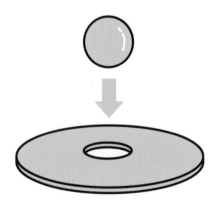

다음 중 모두 골라주시기 바랍니다.

1. 쇠공을 가열한다.
2. 쇠공을 얼린다.
3. 원반을 가열한다.
4. 원반을 얼린다.

물체는 얼리면 부피가 줄고 가열하면 부피가 늘어납니다. 때문에 쇠공을 얼리거나 원반을 가열하면 쇠공이 원반을 통과 할 수 있습니다.

원반의 경우 가열하면 오히려 구멍이 더 작아진다고 생각하는 사람들이 있습니다. 하지만 실제로는 더 커집니다.

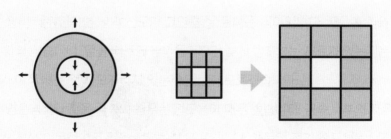

볼트와 너트가 너무 꽉 조여져있어서 풀 수가 없습니다.

어떻게 해야 풀 수 있을까요?

1. 가열한다.

2. 냉각한다.

3. 1, 2 다 가능하다

4. 1, 2 다 불가능하다.

앞에서 다룬 문제를 응용하면 너트는 냉각하고 볼트는 가열하면 됩니다. 하지만 그럴 수 없다면 둘 다 가열하면 됩니다. 볼트와 너트가 조여져 있다는 것은 둘 사이의 공간이 좁다는 의미입니다. 가열을 하게 되면 볼트와 너트가 팽창하면서 그 사이의 공간도 팽창하기 때문에 쉽게 풀어집니다.

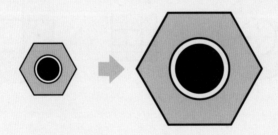

(위의 그림은 설명을 위해 다소 과장되어 있습니다.)

물질의
상태 변화

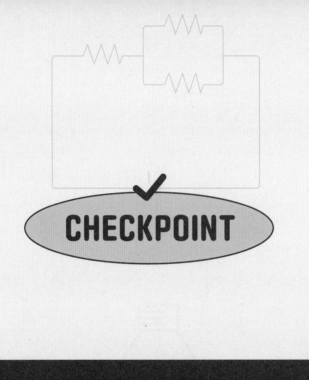

CHECKPOINT

1 확산 및 증발 현상을 관찰하여 물질을 구성하는 입자가 운동하고 있음을 추론할 수 있다.

2 물질의 세 가지 상태의 특징을 설명하고, 이를 입자모형으로 표현할 수 있다.

3 여러 가지 물질의 상태 변화를 관찰하고, 이를 입자모형으로 설명할 수 있다.

4 물질의 상태 변화와 열에너지 출입 관계를 이해하고, 이를 실생활에 적용하여 과학의 유용성을 인식할 수 있다.

1

확산

확산擴散, diffusion은 물체에 다른 물질이 섞이고, 고농도에서 저농도로 또는 고밀도에서 저밀도로 에너지를 소모하지 않고 스스로 퍼져나가 마지막에는 전체가 균일한 농도로 바뀌는 현상입니다.

확산의 속도는 '픽Adolf Fick의 법칙'으로 구할 수 있습니다만 픽의 법칙은 공식에 미분이라는 복잡한 수학이 들어가기 때문에 이 책을 읽는 여러분들이 이해하기에는 어려울 것 같습니다. 여러분들은 분자의 질량이 작을수록, 또 온도가 높고 압력이 낮을수록 확산 속도가 빨라진다고 기억해 두시길 바랍니다. 때문에 확산의 속도는 기체에서는 빠르고 액체에서는 느리며 고체에서는 매우 느립니다.

꼭 기억할 점은 용매가 아닌 용질*이 이동한다는 점입니다. 예를 들어 물(용매)에 잉크(용질)를 떨어트리면 잉크(용질)가 움직이는 것이지 물(용매)이 움직이는 것이 아닙니다.

그런데 물 1*l*에 잉크 1*l*를 붓는다면 어떨까요? 도대체 물이 용매인지, 잉크가 용매인지 구별이 되지 않습니다.

중학교에서는 이 정도까지 농도 진하게(?) 다루지는 않습니다만, 고농도에서는 확산이 용질의 이동이 아니라 서로의 위치를 교환하는 방식으로 이루어집니다. 엄격하게 이야기하면 저농도에서도 마찬가지이지만 용질만 움직이는 것으로 봐도 큰 차이가 없습니다.

----

* 용매란 녹이는 물질, 용질이란 녹는 물질입니다. 용매에 용질이 녹으면 용액이 됩니다. 용액이라는 말 때문에 액체라고 생각하기 쉽지만, 영어로는 'solution'으로 액체만 뜻하는 것이 아닙니다. 물질의 상태와 관계없이 두 가지 이상의 물질이 고르게 섞여 있는 것은 모두 용액입니다. 용매나 용질은 고체, 액체, 기체 모두 가능합니다.

모기향에는 국화과의 식물인 제충국의 꽃에 있는 피레트린이라는 성분이 들어갑니다. 피레트린은 곤충의 운동신경을 마비시키지만, 사람과 같은 온혈동물에는 독성이 크지 않기 때문에 모기향 외에 살충 스프레이에도 많이 사용됩니다.

이런 모기향을 겨울에 피운다면 여름보다 확산속도가 빠를까요? 느릴까요?

1. 겨울이 빠르다.

2. 여름이 빠르다.

3. 계절과 관계없다.

확산의 속도는 온도가 높을수록, 압력이 낮을수록, 입자가 가벼울수록 빠릅니다. 때문에 온도가 높은 여름에 더 빨리 확산됩니다. 확산 속도를 느리게 하려면 온도를 낮추면 됩니다. 절대 0도(섭씨 -273℃)라면 확산은 일어나지 않습니다. 확산의 속도를 빠르게 하려면 압력을 낮추면 됩니다. 진공이라면 확산의 속도는 매우 빨라집니다.

문제 2. 모기향 연기의 방향

모기향의 끝이 빨갛게 달아오르면 하얀 연기가 피어오릅니다. 달빛에 연기가 퍼지는 것이 보입니다.

이 연기는 어느 방향으로 움직일까요?

1. 위

2. 아래

3. 위로 움직이다가 아래

4. 불규칙

연기는 수평방향으로 불규칙하게 움직입니다. 그런데 모기향의 불 때문에 모기향 끝의 뜨거운 부분에서 상승기류가 생기고 이 때문에 입자는 위로 올라갑니다. 하지만 곧 온도가 떨어지면 공기보다 무거운 모기향의 입자는 아래로 떨어지게 될 것입니다.

그런데 확산은 언제까지 일어날까요? 확산은 확산이 일어나는 공간에 용질이 균일한 농도가 될 때까지 계속 일어납니다. 만약 우주에서 모기향을 피운다면 확산은 수십억 년 동안 계속될 것입니다.

문제 3. 꽃가루를 움직이게 하는 힘

현미경을 통해 입자 하나의 운동을 관측할 수 있습니다. 페트리 접시에 물을 채운 후 꽃가루 하나를 떨어트리고 현미경으로 관측하는 것이지요.

관측해 보면, 물 위의 꽃가루는 불규칙하게 움직입니다.

꽃가루를 움직이게 하는 힘은 무엇일까요?

1. 생명체인 꽃가루가 스스로 움직이는 것이다.

2. 물의 대류 현상 때문에 움직인다.

3. 물 분자와의 충돌로 움직인다.

4. 꽃가루가 움직인 것이 아니라 관찰자의 마음이
   움직인 것이다.

스코틀랜드 식물학자 로버트 브라운Robert Brown은 식물 '클라르키아 풀켈라 Clarkia Pulchella'의 수정과정을 연구하기 위해 물에 띄운 꽃가루 입자를 관찰하던 중, 꽃가루 입자가 물 위에서 불규칙적으로 운동하는 현상을 관찰합니다.

브라운 이전에도 이런 현상은 관찰 되었지만 당시에는 입자들이 아주 작은 생명체여서 움직이는 것이라고 여겼습니다. 하지만 브라운은 무생물인 유리, 금속, 바위 등을 갈아서 액체에 뿌려 관찰하였고 여전히 불규칙 운동을 한다는 것을 알아냅니다. 그리고 이 현상은 브라운 운동으로 불리게 됩니다.

에너지가 없이는 운동이 일어나지 않습니다. 때문에 한동안 브라운 운동을 일으키는 것은 생물이라고 생각한 것입니다. 하지만 무생물에서도 브라운 운동이 일어난다는 사실이 밝혀지자 물리학자들은 브라운 운동을 일으키는 에너지원을 찾기 위해 연구합니다.

과학자들이 생각한 에너지원은 열에 의한 대류였습니다. 물론 차가운 상태에서보다 뜨거운 상태에서 입자는 더 활발히 움직입니다. 하지만 대류가 일어나지 않는 차가운 상태에서도 여전히 브라운 운동은 일어납니다. 때문에 대류 현상은 에너지원일 수 없습니다.

브라운 운동의 에너지원은 무려 아인슈타인에 의해 밝혀집니다. 1905년부터 1908년까지 아인슈타인은 브라운 운동에 관한 세 편의 논문을 발표하는데 이 논문에서 그는 브라운 운동이 액체 분자에 의한 충돌 때문에 일어나는 것이라고 주장합니다. 프랑스의 물리화학자인 페랭Jean Baptiste Perrin은 1908년 실험을 통해 아인슈타인의 주장을 증명하였고, 이 공로로 1926년에 노벨 물리학상을 수상하게 됩니다.

물 분자들은 항상 불규칙적으로 움직이고 있는 상태입니다. 이때 꽃가루와 같이 질량과 부피가 매우 작은 입자들은 물 분자와의 충돌만으로도 눈에 띌만큼 크게 움직이게 됩니다.

그런데 브라운 운동과 확산은 어떤 차이가 있을까요?

브라운 운동에서는 입자가 이동하는 특정 방향이 없는 반면, 확산에서는 입자가 고농도에서 저농도로, 그리고 고밀도에서 저밀도로 이동한다는 것입니다. 그러나 이는 입자'들'의 운동 전체로 보았을 때 나타나는 현상이지 입자 '하나'의 이동은 브라운 운동이거나 확산이거나 마찬가지로 특정 방향이 없는 불규칙운동입니다.

문제 4.　산소와 이산화탄소의 확산

가운데에 차단벽이 있는 챔버를 준비한 후 한쪽은 산소로 가득 채우고, 맞은편은 이산화탄소로 가득 채웁니다.

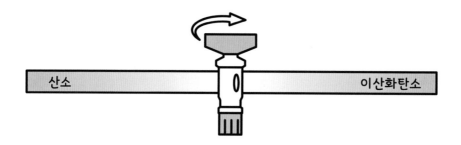

가운데 차단벽을 연다면 산소와 이산화탄소는 어떻게 이동할까요?

1. 서로 가득 찬 상태라 이동하지 않는다.
2. 산소가 먼저 이산화탄소가 든 병으로 이동하고, 섞인 기체가 산소가 들어있던 병으로 밀려든다.
3. 산소는 위로 뜨고 이산화탄소는 아래로 가라앉는다.
4. 산소와 이산화탄소는 불규칙하게 움직이고 결국 산소와 이산화탄소는 병 전체에 균일하게 섞이게 된다.

이 현상은 우리 신체의 허파에서 일어나는 현상입니다.

허파 내부에는 지름 0.1~0.2㎜ 정도 크기의 둥근 주머니 모양인 허파꽈리가 허파의 기관지 끝에 포도송이처럼 붙어있는데 이곳에는 수많은 모세혈관이 분포되어 있습니다. 이곳으로 이산화탄소를 실은 혈액 속 적혈구가 도착하면 이산화탄소의 농도가 낮은 허파꽈리 밖으로 확산이 일어나 이산화탄소를 배출하게 됩니다. 동시에 산소 농도가 높은 허파꽈리 외부로부터 확산을 통해 산소를 받아들이게 됩니다. 이를 '기체교환'이라 합니다(중학교 2학년 호흡계에서 자세히 배웁니다).

확산은 확산이 일어날 수 있는 접촉 면적이 넓을수록 더 많이 일어납니다. 그래서 허파꽈리의 숫자는 3~5억 개에 이르고 이를 모두 펴면 사람 피부 면적의 50배에 이릅니다.

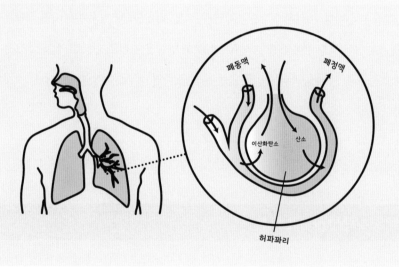

옛날 사람들은 허파에서 가스과 교환되는 것이 마치 시장에서 물건을 사고 파는 것과 같다고 해서 신체 장기를 뜻하는 육(肉→月)과 시장을 뜻하는 시(市)를 합쳐 폐(肺)라는 글자로 표현했습니다.

냄새는 확산에 의해 일어나는 현상이고 코가 냄새를 맡는 기관이라는 것을 생각한다면 코가 호흡기에 연결된 것은 아주 당연한 일입니다. 냄새가 있는 화학 물질의 분자가 코 속의 후각 상피에 모여있는 후각세포를 자극하면 그 자극의 특징이 후각 신경을 통해 뇌로 전달되는데 이것이 우리가 냄새를 맡는 과정입니다.

후각의 역할은 단순히 냄새를 맡는 것만이 아닙니다. 사람의 미각은 후각에 큰 영향을 받습니다. 미각은 단맛, 신맛, 짠맛, 쓴맛, 감칠맛의 5가지 뿐이지만 후각은 1만가지의 냄새를 구분하며 맛의 70~80%에 영향을 준다고 합니다. 실제로 코를 막고 눈을 가린 채 양파와 사과를 먹는 실험을 하면 대부분이 양파와 사과를 구분하지 못합니다.

문제 5. 확산과 에너지

잠을 쫓기 위해 티백을 뜨거운 물이 든 찻잔에 담급니다. 티백으로부터 곧 녹색의 녹차물이 우려져 나옵니다.

그런데 물체가 움직이려면 반드시 에너지가 필요합니다.

입자가 공간에 확산될 때는 얼마만큼의 에너지를 사용하는 것일까요? 그리고 사용된 에너지의 양은 어떻게 구할 수 있을까요?

1. 확산할 때는 에너지가 사용되지 않는다.

2. 확산 물질의 종류에 따라 다르다.

3. 확산되는 곳의 온도에 비례한다. 온도가 높을수록 많은 에너지를 사용한다.

4. 확산 물질의 무게와 확산 장소의 부피가 같다면 에너지는 물질의 종류나 온도에 관계없이 같다.

확산이란 에너지를 소모하지 않고 스스로 퍼져 나가는 현상입니다. 때문에 확산되는 물질은 에너지를 사용하지 않습니다. 하지만 물체가 확산이 되면 쓸 수 있는 에너지가 줄어들게 됩니다.

예를 들어 설명하겠습니다. 10마리의 모기가 들어 있는 밀폐된 방에 모기향을 10분간 피웠더니 10마리가 전부 죽었습니다. 이번에는 10마리의 모기를 부피가 1,000배 큰 밀폐된 방에 넣고 모기향을 10분간 피웁니다. 이번에는 한 마리도 죽지 않았습니다.

이유는 당연히 아실 것입니다. 모기향이 공기 중으로 확산되면서 모기에게 치명적 효과를 주지 못했기 때문입니다.

이처럼 쓸 수 있는 에너지가 줄어드는 것을 '엔트로피가 늘었다'라고 합니다. 엔트로피와 관련된 법칙은 프랑스의 공학자 사디 카르노^{Sadi Carnot}가 증기 기관을 연구하다가 발견했습니다.

엔트로피의 법칙이란 다음과 같습니다.

첫째, (증기 기관과 같은) 고립된 계$^{isolated system}$에서는 엔트로피가 증가하며 감소하지 않는다.

증기기관은 석탄 등을 이용하여 물을 끓이고, 물이 수증기로 변하면서 생긴 압력으로 기관을 움직여 일을 하게 만듭니다. 이때 사용된 수증기는 공기 중으로 확산됩니다. 엔트로피가 증가합니다. 즉, 일을 한다는 것은 엔트로피가 증가한다는 얘기입니다.

둘째, 사용한 에너지(엔트로피가 높은 상태)를 같은 양의 사용 가능한 에너지 (엔트로피가 낮은 상태)로 다시 되돌리는 것은 불가능하다.

뜨거운 물과 얼음을 섞어 미지근한 물을 만들 수는 있지만, 외부의 힘을 이용하지 않고 미지근한 물에서 얼음을 다시 만들어 내는 것은 불가능합니다.

셋째, 계의 일부 엔트로피를 낮추는 것은 가능하지만 전체적으로는 엔트로피가 증가한다.

냉장고를 이용하면 미지근한 물을 얼릴 수 있습니다. 하지만 냉장고가 일을 하면 엔트로피가 증가합니다. 증가한 엔트로피는 물을 얼리면서 줄어든 엔트로피보다 훨씬 큽니다. 때문에 전체적으로는 엔트로피가 증가합니다.

우주 전체로 보아도 엔트로피는 계속 증가하고 있습니다. 때문에 언젠가는 엔트로피가 최대인 상태, 즉 쓸 수 있는 에너지가 전혀 없는 상태가 올 것입니다. 엔트로피의 법칙은 우주의 종말을 예언하는 무시무시한 법칙이라 할 수 있습니다.

엔트로피라는 개념은 물리학뿐 아니라 정보학에서도 사용됩니다.

트럼프 카드를 처음 샀을 때는 52장의 카드가 순서대로 정돈되어 있습니다. 이 카드를 바닥에 떨어트린 후 다시 줍는다면 순서가 흐트러질 것입니다. 그나마 처음에는 어느 정도 순서가 맞는 경우도 있겠지만 카드를 떨어트린 후 다시 줍기를 반복하면 무질서도는 계속 증가합니다. 물론 운좋게 처음 샀을 때로 돌아갈 확률도 존재합니다만, 정말로 지극히 드물게 일어납니다. 이 확률을 굳이 계산하자면 1/(52×51×50×49×...×3×2×1)입니다.

한 가지 예를 더 들겠습니다. 알파벳에서 무작위로 5개의 글자를 뽑아 1,000개의 단어를 만든다고 하겠습니다. 단어의 대부분은 'diwur'나 'pskeu' 같은 의미 없는 단어이고, 'smile' 처럼 의미 있는 단어는 손에 꼽을 정도밖에 없습니다. 즉 유용한 정보는 낮은 확률로 만들어집니다.

1948년 정보 이론의 창시자인 수학자 클로드 섀넌[Claude Shannon]은 위와 같은 현상이 위에서 설명한 열역학 엔트로피와 같다는 점에 착안하여 한 메시지에 들어갈 수 있는 정보량을 엔트로피라고 이름지었습니다. 그런데 현대물리학에 '정보'라는 개념이 도입되면서 열에 의하여 움직이는 분자의 위치가 정보로 취급되게 됩니다. 그래서 오히려 '열역학적 엔트로피'는 '정보공학적 엔트로피'의 하나로 정의되게 되었습니다.

2
증발과 끓음

끓음은 압력과 온도가 특정 조건을 만족할 때 일어납니다. 예를 들어 물은 1기압일 때 100℃에서 끓기 시작합니다.

액체나 고체는 물질을 이루는 분자들이 촘촘히 붙어있어서 열이나 압력에 의해 부피가 거의 변하지 않습니다. 하지만 기체의 경우 분자들이 서로 떨어진 채로 있기 때문에 열이나 압력에 의해 부피가 크게 늘거나 줄어듭니다.

증발蒸發, evaporation이란 액체의 표면에서 스스로 움직여 기화하는 현상입니다. 기화氣化, vaporization란 액체를 이루는 분자가 분자 간 인력을 끊고 기체가 되는 현상입니다. 고체도 기화가 되는데 이는 증발이 아니라 승화昇華, sublimation입니다. 드라이아이스에서 피어나는 연기가 바로 승화의 예입니다.

분자 간의 인력은 액체마다 다르기 때문에 증발의 정도도 액체마다 다릅니다. 또한 온도가 높을수록, 습도가 낮을수록, 바람이 많이 불수록, 표면적이 넓을수록 증발의 정도도 높아집니다.

액체는 증발하면서 주위의 열에너지를 흡수합니다. 이때 흡수하는 열에너지를 '증발열'이라고 합니다. 액체의 증발 속도가 공기 중의 액체가 증발해서 만들어진 증기의 응축 속도와 평형을 이룰 때, 이 증기의 압력을 '포화 증기압'이라 합니다. 포화 증기압이 외부 압력을 넘어서면 액체 전체에서 기화가 일어나는데 이는 증발이 아니라 '끓음'이라 합니다.

증발과 끓음은 같은 듯하면서도 다른 점이 많습니다. 증발은 온도에 관계없이 발생하지만 끓음은 정해진 온도(끓는점)에서만 발생합니다. 가스레인지로 물을 끓이다가 가스레인지를 끄면 증발은 계속되지만 물은 끓지 않게 됩니다. 끓음은 액체 내부에서도 일어나기 때문에 내부에 생긴 기체가 모여 기포가 만들어진 후, 이 기포가 위로 움직이면 폭발하는 현상이 일어납니다.

문제1. 증발의 속도

바이러스는 치료제를 만들기가 매우 어렵습니다. 인류를 수백만 년간 괴롭힌 인플루엔자 바이러스의 치료제가 만들어진 것은 겨우 1996년이니까요. 그래서 바이러스를 막는 가장 좋은 방법은 백신을 통한 예방접종입니다. 백신의 효과는 그야말로 획기적입니다. 예를 들어 미국의 경우 1921년의 디프테리아 발병이 20만 6,939회였으나 꾸준한 예방접종으로 1998년에는 단 1회만 발병했습니다. 소아마비 역시 1988년도엔 35만 명이었으나 2015년엔 74명뿐입니다.

하지만 역시 주사는 아프지요. 아주 먼 옛날에는 백신을 불주사라고 했습니다. 그때는 일회용 주사기도 없어서 주사바늘을 알코올램프 불로 소독해 가면서 사용했습니다. 무지막지하게 아팠습니다. 지금은 일회용 주사기로 아프지 않게 주사를 놓아줍니다. 예방접종 주사를 놓을 때면 간호사가 알코올을 솜으로 발라 주사 맞을 곳을 소독합니다. 이때 서늘함이 느껴지곤 합니다. 피부에 알코올을 발랐을 때 서늘함이 느껴지는 이유는 무엇일까요?

1. 실제로 온도가 떨어졌기 때문에
2. 알코올이 차갑기 때문에
3. 주사 맞는 공포에 겁을 먹어서
4. 솜이 차가운 것이지 알코올이 차가운 것이 아니다.

체온과 같은 온도인 36.5도의 알코올 세정제로 손을 닦아도 여전히 시원합니다. 따라서 2, 3, 4는 정답이 아닙니다.

실제로 온도가 떨어지는 이유는 증발 때문입니다. 액체가 증발하면 열을 함께 가져가 버리기 때문에 시원함을 느낄 수 있습니다. 게다가 알코올을 피부표면에 얇게 바르기 때문에 표면적이 넓어서 증발도 더 빠르게 일어납니다. 여기에 바람까지 불면 온도는 더욱 떨어집니다.

증발의 정도는 액체의 종류에 따라서 속도가 다릅니다. 끓는점이 낮은 액체일수록 증발의 정도도 큽니다. 옥수수유의 끓는점은 섭씨 270℃, 해바라기유와 카놀라유는 250℃, 물은 100℃, 휘발유는 85℃, 알코올은 78℃입니다. 물보다 알코올의 끓는점이 낮기 때문에 증발 정도가 훨씬 큽니다. 따라서 물보다 더 많은 열을 가져가고 더 빨리 온도가 떨어지는 것입니다.

문제 2. 야생에서 물을 구하는 법

부시크래프트Bushcraft는 수풀을 뜻하는 영단어 'bush'와 기술을 뜻하는 'craft'의 합성어로 자연에서 스스로 도구를 제작해서 이용하며 숲에서 생활하는 것을 말합니다. 일반적으로 부시크래프트를 할 때는 도구를 제작하기 위한 칼과 불을 붙일 라이터 등 몇몇 간단한 도구를 제외하고는 다른 도구를 가지고 가지 않습니다.

부시크래프트에서 가장 중요한 것은 아무래도 식수를 얻는 일이겠지요. 물이 없으면 숲에서의 생활이 그렇게 즐겁지는 않을 것입니다. 운 좋게 지하수나 냇물, 빗물을 얻을 수 있으면 좋겠지만, 항상 그렇게 운이 좋지만은 않을 수 있습니다.

숲에서 물을 얻는 방법으로는 증발 현상을 이용한 것이 있습니다. 땅을 파서 비닐을 덮어두는 것이지요. 다른 간편한 방법으로는 나뭇잎이 달린 가지를 비닐 봉지로 감싸는 것이 있습니다.

이렇게 해서 얻은 이 물은 어디서 나온 것일까요?

1. 공기 중의 수증기가 이슬이 되어 맺혔다.

2. 물이 아니라 식물의 잎에서 나온 즙이다.

3. 식물의 잎표면에 있던 물이 증발한 것이다.

4. 뿌리에 있던 물이 잎까지 올라오고 다시 잎을 통해 밖으로 나온 것이다.

식물은 뿌리를 통해 흡수한 물을 식물 잎의 기공을 통해 대기로 내보냅니다. 이를 증산蒸散이라합니다. 증산 작용으로 잎을 통해 수분이 빠져나가면 식물 내부는 압력이 낮아집니다. 그러면 뿌리의 물이 밀려 올라가 진공 상태를 채우게 됩니다. 이 과정을 통해 식물은 높은 위치에 있는 가지와 잎에도 수분을 공급할 수 있습니다. 잎의 기공을 통해 대기 중으로 방출되는 양은 뿌리에서 흡수한 물의 90%나 된다고 합니다. 100㎡의 잔디밭에서 1년 동안 증산하는 물의 양은 55t입니다. 또한 증산이 일어날 때 많은 열을 빼앗으므로 식물체의 온도도 조절해줍니다. 식물이 흘리는 땀이라고도 할 수 있겠네요.

옐로우스톤Yellowtone은 와이오밍 주와 몬태나 주, 그리고 아이다호 주가 만나는 지점에 있습니다. 황 성분 때문에 돌이 노랗기 때문에 옐로우스톤이라 불립니다. 1872년 3월 1일, 율리시스 S. 그랜트Ulysses S. Grant 대통령이 옐로우스톤 국립공원 보호법을 제정하면서 옐로우스톤은 세계 최초의 국립공원이 되었습니다. 미국 최대의 국립공원이기도 합니다.

옐로우스톤에서 유명한 볼거리로는 간헐천이 있습니다. 간헐천이란 수증기와 뜨거운 물을 일정한 간격으로 뿜어내는 온천을 말합니다. 활화산 지대에서 볼 수 있는데 마그마에 의해 데워진 지하수가 압력 때문에 땅의 약한 부분을 뚫고 솟아 오르는 것입니다.

압력의 정도에 따라 솟아오르는 양과 높이가 달라집니다. 가장 큰 '자이언트' 간헐천은 75m까지, '올드 페이스풀' 간헐천은 60m까지 물기둥이 치솟아 오릅니다. 또한 솟아오르는 물의 온도도 매우 높아 100℃를 넘기도 합니다.

왼쪽 이미지는 옐로우스톤의 간헐천입니다.

그런데 저기서 나오는 김은 액체일까요? 기체일까요?

1. 액체

2. 기체

3. 액체와 기체가 섞여있다.

수증기와 같은 기체는 분자가 작은 데다가 분자 사이의 거리도 멀기 때문에 눈에 보이지 않습니다. 수증기가 외부의 대기와 만나면 식어서 액화됩니다. 액화된 물 분자가 먼지 등의 물질을 핵으로 뭉치게 되면 작은 물방울이 되어 떠돌게 되는데 이것이 김입니다. 수증기는 눈으로 볼 수 없지만 김은 작은 물방울이고 빛을 굴절시키기 때문에 우리가 눈으로 볼 수 있습니다. 물이 끓는 주전자 주둥이 바로 위에서는 김이 안보이고 조금 올라가면 보이는 것도 이런 이유 때문입니다. 추운 겨울철에는 입에서 나오는 수증기가 식어서 입김이 됩니다.

사실 구름이나 안개도 김의 일종입니다. 물이 햇빛에 증발되어 생긴 수증기가 역시 햇빛에 의한 지표면 가열로 뜨거워진 공기에 의해 상공으로 올라간 후, 상공의 찬 공기에 식으면 물방울이 되는데 이것이 모인 것이 구름입니다. 날이 차가워 상공으로 올라가기도 전에 식어버리면 안개가 됩니다.

김을 만들기 위해서 반드시 물을 끓일 필요는 없습니다. 초음파로 물을 진동시키면 물이 작은 크기의 물방울이 되고 가볍기 때문에 날아오릅니다. 이 원리를 이용한 것이 초음파 가습기입니다.

그런데 이렇게 만들어진 김, 구름, 안개 등은 어떻게 될까요? 대기가 건조하면 김은 다시 기화합니다. 하지만 대기가 건조하지 않으면 ,즉 습도가 높으면 김을 만드는 물방울은 주위의 물방울과 합쳐져 점점 커지게 되고 결국 무거워져 지표면에 떨어집니다. 구름에서 떨어지는 물방울은 비가 되고, 안개에서 만들어진 물방울은 이슬이 됩니다.

과학노트

옐로우스톤도 온천지대이니 분명히 근처에 화산이 있을 것입니다. 그런데 막상 옐로우스톤에 가면 화산이 보이지 않습니다. 옐로우스톤 국립공원 안에 화산이 있는 것이 아니라 화산 분화구 안에 옐로우스톤 국립공원이 있기 때문입니다. 옐로우스톤 국립공원은 슈퍼 볼케이노supervolcano의 분화구 속에 있습니다.

분화구의 크기가 서울시만합니다. 만약 이 화산이 분화한다면 지구가 멸망하겠네요. 참으로 놀라운 이야기이지만 사실입니다. 실제로 지구에서는 슈퍼 볼케이노가 분화하면서 몇 차례나 대멸종이 벌어졌습니다. 최근의 슈퍼 볼케이노 분화는 약 7만 4천년 전 인도네시아 수마트라 섬의 토바 호수 분화입니다. 이 분화로 인해 호모사피엔스는 인구가 수만 명대로 줄어들어 멸종할 뻔 했습니다.

옐로우스톤 화산은 지금까지 네 번 분화했습니다. 최초 분화는 210만 년 전, 2번째 분화는 130만 년 전, 3번째 분화는 64만 년 전, 4번째 분화는 17만 년 전입니다. 만약 옐로우스톤이 분화한다면 호모 사피엔스를 멸종시킬 뻔한 수마트라 섬의 토바 호수 분화와 비슷한 정도일 것입니다.

최근에는 가정에서 건조기를 많이 사용하지만 예전에는 마당에 빨랫줄을 매달고 빨래를 널어 말렸습니다. 햇빛에서 나오는 자외선은 살균 효과가 있기 때문에 빨래는 햇빛에 건조하는 것이 좋습니다. 그런데, 햇빛이 없는 흐린 날이라면 무더운 여름과 건조한 겨울 중 언제 빨래가 빨리 마를까요?

1. 무더운 여름
2. 건조한 겨울
3. 같다

증발의 속도는 온도가 높을수록, 습도가 낮을수록, 바람이 강할수록 빨라집니다. 여름이 온도가 높고 습도가 낮으니 더 빨리 마릅니다. 건조한 겨울이 습도가 높다는 말에 의아한 생각이 들지도 모르겠습니다.

습도^{濕度, humidity}에는 절대습도와 상대습도가 있습니다. 절대습도는 단위 부피당 포함된 수증기 양입니다. 상대습도는 대기 중의 수증기의 질량을 현재 온도의 포화 수증기량으로 나눈 비율(%)입니다.

포화 수증기량은 대기 중에 수증기가 존재할 수 있는 최대의 양으로, 공기 1kg(혹은 1m³)에 들어있는 수증기의 양으로 나타냅니다. 포화 수증기량은 온도가 높아지면 증가합니다. 온도가 10℃일 때 포화 수증기량은 9.4g/m³이고 20℃일 때 17.3g/m³, 30℃일 때 30.4g/m³입니다. 온도가 10℃, 20℃, 30℃이고 공기 중 수증기량이 $9.4g/m^3$라고 하면 절대습도는 같지만 상대습도는 각각 100%, 54.3%, 30.9%가 됩니다.

때문에 오히려 겨울에 상대습도가 100%인 경우가 많습니다. 그리고 상대습도가 100%이면 빨래는 전혀 마르지 않습니다. 그래서 겨울에는 빨래가 잘 마르지 않습니다. 물론 절대습도는 여름이 훨씬 높기 때문에 여름에 말린 빨래는 습기가 많아 끈적거리고 겨울에 말린 빨래는 습기가 적어 뽀송뽀송합니다.

예를 들어 어느 여름 온도가 30℃이고 상대습도가 80%라면 공기 중 수증기량은 $24.3g/m^3$입니다. 어느 겨울 온도가 10℃이고 상대습도가 95%라면 공기 중 수증기량은 $8.9g/m^3$입니다.

같은 무게의 빨래를 말린다고 가정하면 여름철 빨래는 빨래 중 수증기량이 $24.3g/m^3$ 수준이 되면 증발이 멈춥니다. 겨울철 빨래는 빨래 중 수증기량이 $8.9g/m^3$ 수준이 되면 증발이 멈춥니다. 빨래 속의 수분은 겨울철 빨래가 더 적기 때문에 겨울에 말린 빨래가 훨씬 뽀송뽀송합니다.

그런데 공기 중 수증기량은 그대로인데 온도만 떨어지면 어떻게 될까요?

20℃에 습도 80% 상태라면 공기 중에는 $13.8g/m^3$의 수증기가 있습니다. 밤에 10℃로 떨어진다면 공기가 머금을 수 있는 수증기량은 $9.4g/m^3$입니다. 이럴 경우 공기는 $4.8g/m^3$의 수증기를 뱉어 냅니다. 뱉어 내어진 수증기는 물로 변하는데 이를 이슬이라고 합니다. 이 현상을 응결이라고 하고 응결이 시작되는(이슬이 맺히는) 온도를 이슬점露點, dew point이라합니다.

주위 공기가 이슬점 이하이고 단단한 물체의 표면이 섭씨 영도 이하면 표면에 물방울이 아니라 얼음이 끼게 되는데 이 현상은 서리입니다.

염전은 갯벌에 칸막이를 만들어 바닷물을 들이고 증발시켜 소금을 채취하는 곳을 말합니다. 때문의 염전에 적합한 기상 조건은 강우 횟수 및 강우량이 적고, 대기는 건조하며, 연평균 기온은 25℃ 내외입니다. 우리나라의 경우 동해, 서해, 남해 모두 이런 조건을 만족하는 곳이 많습니다.

그럼에도 서해안에만 염전이 집중되어 있는 이유는 무엇일까요? 서해안은 동해안에 비해 해류도 약하며 수심이 얕고 해안선이 복잡해 갯벌이 많습니다. 이 갯벌을 염전으로 만드는 것이 용이하기 때문에 서해에 염전이 집중된 것입니다.

우리나라처럼 염전을 이용하여 소금을 생산하는 방식은 전 세계적으로 봤을 때 예외적입니다. 소금을 생산하는 보편적인 방법은 육지에 있는 암염 채광입니다. 우리나라는 암염이 없어서 바닷물을 이용했는데, 원래는 염전이 아니라 바닷물을 끓여서 생산했습니다. 염전은 중국에서 사용하던 방법이고 이것이 일본으로 전파된 후 일제강점기에 우리나라에 들어진 것입니다.

3
물질의 네 가지 상태

물질은 온도와 압력에 따라 네 가지 상태를 가지게 됩니다. 고체는 분자*간의 상호 배치가 정해져 있습니다. 분자가 규칙적으로 배열되어 있기 때문에 정해진 형태를 갖고 있으며 부피가 변하지 않습니다. 고체 내에서 분자들은 따로따로 움직이지 못하고 정해진 위치에서 진동 운동을 합니다.

낮은 온도에서 높은 온도로 변화하면서 분자의 에너지가 증가하고 때문에 분자의 상대적 위치 교환이 가능한 상태가 액체 상태입니다. 그래서 액체는 근접 분자가 접촉하지만 상호 배치는 정해져 있지 않습니다. 액체 내의 분자들은 일정한 거리를 유지한 채로 비교적 자유롭게 움직입니다. 때문에 부피는 거의 변하지 않지만 형태는 외부의 힘에 의해 변합니다. 액체를 그릇에 담으면 액체의 입체적인 모양은 액체가 담긴 그릇의 모양과 같습니다.

고체나 액체나 더 높은 온도를 받아 분자의 에너지가 더욱 증가하면, 분자들끼리는 서로 떨어져 있고 분자 간의 상호작용이 각각의 운동에 거의 영향을 미치지 않는 상태인 기체가 됩니다. 때문에 기체는 형태가 정해져 있지 않으며 부피도 압력과 온도에 따라 변합니다.

물질의 네 번째 상태인 플라스마는 물질이 강력한 전기장 혹은 열원으로 가열되어 전자, 중성입자, 이온 등 입자들로 나누어진 상태입니다. 물질의 종류에 따라 고체, 액체, 기체 상태가 될 수도 있고 안 될 수도 있지만, 종류에 관계없이 모든 물질은 플라스마 상태가 될 수 있습니다.

---

* 분자는 두 개 이상의 원자가 일정한 형태로 결합한 것입니다. 원자는 양전하를 띤 양성자, 전하를 가지지 않는 중성자, 음전하를 띤 전자로 이루어져 있습니다. 이온이란 원자가 전자를 얻거나 잃은 상태입니다. 전자를 잃으면 양전하를 띠므로 양이온이라고 하고 전자를 얻으면 음전하를 띠므로 음이온입니다.

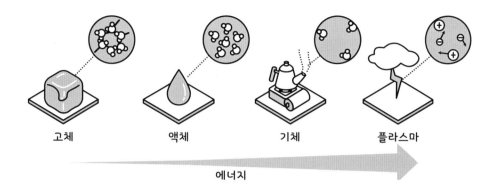

고체   액체   기체   플라스마

에너지

고대 인도에서는 물질의 상태가 지수화풍地水火風 네 가지라고 했습니다. 이는 고체地, 액체水, 기체風, 플라스마火를 의미하는 것으로 설명하면 그럴듯해 보입니다.

그런데 어떤 물질의 상태를 정확하게 고체, 액체, 기체라고 단정지을 수는 없습니다. 왜냐하면 물리 현상은 디지털이 아니라 아날로그이기 때문입니다. 뉴턴은 무지개가 7가지 색이라고 했지만 정작 뉴턴 자신도 빨강과 주황을 구별하는 경계가 어디냐고 물으면 대답을 하지 못했을 것입니다. 물리적 현상을 설명하는 데 사용하는 도구인 수학이 디지털이다 보니 편의를 위해 아날로그적으로 연속된 색을 7가지 색으로 나눈 것뿐입니다.

물질의 상태도 연속적으로 변합니다. 그래서 고체, 액체, 기체 이외에도 고체와 액체의 중간 상태인 액정, 액체와 기체의 중간 상태인 초임계유체 등으로 세분하기도 합니다.

철수의 생일날 온 가족이 패밀리 레스토랑으로 외식을 가게 되었습니다. 애피타이저를 먹고 본 요리까지 배불리 먹은 후 후식으로 푸딩이 나옵니다. 사실 푸딩은 창자에 피와 고기, 오트밀 등을 채워 넣어 익혀 먹는 음식으로 우리나라의 순대와 완전히 같은 음식이었습니다. 우유, 설탕, 계란 노른자 등을 이용해 만든 커스터드 푸딩은 한참 후에야 나옵니다. 종업원의 손에 들린 접시 위의 커스터드 푸딩은 계속 흔들거립니다. 이 모습을 보던 철수는 과학시간에 배운 물체의 상태를 떠올립니다.

고체는 기체, 액체와는 달리 일정한 형태를 유지할 수 있습니다. 이를 '단단함'이라고 합니다.

그렇다면 힘을 가하면 형태가 변했다가 원래 형태로 돌아오는 부드러운 푸딩은 고체라고 부를 수 있을까요? 그리고 살짝만 힘을 가해도 형태가 변하는 푹신한 솜을 고체라고 부를 수 있을까요?

1. 그렇다. 솜이나 젤리도 고체이다.

2. 젤리는 고체지만 솜은 고체가 아니다.

3. 솜은 고체지만 젤리는 고체가 아니다.

4. 둘 다 고체가 아니다.

'단단함'의 기준은 상당히 관대합니다. 그래서 아주 약한 힘으로도 형태가 변하는 것, 이것만을 고체가 아닌 것으로 봅니다. 이런 물질은 유체라고 합니다. 유체인 물은 지구상에서 중력 때문에 일정한 형체를 갖추지 못합니다. 유체인 기체 또한 조그만 기압의 차이에도 정해진 형체 없이 이리저리 움직입니다.

때문에 지표면에서 중력에도 불구하고 형체를 유지하는 솜이나 푸딩은 고체입니다.

과학노트

액체 내에 고체 입자가 분산되어 있는 것을 졸^{sol}이라 합니다. 대표적으로 조청을 생각하면 됩니다. 졸을 가열 또는 냉각하여 젤리처럼 물컹하고 탄성을 가진 고체로 만든 것은 젤/겔^{gel}이라고 합니다. 두부, 푸딩, 묵, 젤리 등이 젤입니다.

생명체의 몸은 졸과 젤로 이루어져 있고 졸과 젤의 상태를 오가면서 생명활동을 하고 있습니다.

문제 2. 고체의 단단함

고체의 특징은 '단단함'입니다. 하지만 '단단함'은 고체에 따라 천차만별입니다. 독일의 광물학자인 프리드리히 모스$^{Friedrich\ Mohs}$는 1812년에 광물의 단단함(경도)을 숫자로 나타내자고 제안합니다.

모스는 주위에서 구할 수 있는 10가지 광물(활석, 석고, 방해석, 형석, 인회석, 정장석, 석영, 황옥, 강옥, 금강석)들을 놓고 서로 긁어 보아서 어느 쪽이 흠집이 나는지를 보고 상대적인 경도를 낮은 쪽에서부터 순서대로 숫자를 정합니다.

가장 연약한 것은 활석으로 모스 경도가 1이고 석고는 2, 방해석 3, 형석 4, 인회석 5, 정장석 6, 석영 7, 황옥 8, 강옥 9, 금강석(다이아몬드) 10 순입니다 (모스 경도는 상대적 숫자입니다. 100m 달리기 경기에서 1, 2, 3등이 일정한 간격으로 들어오지 않듯이 숫자와 단단함의 정도는 전혀 관계가 없습니다).

그런데 말입니다. 고체의 단단함은 무엇으로 결정되는 것일까요?

1. 고체의 밀도
2. 고체의 녹는점
3. 고체의 구성 물질
4. 고체의 원자 배열

연필에 사용하는 흑연은 활석보다는 단단하지만 석고보다는 무르기 때문에 모스 경도로는 1.5입니다. 한편 다이아몬드는 모스 경도 10으로 무척이나 단단합니다. 그런데 흑연이나 다이아몬드나 구성물질은 탄소로 동일합니다. 다만 원자의 배열(결정의 형태)이 다를 뿐입니다.

다이아몬드는 탄소 원자들이 정팔면체로 결합되어 있고 이 구조가 상하좌우로 반복되기 때문에 매우 견고합니다. 반면 흑연은 정육각형으로 연결된 탄소 원자들이 층층이 쌓여 있는 구조라서 약간만 힘을 줘도 층이 쉽게 미끄러집니다. 그래서 필기구로 사용합니다.

도저히 다이아몬드가 탄소로 되어있다는 것을 믿을 수 없다면 직접 실험을 해보시기 바랍니다. 실제로 산소를 발견한 프랑스의 앙투안 라부아지에Antoine Lavoisier는 거대한 렌즈로 태양 빛을 모아서 다이아몬드를 태워 이산화탄소로 만들어버리는 실험을 했습니다. 단, 실험 후의 뒷감당은 스스로 하시기 바랍니다.

원자, 이온, 분자 등이 일정한 법칙에 따라 규칙적으로 배열되고, 모양이 대칭 관계에 있는 몇 개의 평면으로 둘러싸여 규칙 바른 형체를 이루는 것을 결정 crystal(結晶)이라고 합니다. 결정은 고체만이 가지고 있는 특징입니다. 앞에서도 나왔듯이 결정의 모양에 따라 같은 탄소로 된 고체라도 다이아몬드가 되기도 하고 흑연이 되기도합니다.

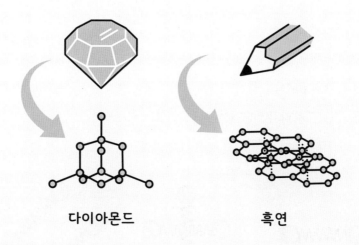

다이아몬드   흑연

하지만 모든 고체가 결정인 것은 아닙니다. 결정을 만들지 않는 고체도 있는데 이를 비결정성 고체라고 합니다. 유리가 대표적인 비결정성 고체입니다.

문제 3. 고체의 운동

기체는 열과 압력에 의해 부피가 늘거나 줄어듭니다.

그런데 고체에 열과 압력을 가해 그 부피를 늘리거나 줄일 수 있을까요?

1. 불가능하다.

2. 가능하다.

물질을 이루고 있는 분자들은 항상 분자 운동을 하고 있습니다. 분자 운동은 고정된 위치에서 분자를 구성하는 원자들 사이의 결합 길이만 늘었다 줄었다 하는 진동 운동, 분자의 무게중심을 중심으로 회전하는 회전운동, 분자들이 평형한 상태로 한 위치에서 다른 위치로 옮겨 가는 병진 운동이 있습니다.

진동 운동　　　회전 운동　　　병진 운동

기체와 액체는 세 가지 운동을 모두 하지만 고체는 진동 운동만 합니다. 그런데 진동 운동의 변화폭이 매우 좁기 때문에 고체의 경우 압력이나 열을 가해도 큰 변화가 없습니다. 하지만 분명히 변화가 일어납니다. 예를 들자면 열에 의해 고체나 액체의 부피가 느는 것은 열팽창이라고 하며 1파트인 '열'에서 다루었습니다. 한편, 모든 구성 원자들의 상대적인 위치가 고정되어 있고 분자의 운동 또한 전혀 일어나지 않는 물체를 '강체'라 하는데 강체는 현실에 존재하지 않습니다.

문제 4. 흘러내리는 유리

노트르담 드 파리 대성당Cathédrale Notre-Dame de Paris은 프랑스 파리의 시테Cité 섬 동쪽에 있는 가톨릭 성당으로, 파리대교구의 주교좌 성당입니다. 노트르담Notre-Dame은 성모 마리아를 뜻하는 단어이기에 이름에 노트르담이 들어가는 성당은 유럽 곳곳에 있습니다. 그래서 파리에 있는 성당은 노트르담 드 파리 대성당이라고 해야 합니다.

이곳에서 나폴레옹 보나파르트의 대관식이 거행되었습니다. 빅토르 위고Victor Hugo의 소설『파리의 노트르담(노틀담의 꼽추)』의 무대이기도 합니다. 또한 이곳은 파리에서 관광객이 가장 많이 방문하는 곳이기도 하지요.

노트르담 드 파리 대성당을 방문한 사람이라면 누구나 장미창을 보며 경외감에 빠집니다. 장미창은 고딕 건축 양식의 교회 건축물에 사용되는 색유리로 만든 창입니다. '하나님은 빛'이라는 주제를 표현한다고 합니다.

2019년 4월 15일 파리의 노트르담 대성당에서 화재가 일어나 첨탑과 목조 지붕이 붕괴되는 등 큰 피해가 일어났습니다. 다행스럽게 북, 남, 서쪽에 있던 커다란 장미창은 무사하다고 합니다. 다음에 성당이 복구되면 꼭 보러 가야겠습니다. 그런데 장미창의 유리는 아래쪽이 위쪽보다 두껍습니다. 이유가 무엇일까요?

1. 균일한 두께로 유리를 만드는 능력이 모자라서 그렇다.

2. 더 튼튼하게 만들기 위해 일부러 아래쪽을 두껍게 만든 것이다.

3. 유리는 무정형고체이다. 이것이 수백 년간 흘러내린 결과이다.

4. 화재가 났을 때 조금 녹아내렸다.

　

'엿이나 유리 등은 액체라서 수백 년의 시간이 흐르면서 아래로 흘러내린다'는 설명이 가끔 인터넷에 돌아다닙니다. 하지만 이는 완전히 틀린 설명입니다. 엿이나 유리 등은 액체가 아니라 비결정성 고체입니다. 결정질 고체처럼 결정을 만들지는 않지만 그렇다고 액체처럼 흘러내리지는 않습니다.

중세시대에는 녹은 유리를 판 위에 부어 돌려서 유리가 넓게 퍼지는 방식으로 창유리를 만들었습니다. 그러면 바깥쪽은 안쪽보다 두꺼워집니다. 이러한 유리를 창에 끼울 때 안전을 위해 두꺼운 쪽을 아래로 해서 끼우게 됩니다.

물론 성당에 화재가 났다면 유리가 일부 녹을 수도 있습니다. 하지만 유리의 녹는점은 특정하기 어렵지만 대략 750℃ 정도에서 흘러내리기 시작하는 것에 반해, 납의 녹는점은 327℃이니 유리가 녹기 전에 땜질한 납이 먼저 녹아 유리가 떨어져 깨질 것입니다.

일부 과학자들은 유리가 흘러내릴 수도 있다고 합니다. 하지만 유리가 흘러내리는 것을 관찰하려면 수십억 년이 걸린다고 하니 수백 년의 시간으로는 관찰이 불가능합니다.

액정$^{liquid\ crystal}$은 액상결정(液狀結晶)의 줄임말로 액체^{liquid}와 결정^{crystal}의 중간형태입니다. 결정은 가로, 세로, 높이의 분자 배열이 규칙적이지만 액정은 이중 한두 방향의 분자 배열만 규칙적입니다.

그런데 액정들 중에서는 전압이 변하면 분자의 배열이 변하는 종류가 있습니다. 분자의 배열이 변하면 빛이 통과하는 양이 달라집니다. 이를 '편광'이라 하는데, 편광은 중학교 수준으로는 자세한 설명이 어려우니 이 정도로만 설명하겠습니다. 이 성질을 이용해 만든 것이 LCD$^{Liquid\ Crystal\ Display}$입니다.

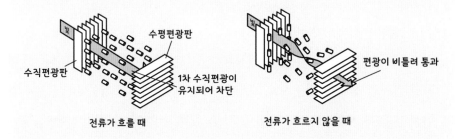

20세기에는 음극선 관$^{CRT,\ Cathode-Ray\ Tube}$을 이용한 디스플레이를 사용했지만, 21세기 들어 PDP$^{Plasma\ Display\ Panel}$와 LCD가 보편화되면서 CRT는 멸종했습니다. 이후 PDP와 LCD의 경쟁에서는 2010년대 PDP가 멸종했습니다. LCD의 미래도 그리 밝지는 않습니다(그도 그럴 것이 사실 액정은 빛을 통과시킬 뿐입니다). 스스로 빛을 내는 발광 다이오드$^{LED,\ Light\ Emitting\ Diode}$ 디스플레이에 의해 밀려날지도 모르겠습니다.

문제 5. 액체의 형태

세계 최초로 우주에서 음식을 먹은 사람은 1961년에 세계 최초로 우주에 나간 소련의 유리 가가린$^{Yurii\ Gagarin}$입니다. 익힌 고기가 담긴 160g짜리 튜브 2개와 디저트인 초콜릿이 담긴 튜브 하나를 가져가 먹었다고 합니다. 2시간 남짓 우주에 있었으니 굳이 먹을 필요가 없었지만 무중력 상태에서 음식이 소화가 잘 되는지를 알아보기 위해 실험 삼아 먹었다고 합니다.

그렇다면 우주식을 만들 때에는 어떤 조건이 있을까요? 일단 가벼워야 합니다. 우주로 무언가를 보낼 때에는 조그마한 물건이라도 비용이 엄청나게 듭니다. 로켓으로 고도 2,000km까지 물건을 보내는 데 드는 비용은 1킬로그램 당 17,400달러(약 2천만 원)입니다.

다음으로 유사시에도 먹을 수 있도록 장기보존이 가능해야 합니다. 그래서 동결 건조한 음식을 진공으로 포장한 팩을 가져가서 뜨거운 물을 부어 먹는 방식이 흔히 사용됩니다. 양념은 가루 상태가 아닌 물이나 기름에 녹인 상태로 사용합니다. 가루가 날아다니면 우주인의 눈에 들어간다거나 기계에 오작동을 일으킬 수도 있기 때문입니다.

음료수 같은 경우는 팩에 빨대를 꽂아 먹습니다. 그리고 우주에서는 탄산음료를 마실 수 없습니다. 지상에서는 음료 안에 녹아있던 탄산가스가 배 속에서 분리되면 식도를 타고 올라와 트림과 함께 밖으로 나오지만, 무중력인 우주에서는 가스가 뱃속에서 나오지 못해 메스꺼운 상태가 됩니다(말 그대로 배에 가스가 찬 상황입니다).

그런데 말입니다. 만약 음료수가 든 팩이 찢어져서 음료수가 밖으로 나온다면 어떤 모양이 될까요?

1. 정해진 모양없이 요동한다.

2. 작은 방울로 산산히 흩어진다.

3. 불특정한 형태로 고정된다.

4. 공 모양이 된다.

지구에서는 액체가 중력의 작용으로 평평한 바닥에서는 납작하게 펴집니다. 하지만 무중력 상태에서는 표면장력에 의해 구球형이 됩니다. 표면장력表面張力, surface tension이 액체의 표면을 최소화하는 방향으로 작용하기 때문입니다. 삼차원의 물체 중 표면이 최소인 형태는 구입니다.

액화 프로페인이나 뷰테인을 저장하는 탱크는 구형으로 만들어집니다. 적은 면적으로 많은 양을 담을 수 있고 압력도 균등하게 전달되기 때문에 안전하며 만드는 경비를 줄일 수 있습니다.

우주로 가지 않더라도 떨어지는 물방울이 구의 형태임을 확인할 수 있습니다. 다만 공기에 의한 저항 때문에 다소 위아래로 납작해집니다. 반면에 훨씬 무거운 액체의 경우는 완전한 구형에 가까워집니다.

중세의 도시에 가면 공중목욕탕의 굴뚝같이 생긴 건물을 볼 수 있습니다. 이 탑은 총알탑Shot tower입니다. 바닥에 물이 고인 커다란 수조를 놓고 탑 꼭대기에서 녹인 납을 구리 체에 부으면 자유낙하한 액체 납 방울이 구형을 유지한 채 물에 떨어져 굳게 됩니다. 이렇게 만들어진 납 구슬은 산탄 알갱이로 이용됩니다.

문제 6. 꿀 속에서 헤엄치면 빠를까?

물을 따르기 위해 물이 든 병을 기울이면 쉽게 아래로 흘러내립니다. 하지만 꿀을 따르기 위해 꿀이 든 병을 기울이면 쉽게 흘러내리지 않습니다. 이처럼 경사(기울이기)에서 유체가 흐르는 속도의 빠르고 느림을 가리켜 점도粘性, Viscosity라고 합니다.

현재까지 알려진 가장 점도가 높은 물질은 석유에서 얻을 수 있는 역청Pitch입니다. 1930년에 호주 퀸즐랜드 대학에서 역청을 깔때기에 넣고 얼마나 빨리 떨어지는지 실험을 했는데 2014년까지 단 9방울이 떨어졌습니다.

꿀은 물보다 점도가 높기 때문에 쉽게 흘러내리지 않습니다. 만약 수영장에 꿀을 부어 점도를 높인 채로 수영을 한다면 헤엄치는 속도는 빨라질까요 느려질까요?

1. 빨라진다.
2. 그대로다.
3. 느려진다.
4. 꿀을 얼마나 넣느냐에 따라 다르다.

뉴턴은 액체 속을 움직이는 물체의 속도가 액체의 점도가 높을수록 느려진다고 생각했습니다. 반면에 호이겐스Christiaan Huygens는 액체의 점도가 크면 헤엄치는 사람은 더 큰 저항을 받지만, 동시에 팔로 물을 밀어낼 때 더 큰 힘을 내므로 헤엄치는 속도는 그대로일 것이라 주장했습니다.

실험을 하면 간단히 알 수 있겠지만 300년이 지나도록 실제로 실험을 하지는 않았습니다. 그 이유는 아마도 꿀이 비싸서겠지요.

2003년 미국 미네소타대 화학공학과 에드워드 쿠슬러^{Edward Cussler} 교수와 그 제자는 실험을 위해 꿀 대신 값싼 '구아검^{Guar Gum}' 300kg을 25m 길이 수영장에 풀어 넣었습니다. 수영장 물의 점성은 보통 물의 2배 정도로 높아졌지요. 수영 동호인과 선수 출신 16명을 일반 수영장과 구아검 수영장 두 곳에서 수영하도록 한 결과, 기록 차이는 4% 이하였습니다. 호이겐스의 추측이 맞았습니다.

하지만 수영장을 완전히 꿀로 채운다면 어떨까요? 점도가 너무 높아서 물 위의 팔이 물속으로 들어가지도 못할테니 앞으로 나아가지도 못할 것입니다.

실험 방식을 바꾸어 보겠습니다. 비슷한 모양인 스크류와 프로펠러를 사용하는 모터 보트와 비행기의 최고 속도를 비교하면 어떨까요? 같은 마력에 같은 무게를 가진 엔진으로 같은 중량, 같은 모양의 기체를 하나는 물속에서 스크류의 힘으로, 하나는 프로펠러의 힘으로 지상에서 바퀴를 굴려 전진한다면? 아마도 프로펠러가 더 빠를 것으로 예상됩니다. 점도보다는 저항의 문제이지요.

그런데 점도가 높으면 물 위를 뛸 수 있을까요? 바실리스크 도마뱀은 실제로 물 위를 뛰어갑니다. 특수한 신발을 신고 시속 110km로 달리면 인간도 물 위를 뛸 수 있다고 합니다.

녹말을 섞은 물 위에서는 사람도 바실리스크 도마뱀처럼 물 위를 뛰어 건널 수 있습니다. 녹말은 점성과 탄성이 합쳐진 점탄성^{viscoelasticity}이라는 특징이 있는데 이 때문에 천천히 움직이면 가라앉지만 빨리 움직이면 물 표면에 탄력이 생겨 빠지지 않습니다.

액체의 특징은 점성과 표면장력입니다. 그런데 점성과 표면장력이 없는 액체도 있을까요?

있습니다. 헬륨을 4.22K 이하로 온도를 낮추면 액체가 되는데 점성도 없고 표면장력도 없는 초유동체^{superfluid}가 됩니다(엄밀한 의미에서의 액체라고 할 수 있을지는 모르겠습니다). 초유동체는 마찰이나 분자 간 인력이 거의 없기 때문에 매우 작은 구멍도 통과할 수 있습니다. 또한 병에 넣어두면 병의 내벽을 타고 올라가 바깥으로 떨어집니다.

초유동체는 고체, 액정, 액체, 초임계유체, 기체, 플라스마 같은 물체가 가지는 일반적인 상태 중 하나는 아닙니다. 매우 낮은 온도에서 특정 물체에서만 일어나는 현상이기 때문입니다.

문제7. 수증기로 불 붙이기

부시크래프트에서 가장 중요한 것 중 하나는 불을 만드는 것입니다. 많이 사용하는 방법은 마찰열을 일으키는 것입니다. 부싯돌을 부딪혀 불똥을 만들거나 나무를 서로 비벼 불을 피우기도 합니다.

혹은 특이하게 대나무로 만든 실린더에 불이 잘 붙는 마른 잎 등을 넣고는 피스톤을 힘껏 눌러 압축열로 불을 피우기도 합니다. 어떤 방법으로라도 탈 물질을 발화점 이상으로 온도를 올리면 불을 피울 수 있습니다(발화점은 어떤 물질이 연소되는 가장 낮은 온도입니다).

그런데 누군가가 수증기로도 불을 피울 수 있다고 합니다. 과연 가능할까요?

1. 불을 붙일 수 있다.

2. 물은 100℃에서 끓고 종이의 발화점은 450℃이므로 불을 붙일 수 없다.

3. 불이 붙기는 하지만 종이가 축축해져서 곧 꺼진다.

　　연소의 조건은 탈 재료, 산소, 발화점 이상의 온도입니다.

　　이 문제에서 탈 재료는 종이이고 산소는 공기 중에 있으니 발화점 이상의 온도만 있다면 불이 붙습니다.

　　많은 사람들이 수증기의 온도는 100℃라고 착각하고 있습니다. 100℃는 물이 수증기가 되는 온도일 뿐입니다. 수증기를 가열하면 얼마든지 높은 온도가 됩니다. 때문에 400℃ 이상으로 가열하면 충분히 종이에 불을 붙일 수 있습니다. 물이니 젖지 않느냐고 생각하는 분들도 있겠지만 수증기는 액체가 아니라 기체이기 때문에 젖지도 않습니다.

4
물질의 상태 변화 모형

물질은 온도와 압력의 변화에 따라 상태가 변합니다.

물질이 하나의 상相, phase에서 다른 상으로 전이轉移, transition되는 현상을 상전이相轉移 또는 상변화相變化라고 합니다. 상변화를 일으키는 요인으로는 온도가 있습니다. 온도가 올라감에 따라 얼음(고체)이 물(액체)로 변하고 물(액체)이 수증기(기체)로 변합니다. 온도를 더 올리면 수증기(기체)는 플라스마가 됩니다. 반대로 온도를 내리면 플라스마 > 기체 > 액체 > 고체 순으로 변합니다. 각각의 변화를 부르는 명칭은 아래 그림을 보시기 바랍니다.

액체가 기화하는 온도를 끓는점boiling point이라고 합니다. 다른 말로는 비등점沸騰點이라고도 합니다. 액체가 기화될 때의 부피 변화는 수천 배나 됩니다. 때문에 끓는점은 압력의 영향을 크게 받습니다. 압력이 증가하면 끓는점도 상승하고 압력이 감소하면 끓는점도 내려갑니다.

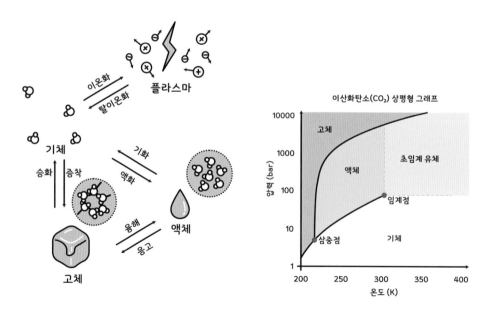

녹는점melting point은 고체가 액체 상태로 바뀌는 온도입니다. 용융점融解點, 줄여서 융점融點이라고도 합니다. 반대로 액체에서 고체로 바뀌는 온도는 어는점 또는 빙점氷點이라고 합니다.

끓는점과 달리 녹는점은 외부 압력에 의한 영향을 적게 받습니다. 고체가 액체로 변할 때 부피 변화가 그리 크지 않기 때문입니다. 고체의 부피가 액체보다 큰 물의 경우 압력이 오르면 오히려 녹는점이 감소하는 경향을 보일 때도 있습니다.

온도와 압력에 따른 상변화를 그래프로 나타내면 왼쪽 페이지의 오른쪽 그림과 같습니다. 이산화탄소의 상평형 그림입니다. 삼중점은 고체, 액체, 기체의 상을 모두 가지게 되는 지점을 말합니다. 임계점은 액체와 기체의 구별이 모호해지는 점입니다.

그런데 모든 물체가 상변화를 일으키는 것은 아닙니다. 또한 양방향으로 모두 변화가 일어나는 것도 아닙니다. 사람을 비롯한 생명체의 몸은 단백질로 구성되어있습니다. 단백질은 고체로도 액체로도 존재할 수 있습니다. 액체 상태의 단백질의 예로는 달걀 흰자가 있습니다. 그런데 달걀 흰자는 투명한데 왜 흰자라고 하는 것일까요? 이미 알고 있을 것입니다. 달걀에 열을 가하면 하얗게 굳기 때문입니다. 애초에 단백질蛋白質이라는 글자 자체가 알蛋의 하얀白 부분質을 뜻합니다.

단백질은 일반적인 물체와 상당히 다른 성질이 있습니다. 물의 경우 온도를 높이면 고체에서 액체로, 액체에서 기체로 상태가 변합니다. 하지만 단백질은 대략 40도 정도 온도로 열을 가하면 액체에서 고체가 됩니다. 또한 고체로 변한 단백질의 온도를 낮추어도 액체가 되지 않습니다. 이를 '비가역적 변화'라고 합니다.

다이아몬드는 탄소로 이루어진 광물입니다. 어마어마하게 단단하기 때문에 불교에서는 절대로 깨어지지 않는 부처님의 말씀에 비유하기도 합니다. 금강경金剛經은 금강석(다이아몬드) 같은 부처님 말씀을 엮어놓은 경전이라는 의미입니다. 서양에서 다이아몬드의 어원은 '무적'이라는 뜻의 그리스어 아다마스ἀδάμας에서 나왔습니다. 마블코믹스에 나오는 가상의 금속 '아다만티움'의 이름도 여기에서 나왔습니다.

다이아몬드는 그 아름다움 때문에 보석으로 사용되고 있습니다. 때문에 다른 물질을 다이아몬드로 바꾸려는 시도도 여러 차례 있었습니다.

그렇다면 과연 석탄을 다이아몬드로 바꿀 수 있을까요?

1. 석탄 위에 항공모함을 올리면 가능하다.

2. 크립톤 행성 출신 외계인이 석탄을 힘껏 쥐면 가능하다.

3. 실험실에서 고온 고압을 가하면 가능하다.

4. 불가능하다.

물질의 상태 변화와는 관련없는 문제를 내었습니다. 사실 이 문제의 의도는 '고체에서 고체로 변하는 것은 물질의 상태 변화가 아니다'라는 것을 알려주려는 의도였습니다.

만화에서 슈퍼맨이 석탄을 손에 쥐고 악력만으로 다이아몬드를 만드는 유명한 장면이 있지만 여기에는 중대한 오류가 있습니다. 석탄은 탄화수소 화합물이지만 다이아몬드는 탄소로만 이루어져 있습니다. 때문에 석탄이 아니라 흑연을 쥐어짜야만 합니다.

그렇다면 석탄이 아닌 흑연으로 다이아몬드를 만들 수 있을까요? 탄소에 고온 고압을 가하면 가능합니다. 1900년 초에 노벨화학상 수상자 앙리 무아상Henri Moissan은 쇳물 속에 탄소 덩어리를 넣고 급속도로 식히면 그 압력으로 다이아몬드를 만들 수 있다고 주장합니다. 무아상은 실제로 실험을 하였고 산으로 철을 녹여 그 속에 있던 다이아몬드를 꺼내는 데 성공합니다. 하지만 안타깝게도 이것이 실험의 성공은 아니었습니다. 무아상의 거듭되는 실패를 보다못한 무아상의 제자가 몰래 다이아몬드를 구해서 넣었던 것입니다.

그러나 지금은 인조 다이아몬드를 만드는 것이 가능합니다. 그러나 처음부터 다이아몬드를 만들지는 못합니다. 조그만 다이아몬드를 씨앗 삼아 탄소를 고압고온으로 불어넣어 다이아몬드 결정을 키우는 방식을 사용합니다.

그런데 다이아몬드를 녹일 수 있을까요?

네, 녹일 수 있습니다.

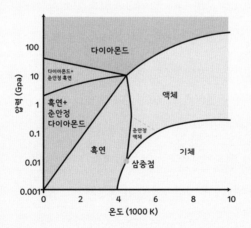

그 이유는 다이아몬드건 흑연이건 모두 탄소로 구성된 물질이기 때문입니다. 따라서 녹는점, 끓는점 등의 특성을 가지고 있습니다.

과학노트

현대 사회는 싫으나 좋으나 석유로 움직입니다. 그런데 석유라는 것이 일부 지역에만 묻혀있다 보니 우리나라처럼 전량 수입해야 하는 나라는 산유국의 눈치를 볼 수밖에 없습니다. 그렇다면 연료만이라도 석유 외에 다른 것으로 대체할 방법은 없을까요?

물론 태양열이나 풍력 같은 것도 있지만 당장에 자동차 기름통에 넣을 수 있는 것이라면 훨씬 수월합니다. 그중 하나가 액화 석탄입니다. 석탄이나 석유의 주성분은 탄소와 수소입니다. 다만 수소의 양이 차이가 납니다. 석유는 수소의 비율이 13% 이상, 석탄은 5% 이하입니다. 석탄에 수소를 첨가해주면 석유와 비슷한 탄화수소로 전환시킬 수 있습니다.

실제로 1913년 베르기우스Friedrich Bergius는 석탄을 가루로 만든 후 고압에서 수소를 첨가하여 액화하는 데 성공합니다. 이 방법을 베르기우스법이라합니다. 이후 실용화 과정을 거쳐 1927년에는 독일에서 연간 10만 톤 규모의 액화석탄을 생산할 수 있는 공장이 건설됩니다. 그런데 독일은 왜 이렇게 액화석탄에 집착한 것일까요? 이유는 제1차 세계대전 때 원유의 부족으로 제대로 전쟁을 수행하지 못한 경험 때문입니다. 아무튼 제2차 세계대전 중인 1943년 독일의 인공석유 1일 생산량은 12만 4천 배럴이었고, 1944년에는 독일 석유 공급량의 57%를 인공석유가 담당했습니다.

그러면 이 기술을 우리가 사용하면 어떨까요? 안타깝게도 채산성이 맞지 않습니다. 전쟁 같은 위급상황에서야 수입이 중단되니 비싸더라도 액화석탄을 써야 하지만, 현재로서는 그냥 석유를 수입하는 것이 싸게 먹힙니다. 하지만 비상시를 대비해서 기술을 확보하는 것은 좋은 방안일 것 같습니다. 아직 우리나라에는 석탄이 많이 있으니까요.

얼음은 광물입니다(!)

광물의 정의는 '천연물이며 물리적 방법으로 분리할 수 없이 균질하고, 화학적 조성組成이 일정한 결정질의 고체'입니다.

얼음은 천연에서 나며, 균질하고, 화학적 조성은 수소 둘과 산소 하나로 일정한, 육각기둥 형태의 결정체를 이루는 고체입니다. 때문에 광물이며 그것도 지표상에서 가장 흔한 광물입니다.

액체를 고체로 만드는 방법에는 강한 압력을 주는 방법과 온도를 낮추는 방법이 있습니다. 1만 기압이면 30℃에서도 얼음이 됩니다. 하지만 역시 쉬운 방법은 온도를 낮추는 것입니다. 순수한 물로 얼음을 만들려면 온도가 최소 몇 도가 되어야 할까요?

1. 5℃

2. 0℃

3. -25℃

4. -50℃

녹는점과 어는점은 다른 개념입니다. '물이 0도가 되면 언다'고 생각하는 사람들이 많지만 실제로 순수한 물은 약 -48.3℃가 되어야 얼기 시작합니다. 이를 과냉각이라고 합니다.

다만 0℃ 이하에서는 얼음이 녹지 않습니다. 그러니 0℃를 물이 어는점이라고 하기보다는 얼음이 녹는점이라 하는 것이 맞을 듯합니다.

그렇다면 한겨울에 온도가 -48.3℃가 되지 않아도 물이 얼어버리는 것은 무슨 이유일까요? 여기에는 두 가지 이유가 있습니다.

먼저, 액체나 기체가 응고되기 위해서는 결정이 형성되는 중심인 핵이 필요합니다. 자연에서의 물은 순수하지 않기 때문에 핵이 될 수 있는 불순물이 함유되어 있고 이 핵을 중심으로 결정이 형성되면서 얼게 됩니다.

또 다른 이유로는 외부의 충격에 의한 냉각입니다. 과냉각 상태의 액체가 충격을 받으면 급속히 고체로 상변이합니다. 한겨울에 과냉각된 음료수 병을 따게 되면 내용물이 순식간에 얼어버리는 것을 경험할 수 있습니다.

얼음에 대해 몇 가지 더 알아보겠습니다. 대부분의 물체는 같은 무게일 경우 고체 < 액체 < 기체 순으로 부피가 증가합니다. 하지만 물의 경우는 예외적으로 액체일 때보다 고체일 때 부피가 증가합니다. 때문에 얼음이 물 위에 뜨게 됩니다.

얼음의 강도는 온도가 낮을수록 높습니다. 0℃의 얼음은 강도가 흑연 정도입니다. 살얼음이 위험한 것도 이 때문입니다. 얇기도 하지만 강도도 낮기 때문입니다. 하지만 -30℃의 얼음은 강도가 5로 치아와 강도가 같고, -40℃에서는 강도가 7로 석영과 같습니다. 단단하게 언 아이스바는 망치 대신 사용할 수도 있습니다. 아이스바를 먹을 때 이가 부러질 수도 있으니 조심하셔야 합니다.

암석巖石, Rock/Stone은 자연에서 산출되는 생물이 아닌 단단한 고체 물질을 가리키는 말입니다. 암석을 구성하는 물질이 광물입니다.

화성암火成巖, Igneous Rock은 마그마가 식어서 만들어진 암석입니다. 마그마가 천천히 식어 만들어진 암석은 심성암深成岩, Plutonic Rocks이라 하고 마그마가 급속히 식어 만들어진 암석은 화산암火山巖, Volcanic Rocks이라 합니다.

(가)와 (나)는 화성암입니다.

각각의 암석의 종류를 적어보세요.

(가)   **(나)**

원자, 이온, 분자 등이 규칙적으로 배열된 물질을 '결정구조를 가지고 있다'고 합니다. 결정은 액체인 물질이 천천히 식을 때 커지며, 급속히 식는다면 결정의 크기가 작아지거나 아예 결정을 만들지 못하기도 합니다.

심성암인 화강암은 지하 깊은 곳에서 마그마가 천천히 식어서 된 암석입니다. 때문에 화강암을 구성하는 광물은 비교적 큰 결정형태를 가집니다.

화산암인 현무암은 마그마가 지상으로 분출되어 급속히 식어 형성된 암석입니다. 때문에 결정의 크기가 눈으로 확인할 수 없을 만큼 작으며 화산가스가 빠져나가지 못해 암석에 구멍이 많이 있습니다.

과학노트

암석은 만들어지는 방법에 따라 화성암, 퇴적암, 변성암으로 구별합니다.

화성암은 위에서 설명했습니다. 퇴적암은 여러 암석들이 풍화 과정을 거쳐 입자나 용액이 된 후 물을 따라 이동하다가 퇴적되면서 만들어진 암석입니다. 입자의 크기가 작은 것부터 이암, 실트암, 사암, 역암으로 분류합니다. 변성암은 여러 암석들이 압력과 온도에 의해 변형되어 생성된 암석입니다.

화성암과 변성암이 퇴적작용을 받아 퇴적암으로 될 수도 있고, 화성암과 퇴적암이 변성작용을 받아 변성암으로 될 수도 있고, 변성암과 퇴적암이 마그마를 거쳐 화성암으로 될 수도 있습니다. 이를 암석의 순환이라 합니다.

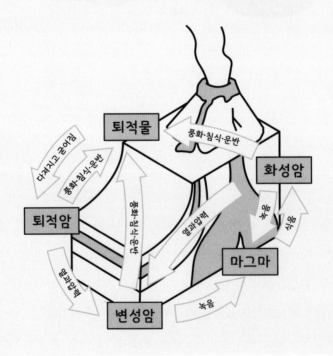

아이스크림 가게 같은 데서 흔히 사용하는 드라이아이스는 고체 이산화
탄소입니다. 드라이아이스는 가격이 싼 데다가 알코올과 조합하면 –79℃ 이
하로 온도가 떨어집니다. 하지만 이 때문에 냉각제로 흔히 사용되는 것은 아
닙니다.

드라이아이스는 승화하기 때문에 물이 나오지 않습니다. 그래서 마른dry
얼음ice이라는 의미로 '드라이아이스'라고 합니다. 물건이 젖지 않고 승화를
한 기체는 인체에 무해한 이산화탄소이기 때문에 즐겨 사용하는 것입니다.

그런데 액체 이산화탄소가 있다면 용기에 넣어 간편하게 이동할 수 있으
며 불을 끄는 용도로 아주 유용하게 사용할 수 있을 것 같습니다.

이런 액체 이산화탄소도 있을까요?

1. 만들 수 없다. 이산화탄소는 액체 상태로 존재하지 않는다.

2. 드라이아이스에서 나오는 하얀 김이 액체 이산화탄소이다.

3. 만들 수 있다. 일상생활에서도 사용한다.

드라이아이스에서 나오는 하얀 김은 액체이지만 이산화탄소는 아닙니다. 드라
이아이스의 온도에 수증기가 응결되어 만들어진 구름이나 안개와 같은 것입니다.

이산화탄소는 1기압 상태에서는 고체 아니면 기체로만 존재합니다. 때문에 드
라이아이스를 물속에 넣으면 녹는 것이 아니라 승화되면서 마치 물이 끓는 것처
럼 이산화탄소 기포가 올라옵니다. 하지만 5.11기압 이상의 압력을 드라이아이

스에 주면 액체 상태가 됩니다(앞에 나온 이산화탄소의 상변화그래프 참조).

액체 이산화탄소를 이용하는 물건이 이산화탄소 소화기입니다. 이산화탄소를 압축, 액화하여 소화약재로 사용합니다. 이산화탄소가 산소를 차단하고 액화된 이산화탄소가 기화하면서 냉각 작용도 하기 때문에 효과적으로 불을 끌 수 있습니다. 또한 이산화탄소는 소화 대상물에 손상을 적게 미치기 때문에 박물관이나 미술관에 많이 비치됩니다. 그러나 질식의 우려가 있기 때문에 지하 및 일반 가정에는 비치 및 사용이 금지되어 있습니다.

드라이아이스의 또 다른 사용법을 하나 알려드리겠습니다. 물체는 상태가 바뀌어도 성질을 그대로 유지합니다. 때문에 드라이아이스가 승화되면 그냥 이산화탄소가 됩니다. 이산화탄소는 모기를 유인하는 특징이 있습니다. 그래서 모기를 잡는 덫으로 사용할 수 있습니다.

문제 5. 드라이아이스의 상태 변화

탄산음료는 이산화탄소를 고압으로 물에 첨가하기만 하면 됩니다. 녹은 이산화탄소의 일부가 탄산으로 전환되어 신맛을 내고 나머지는 우리가 음료를 마실 때 다시 기체로 변하면서 톡 쏘는 맛을 냅니다.

그렇다면 설탕물이 든 페트병에 드라이아이스를 넣기만 해도 탄산음료를 만들 수 있을까요? 만약 실제로 페트병에 드라이아이스를 넣는다면 어떤 일이 일어날까요?

1. 드라이아이스가 이산화탄소로 변하며 설탕물에 녹아들어가 시원하고 짜릿한 음료를 마실 수 있게 된다.

2. 드라이아이스가 이산화탄소로 변하며 페트병의 압력이 높아져 폭발하기 때문에 등골이 서늘하고 오싹한 경험을 하게 된다.

3. 드라이아이스가 이산화탄소로 변하며 페트병의 압력이 높아져 오히려 온도가 올라간다.

4. 페트병 속의 압력 때문에 드라이아이스가 녹지 못하고 그대로 있게 된다.

드라이아이스는 이산화탄소를 얼린 것으로 -79℃ 이하입니다. 상온에서 승화하며 바로 기체가 되는데 이때 부피가 수천 배로 증가합니다. 페트병에 드라이아이스를 아주 약간만 집어넣고 마개를 닫으면 이산화탄소는 부피 증가를 하지 못해 압력이 커지고 그 결과 압력에 의해 이산화탄소가 설탕물에 녹아들면서 시원한 탄산수를 만들 수는 있습니다. 하지만 공장에서 만드는 탄산음료보다 압력이 낮기 때문에 녹아드는 이산화탄소의 양이 적어 짜릿한 맛이 덜합니다.

하지만 드라이아이스를 많이 넣으면 압력 때문에 페트병이 폭발하거나 마개가 날아갑니다. 주위에 있으면 큰 부상을 당할 수 있으니 절대로 해서는 안 됩니다.

문제 6. 종이그릇으로 물 끓이기

학교를 마치고 돌아온 철수는 배가 고파 라면을 끓여먹으려고 합니다. 물 끓일 냄비를 찾지 못한 철수는 종이그릇에 물을 넣고는 그대로 불 위에 올려버립니다. 종이그릇은 어떻게 될까요?

1. 곧바로 종이가 타서 내용물이 쏟아진다.

2. 물이 끓은 후에도 계속 온도가 올라가서 결국 종이가 타고 물이 쏟아진다.

3. 물이 100℃를 유지하며 계속 끓는다.

물은 1기압일 때 100℃를 유지하며 계속 끓습니다. 이를 끓는점이라고 합니다. 물이 100℃를 유지하며 끓기 때문에 종이의 온도도 100℃를 넘지 않습니다. 종이의 인화점은 약 400℃이기 때문에 물이 전부 증발하기 전에는 타지 않습니다. 하지만 위험할 수 있으니 집에서는 이런 실험을 하지마시고 학교 실험실에서 하시기 바랍니다.

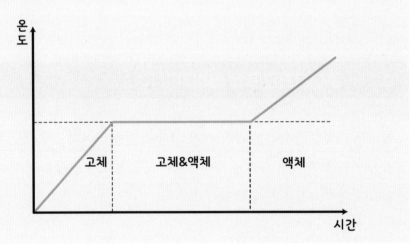

그런데 종이에 물 대신 기름을 넣고 끓이면 어떻게 될까요? 옥수수유의 끓는
점은 270℃입니다. 앞에서도 말했지만 종이의 발화점은 약 400℃이니 안심하고
음식을 튀겨도 될까요?

절대로 안 됩니다. 끓어서 기체가 된 옥수수유가 아래에 있는 불꽃과 닿으면
불이 붙습니다. 기름을 종이접시에 넣고 끓이는 실험은 학교 실험실에서도 하지
마시길 바랍니다.

문제 7. 주사기 속의 물

영희는 여름방학 동안 에베레스트를 등정하기 위해 부모님과 함께 네팔
로 갔습니다. 해발 5,000m에 위치한 베이스캠프는 여름인데도 온몸이 으스
스할 정도로 춥고 공기마저 희박하여 숨 쉬기도 힘이 듭니다. 그날 식사 당
번이었던 영희는 함께 온 엄마 아빠를 위해 온 솜씨를 다해 밥을 지었습니
다. 그런데 막상 밥을 먹어보니 설익어서 알갱이가 씹힙니다. 밥이 설익은
이유는 물이 100℃보다 낮은 온도에서 끓기 때문입니다.

물이 100℃보다 낮은 온도에서 끓는 이유는 무엇일까요? 그리고 제대로
밥을 익히기 위해서는 어떻게 해야 할까요?

1. 압력이 낮아서 그렇다. 압력솥으로 밥을 지
   어야 한다.

2. 기온이 낮아서 그렇다. 따뜻한 실내에서 밥
   을 지어야 한다.

3. 화력이 낮아서 그렇다. 좀 더 고온을 낼 수
   있는 조리기구로 밥을 지어야 한다.

앞의 문제에서 물이 끓는 온도는 일정하다고 했습니다. 화력을 높이면 더 빨리 끓기는 하지만 그렇다고 물의 끓는점이 높아지지는 않습니다. 기온도 마찬가지입니다. 물의 끓는점은 주위의 기온과 관계 없습니다.

아래 그림처럼 주사기 속에 물을 넣고 앞쪽 끝을 막은 다음 밀대를 잡아당기면 주사위 내부의 물에는 어떤 변화가 일어날까요?

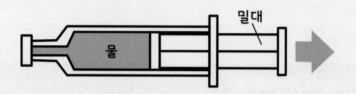

물이 끓어올라 수증기가 됩니다.

압력 또한 상변화를 일으키는 요인입니다. 밀대를 잡아당기는 경우 압력이 줄어들어 상온에서도 끓게 됩니다. 해발 5,000m에 위치한 베이스캠프는 0.53기압이고 물의 끓는점은 83℃밖에 되지 않습니다. 에베레스트 산 정상이라면 높이는 8,848m에 압력은 0.35기압이고 끓는점은 더욱 낮아져 물은 71℃에서 끓게 됩니다. 어떻게든 익은 밥을 먹으려면 밥솥 위에 무거운 돌을 올려놓고 물을 끓여야 합니다. 돌이 압력을 더해주기 때문입니다. 아니면 압력솥을 가지고 가야 합니다.

압력솥은 솥 내부를 완전히 밀폐시켜 수증기를 빠져나가지 못하게 합니다. 이 상태에서 물을 가열하여 수증기가 되면 압력이 높아지기 때문에 끓는점도 높아지게 됩니다. 보통 압력밥솥은 1기압 환경에서 2기압을 안전하게 견디는 수준으로 설계되었다고 합니다. 따라서 122℃까지 올릴 수 있습니다. 물론 고지대 저압환경으로 가면 그 효과가 떨어지므로 122℃까지는 못 올리겠지만 100℃까지는 충분히 가능하므로 맛있는 밥을 먹을 수 있습니다.

압력솥은 고열의 수증기를 강한 압력으로 음식에 골고루 전달하기 때문에 조리시간을 단축할 수 있습니다. 서너 시간을 익혀야 하는 고기찜을 1시간 이내로 만들 수 있습니다. 그리고 뼈까지 익어버려 부드러워지기 때문에 생선을 압력솥으로 익힐 경우 뼈채로 먹을 수 있습니다.

하지만 압력솥은 조리기구로는 대단히 위험합니다. 조리 후 수증기를 빼고 두껑을 열어야 하는데 그냥 열면 말 그대로 폭발합니다. 게다가 그때 나오는 수증기는 122℃입니다. 압력솥을 사용할 때는 항상 조심하시기 바랍니다.

문제 8. 기체 행성의 내부는 어떤 상태일까?

태양계의 행성은 지구형 행성과 목성형 행성으로 나뉘어집니다.

지구형 행성은 주로 암석이나 금속 등 고체로 구성되어 있습니다. 수성, 금성, 지구, 화성이 여기에 해당합니다. 목성형 행성에 비해 질량은 작지만 밀도가 높습니다.

목성형 행성은 주로 기체로 되어 있습니다. 목성과 토성이 여기에 해당합니다. 지구형 행성에 비해 크기는 거대하지만 밀도는 낮습니다. 또 지구형 행성처럼 딱딱한 지표가 없습니다.

그런데 이러한 행성들의 내부는 어떤 상태일까요? 고체일까요, 액체일까요, 기체일까요?

1. 고체(지구형) 행성은 내부도 고체, 기체(목성형) 행성은 내부도 기체

2. 행성에 관계없이 내부는 고체

3. 행성에 따라 다르다.

지구는 지표로부터 지각, 맨틀, 외핵과 내핵으로 구성되어 있습니다. 지각은 단단한 암석들로 구성되어 있으며 수 킬로미터에서 수십 킬로미터의 두께입니다. 맨틀도 암석 덩어리들로 구성되어 있으며 약 2,800~2,900km 두께입니다. 핵은 철, 니켈 등의 합금으로 되어 있으며 약 3,500km의 두께를 갖는데 외핵의 온도는 4,300~6,000K 정도로 구성물질들이 녹아서 액체 상태입니다. 내핵은 오랫동안 액체 상태로 여겨졌으니 근래에 들어 고체로 추정되고 있습니다.

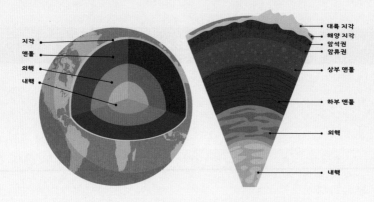

목성형 행성의 대표인 목성의 내부구조는 다음과 같습니다.

목성은 중심부로 가면서 내부에 압력에 의해 행성을 구성하는 수소 기체가 액체 수소로 변합니다. 따라서 지구의 맨틀에 해당하는 부분은 기체와 액체가 뒤섞여 있으며 더 깊이 들어갈수록 액체 상태의 비율이 늘어납니다. 이보다 더 아래는 암석과 금속, 얼음물질 등으로 된 고체핵이 존재합니다. 고체핵의 질량은 지구의 10배 정도로 추정됩니다.

천왕성형 행성인 천왕성과 해왕성은 별의 대부분이 물, 메탄, 암모니아의 얼음로 구성된 거대얼음 행성입니다.

고체 행성, 기체 행성이 있다면 액체 행성도 존재할까요? 액체 행성의 존재는 알려지지 않았지만 비슷한 별은 존재합니다. 달보다 약간 작은 목성의 위성인 유로파의 표면은 수~수십km 얼음으로 덮여있는데, 그 아래에는 깊이 100km의 물로 된 바다가 존재할 가능성이 있다고 합니다. 지구의 바다보다 약 2배 정도 큰 셈입니다. 또한 액체 물의 존재로 생명체가 있을 가능성도 매우 높다고 합니다.

과학노트

물질의 상태는 온도와 압력에 좌우됩니다. 그런데 온도와 압력이 한계, 즉 임계점 supercritical point 을 넘어서면 액체와 기체를 구분할 수 없는 상태의 유체가 됩니다. 이 상태의 유체를 초임계유체 supercritical fluid 라고 합니다.

초임계유체는 식품 분야에서 특정한 물질 또는 성분을 추출하는 데에 사용합니다. 디카페인 커피는 커피에서 초임계 이산화탄소를 사용해 카페인을 추출해 낸 것입니다.

문제 9. 기체를 가열하면?

물질의 상태는 주로 압력과 온도에 따라 변합니다. 우리 주변에서 흔히 볼 수 있는 물을 예로 들겠습니다. 고체 상태인 얼음을 가열하면 액체 상태인 물이 됩니다. 액체 상태인 물을 가열하면 기체 상태인 수증기가 됩니다. 그런데 기체 상태인 수증기를 몇만°C로 가열하면 어떻게 될까요?

1. 여전히 기체이다. 다만 물 분자 간의 거리는 훨씬 멀어진다.
2. 플라스마가 된다.
3. 핵융합이 일어나 폭발한다.
4. 도로 물이 되어버린다.

어떠한 물체이든 고온으로 가열하면 분자의 진동이 늘어나 결국 분자 간의 인력을 끊고 자유로이 돌아다닙니다. 이런 상태가 기체입니다. 즉 모든 물체는 가열하면 결국 기체가 됩니다.

기체를 몇 천°C로 가열하면 어떻게 될까요? 여전히 기체입니다. 다만 분자 간의 거리는 훨씬 멀어집니다. 하지만 몇만°C가 되면 사정이 달라집니다. 열은 분자가 아니라 원자에 영향을 줍니다. 원자 표면의 전자가 열을 받아 원자를 탈출하면 남은 원자는 이온이 됩니다.

온도를 더 높이면 핵융합이 일어납니다. 태양 내부는 2,600억 기압에 온도는 1,500만°C입니다. 여기에서는 원자핵들이 합쳐지면서 더욱 무거운 원자가 되는데 이 과정에서 엄청난 에너지가 나옵니다.

그나마 엄청난 압력과 수소의 밀도가 높은 태양 내부이기에 1,500만°C이지 현재 기술로 핵융합로에서 핵융합을 하기 위해서는 최소 1억°C가 필요합니다(우리나라가 만든 핵융합 실험로인 KSTAR는 2021년 11월 22일 1억°C 초고온 플라스마를 30초간 유지하는 데 성공했습니다).

너무 열을 내었네요. 어쨌든 문제에서는 몇만°C로 가열한다고 했으니 수증기는 산소와 수소 원자로 분리되고 산소와 수소 원자는 다시 플라스마가 됩니다.

5
물질의 상태 변화와 에너지

어떤 물체가 상태 변화를 일으킬 때는 반드시 열을 방출하거나 흡수합니다. 기체 상태의 물질이 액체로 상태 변화할 때 방출되는 열에너지는 액화열液化熱, heat of liquefaction이라고 합니다. 반대로 액체 상태의 물질이 기체로 상태 변화할 때 흡수하는 열에너지는 기화열氣化熱, heat of vaporization이라 합니다. 액화열과 기화열의 열량은 같고 방출이냐, 흡수냐만 다릅니다. 물의 액화열은 539kcal/kg입니다(물 1g을 1℃ 올리는 데 필요한 열량이 1cal입니다. 따라서 1kg의 물을 1℃ 올리려면 1kcal/kg의 열이 필요합니다).

액체 상태의 물질이 고체로 상태 변화할 때 방출되는 열에너지는 응고열凝固熱, heat of solidification이라 합니다. 반대로 고체 상태의 물질이 액체로 상태 변화할 때 흡수하는 열에너지는 융해열融解熱, Heat of fusion이라 합니다. 융해열과 응고열의 열량은 같고 방출이냐, 흡수냐만 다릅니다. 물의 응고열은 약 80kcal/kg입니다.

상태가 변화하는 동안은 온도에 변화가 없습니다. 물을 끓여 수증기가 되는 동안 물의 온도는 100℃로 일정합니다. 마찬가지로 얼음이 녹아 물이 되는 동안은 0℃로 일정합니다.

0°C의 얼음 1kg을 가열하여 100°C의 수증기 1kg을 만들었습니다.
열에너지를 많이 쓰는 순서대로 나열하세요.

(가) 0°C의 얼음 1kg을 10°C의 물로 만드는 것

(나) 10°C의 물 1kg을 90°C로 올리는 것

(다) 90°C의 물 1kg을 100°C의 수증기로 만드는 것

계산을 해보겠습니다.

(가)의 경우 0°C의 얼음 1kg을 0°C의 물로 만드는 데 80kcal의 융해열이 필요합니다. 0°C의 물 1kg을 10°C 올리는 데는 10kcal의 열이 필요합니다. 따라서 총 필요한 열량은 90kcal입니다.

(나)의 경우 물 1kg을 10°C에서 90°C로 80°C 올렸으니 필요한 열량은 80kcal입니다.

(다)의 경우 물 1kg을 90°C에서 100°C로 10°C 올리는 데 10kcal의 열이 필요합니다. 100°C의 물 1kg이 100°C의 수증기가 되려면 539kcal의 기화열이 필요합니다. 따라서 총 필요한 열량은 619kcal입니다.

융해와 기화가 될 때는 열을 흡수하고 응고와 액화가 될 때는 열을 방출합니다. 기화할 때 열을 흡수한다는 것을 이용하여 온도를 떨어뜨리는 기기로는 에어컨과 냉장고가 있습니다(4파트 '기체의 성질' 참조).

액화할 때 열을 발산한다는 것을 이용하여 온도를 올리는 기기로는 증기 난방기가 있습니다. 보일러에서 물을 가열하면 고온 고압의 수증기가 만들어지고, 이 수증기의 압력으로 관을 따라 건물 내부의 방열기(라디에이터)로 이동합니다. 수증기가 방열기(라디에이터)에서 물로 변하면서 열에너지를 방출하는데, 이 열에너지에 의해 건물 내부를 난방합니다.

한가지 예를 더 들겠습니다. 소나기가 내리기 전에는 많은 양의 수증기가 액화하여 구름이 됩니다. 소나기가 내리기 전에는 더울까요? 시원할까요?

문제 2. 응고열의 이용

똑딱이 손난로라는 물건이 있습니다. 비닐팩 안에 아세트산나트륨과 똑딱이 쇳조각이 들어있는데 이 쇳조각을 양쪽으로 몇 번 꺾어주면 액체가 하얗게 굳으면서 열을 냅니다. 굳어버린 아세트산나트륨은 뜨거운 물이나 전자레인지에 넣어 열을 가하면 다시 액체 상태가 되기 때문에 여러 번 사용가능합니다.

이 똑딱이 손난로에서 똑딱이의 역할은 무엇일까요?

1. 액체에 충격을 주어 고체로 상전이를 일으킨다.
2. 똑딱이가 촉매* 역할을 하여 화학작용을 일으킨다.
3. 똑딱이 속에 든 물질이 새어나와 액체 아세트산나트륨과 화학작용을 일으킨다.
4. 똑딱이의 소리에 반응하여 상전이가 일어난다.

----

* 자신은 반응하지 않지만 다른 물질의 반응속도를 빠르게 해주는 물질

액체를 냉각시키면 고체가 됩니다. 하지만 실제로는 어는점 이하가 되어도 고체로 변하지 않는 경우가 있습니다. 이를 과냉각이라고 합니다(2파트 4장 문제 2 '얼음 만들기' 참조).

똑딱이 손난로는 과냉각을 이용한 물건입니다. 똑딱이 손난로를 가열하면 액체가 됩니다. 온도가 떨어지면 고체가 되어야 하지만 아세트산나트륨은 과냉각이 잘 되는 특성이 있기 때문에 여전히 액체 상태입니다. 이때 똑딱이 쇳조각을 양쪽으로 몇 번 꺾어주면 그 충격으로 상태 변화를 일으켜 고체가 됩니다(똑딱이는 그냥 쇠조각에 불과합니다). 액체가 고체로 되는 과정에서 응고열이 발산되기 때문에 따뜻해집니다.

똑딱이가 아니라도 충격만 줄 수 있으면 다른 방법도 괜찮습니다. 예를 들어 세게 흔든다거나 손바닥으로 충격을 줘도 고체로 변합니다.

과학노트

과냉각은 어떤 물질이 어는점 이하로 온도가 떨어져도 얼지 않는 것입니다. 반대로 끓는점 이상으로 온도를 올려도 끓지 않는 것은 과가열이라 합니다. 물의 경우 조건만 맞다면 200°C에서도 액체 상태로 존재할 수 있습니다. 하지만 냄비에 물을 넣고 끓일 경우 냄비 밑바닥에서 액체 상태의 물이 수증기로 변하기 때문에 (이를 비등boiling, ebullition이라 합니다) 정적인 상태로 유지가 되지 않아 과가열이 되지 않습니다.

하지만 전자레인지에 물을 넣고 돌리면 정적인 상태를 유지할 수 있어 과가열 상태를 만들 수 있습니다. 과가열 상태의 물에 충격을 가하면 한순간 비등하면서 물이 솟구치면서 넘쳐흐르게 됩니다.

아래의 건축물은 '야크찰^{Yakchal}(얼음 구덩이)'이라 불리는 고대 페르시아의 냉장고입니다. 페르시아에서는 이 건축물을 이용하여 겨울철에 저장한 얼음을 여름이 지나도록 녹지 않게 보관했다고 합니다. 도대체 어떤 방식으로 얼음을 녹지 않게 보관할 수 있었을까요? 이용한 방식을 모두 고르세요.

1. 초고대 문명의 유산이다.

2. 두꺼운 벽으로 열의 흐름을 최소화하였다.

3. 물의 증발을 이용해 만들었다.

4. 바람으로 온도를 낮추었다.

초고대 문명의 유산은 아닙니다. 우리 선조들도 신라 시대에 야크찰과 같은 시설을 만들었습니다. 『삼국유사』에 의하면 제3대 유리 이사금 때 얼음 창고를 만들었다고 합니다. 경주 월성에도 조선 영조 14년(1738년)에 축조된 석빙고가 남아있습니다.

석빙고는 반지하에 만들어져 있습니다. 반지하 구조는 열의 손실을 최소화하여 실내 온도를 일정하게 유지시켜 줍니다. 그리고 천정에 구멍을 뚫어 뜨거워져 상승한 공기가 빠져나가도록 만들었습니다. '야크찰'도 이런 석빙고의 원리를 그대로 이용합니다. 위에 보이는 돔 모양의 건축물은 뜨거운 공기가 빠져나가는 통로이고 저장공간은 지하에 있습니다.

'야크찰'은 여기에 건조한 기후를 이용한 냉방 방법을 덧붙입니다.

온도와 습도를 함께 잴 수 있는 건습구온도계라는 것이 있습니다. 건습구온도계는 보통의 온도계인 건구온도계와 물에 적신 무명천으로 감싼 습구온도계로 구성되어 있습니다. 일반적으로 습구온도는 건구온도보다 온도가 낮은데 그 이유는 무명천에서 수증기가 증발하면서 증발열을 빼앗아 가기 때문입니다. 만약 공기의 상대습도가 낮으면 그만큼 증발이 많이 일어나기 때문에 증발열 또한 많이 빼앗아가므로 습구온도는 많이 낮아집니다.

페르시아(현재의 이란)는 여름 한낮의 온도가 40℃, 상대습도가 20% 정도입니다. 위의 건습구온도계를 통해 40℃에 습도가 20%일 때의 습구온도를 구하면 14℃입니다. 즉 한여름이라도 그늘에서 물을 뿌리면 그 주위는 14℃까지 떨어진다는 소리입니다. 페르시아 지역은 일교차가 심하기 때문에 여름이라도 한밤에는 20℃ 이하로 떨어지기도 합니다. 야크찰의 지하 부분에는 수로가 지나가는데 이 때문에 항상 물이 증발하여 온도를 낮추어줍니다. 차가워진 공기는 무거워 가라앉게 됩니다.

바람까지 불면 증발은 더 많이 일어나니 온도는 더 떨어집니다. 이 냉장고는 현재도 사용 중입니다. 하지만 아쉽게도 우리나라는 여름에 습도가 높아 증발열을 이용한 냉방은 할 수가 없습니다.

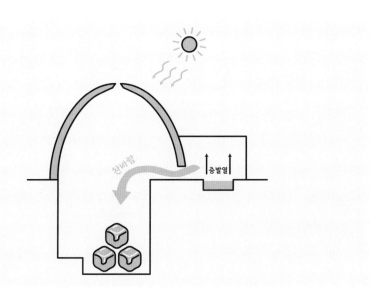

문제 4. 겨울에 온수 세차

　한겨울입니다. 철수 아빠는 철수에게 세차를 하면 용돈을 주겠다고 합니다. 용돈 받을 생각에 세차를 시작한 철수는 금세 후회합니다.

　추운 날씨에 물까지 튀기니 손이 어는 것 같습니다. 철수는 손이 시려서 냉수 대신 온수를 사용합니다.

　온수를 뿌린 차는 어떻게 될까요?

1. 아무 일 없이 세차를 끝낼 수 있다.

2. 철판이 갈라지고 유리가 깨진다.

3. 냉수보다도 빨리 얼어버린다.

수십℃의 온도차로 자동차 철판이 갈라지거나 유리가 깨지지는 않습니다. 하지만 온수가 자동차에 닿는 순간 차는 꽁꽁 얼어버립니다. 기화열 때문입니다.

0℃의 물에 열을 가하면 100℃의 물이 될 때까지는 1kg의 물에 대하여 1℃ 올리는 데 1kcal, 총 100kcal의 열량이 필요합니다. 그런데 물이 액체에서 기체로 변하려면 540kcal/kg이 필요합니다. 즉 물이 기화하려면 0℃의 물을 100℃ 물로 만드는 것보다 5.4배나 많은 열이 필요합니다. 때문에 뜨거운 물이 증발하면 엄청난 기화열이 빠져나가고 게다가 증발로 인해 물의 양 자체도 줄어들기 때문에 냉수보다 더 빨리 얼게 됩니다.

시베리아의 한겨울에는 물을 양동이에 담아 뿌리면 눈이 되어 떨어집니다. 물이 떨어지면서 물방울로 변해 넓게 퍼지고, 그 때문에 한데 뭉쳐있을 때보다 표면적이 넓어져 증발로 인한 열 손실이 훨씬 빨리 일어나기 때문입니다. 이보다 훨씬 추운 핀란드는 현관 앞에서 공중으로 물을 뿌리면 눈이 되어 떨어집니다.

과학노트

탄자니아의 에라스토 음펨바Erasto Mpemba라는 학생은 1963년 중학교에서 조리실습을 하다가 덜 식은 재료를 냉장고에 집어넣고는 이것이 식혀서 집어넣은 것보다 더 빨리 어는 것을 발견합니다.

그는 이 현상에 의문을 품고 교사와 친구들에게 물어보았지만, 그들은 오히려 '뜨거운 물이 어떻게 찬물보다 빨리 얼 수 있느냐?'며 비웃습니다.

하지만 음펨바는 포기하지 않고 이 의문을 계속 가지고 있다가 고등학교 때 학교에 강연을 온 물리학자 데니스 오스본Denis Osborne에게 이 현상에 대해 질문합니다. 오스본은 이 질문을 넘겨듣지 않고 진지하게 받아들여 직접 실험을 하였고 그 결과 음펨바의 관찰이 정확했다는 것을 확인합니다. 이후 오스본은 1969년에 이 현상을 다룬 논문을 발표하며 이 현상을 '음펨바 효과' 라 명명합니다.

여러분들도 생활 속에 일어나는 사소한 일을 그냥 지나치지 않고 부지런히 관찰하면 과학사에 이름을 남길 수 있을지도 모릅니다.

그런데 아직까지 음펨바 효과가 일어나는 이유는 설명하지 못하고 있습니다. 위의 설명대로 기화열 때문이라고 설명하기도 하지만, 음펨바 효과는 물을 뿌리는 것이 아니라 그릇에 담아두었을 때 생기는 현상입니다. 더구나 아주 뜨거운 물이 아니라 30, 40도 정도의 미지근한 물에서 효과가 크게 발생합니다.

누군가 이유를 밝힌다면 아마 음펨바-OOO 효과로 명명될 것입니다.

여러분이 도전해 보는 건 어떨까요?

문제 5. 증발의 온도

물의 끓는점은 기압에 따라서 달라집니다. 압력이 높으면 끓는 점이 올라가고 압력이 낮으면 끓는 점이 내려갑니다.

그렇다면 물은 몇 °C에서부터 증발할 수 있을까요?

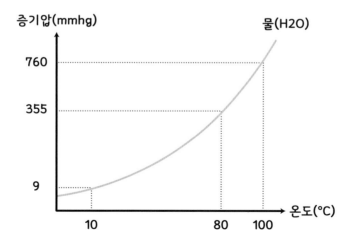

1. 30°C

2. 15°C

3. 0°C

4. -15°C

끓음은 액체 전체 영역에서 기화되는 현상이고 증발은 액체의 표면에서 입자가 분자 간의 인력을 끊고 기화하는 현상입니다. 얼음과 같은 고체가 수증기와 같은 기체로 변하는 것은 승화라는 용어를 사용합니다.

증발량은 온도가 높을수록 늘어납니다. 때문에 0°C에서 증발량은 최소이고 100°C에서 최대가 됩니다.

3

힘의 작용

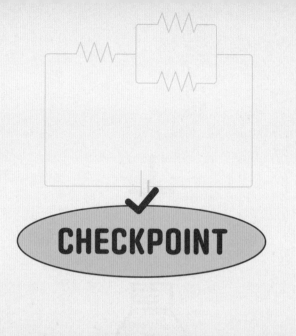

CHECKPOINT

1 물체에 작용하는 힘을 화살표를 이용하여 나타내고, 힘의 평형을 이루는 조건을 설명할 수 있다.

2 중력, 탄성력, 마찰력, 부력을 이해하고, 각 힘의 특징을 크기와 방향으로 설명할 수 있다.

3 알짜힘이 0이 아닐 때 물체의 운동 상태가 변함을 알고, 그 예를 조사하여 분류할 수 있다.

4 다양한 사례에서 작용하는 힘과 힘의 평형 관계를 설명하고, 일상생활에서 힘의 특징을 이용한 기구나 장치를 설계할 수 있다.

1
힘의 표현과 평형

 물리학에서 힘은 "물체의 운동 상태 또는 모양을 변화시키는 작용"입니다. 그리고 힘은 방향이 있습니다. 중력은 물체의 질량중심 방향, 탄성력은 탄성체가 늘어나는 방향의 반대 방향, 마찰력은 항상 물체의 이동 방향과 반대 방향, 부력은 중력의 반대 방향입니다.

 때문에 힘은 단순히 더해서는 안 되면 반드시 방향을 고려해야 합니다. 그래서 같은 속력이라도 방향이 바뀌면 힘이 작용한 것입니다.

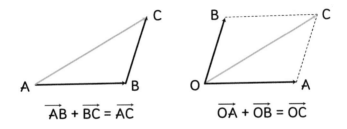

$$\overrightarrow{AB} + \overrightarrow{BC} = \overrightarrow{AC}$$ $$\overrightarrow{OA} + \overrightarrow{OB} = \overrightarrow{OC}$$

문제1. 쥐불놀이 통 안에 사람이 들어간다면?

쥐불놀이는 우리나라의 전통민속놀이로 정월 대보름 전날에 논둑이나 밭 둑에 불을 지르고 돌아다니며 노는 놀이입니다. 논, 밭의 잡초를 태워 해충 이나 쥐의 피해를 줄인다는 의미에서 쥐불놀이라고 합니다.

불을 지를 때는 작은 구멍을 여러 개 뚫어 놓은 깡통에 짚단 등을 넣고 불 을 붙여 빙빙 돌리다가 던지게 됩니다. 신기하게도 깡통을 돌릴 때는 불 붙 은 짚단이 빠지거나 하는 일은 없습니다. 잡은 끈을 놓는 순간 통에서 짚단 이 빠지게 됩니다.

그런데 말입니다. 아주 커다란 통에 사람을 태우고 쥐불놀이처럼 빙빙 돌 린다면 어떻게 될까요? 이럴 경우 통에 탄 사람은 힘을 느낄 수 있을까요?

1. 힘이 가해지는 것을 느낄 수 있다.

2. 힘이 가해지는 것을 느낄 수 없다.

3. 이런 비인간적인 실험은 애초에 해서는 안 된다.

쥐불놀이처럼 일정한 속력으로 원을 그리며 운동하는 것을 등속 원운동이라 고 합니다. 등속운동이니 운동의 변화를 못느낄까요?

관성의 법칙은 "외부의 힘이 가해지지 않으면, 물체는 정지해 있거나 등속'직 선'운동을 한다."입니다. 등속 '원'운동이 아닙니다.

깡통이 ㄱ의 위치에서 ㄴ의 위치로 가는 동안 속력은 변하지 않았습니다. 하 지만 힘의 방향이 변했습니다. 힘의 방향이 변한 것은 빨간 화살표와 같이 외부의 힘이 작용했기 때문입니다.

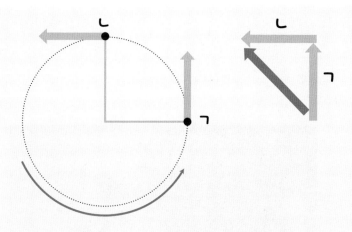

등속 원운동은 등속운동이지만 직선운동은 아니기 때문에 관성이 작용한 결과가 아닙니다. 때문에 통 속의 사람은 당연히 힘을 느낄 수 있습니다.

그럼 힘의 방향은 어디를 향할까요? 위의 그림에서는 옆으로 끌어당기는 힘으로 묘사되었지만 실제로는 극히 짧은 순간마다 계속 힘의 방향이 바뀌기 때문에 깡통 내부에서는 원의 바깥으로 당기는 힘을 느낍니다. 이 힘은 원심력이라 합니다. 한편 줄을 잡고 있는 사람은 줄이 계속 손에서 빠져나가려는 힘을 느끼게 됩니다. 줄을 놓치지 않으려면 원의 중심으로 계속 힘을 주어 잡아당겨야 합니다. 이 힘은 구심력이라 하고 원심력과 반대 방향입니다.

만약 줄을 놓친다면 깡통은 어디로 날아갈까요? 원심력의 방향이 아니라 원심력과 직각인 운동 방향으로 날아갑니다.

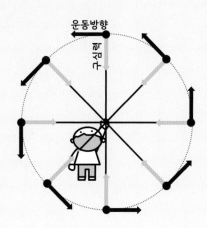

그리고 사람을 태우고 등속 원운동을 하는 것은 회전 속력만 적당하다면 비인간적인 것이 아니라 오히려 즐거운 놀이입니다. 실제로 놀이공원에 가면 등속 원운동을 하는 놀이기구를 볼 수 있습니다.

제2차 세계대전 때에는 항공기의 공격 능력이 엄청나게 상승하여 전쟁의 승패를 결정짓는 요소가 되었습니다. 그러나 먼 거리에서 전투가 벌어지면 전투기를 이착륙 시킬 방법이 없기 때문에 사용할 수가 없습니다. 때문에 항공모함의 가치가 급상승했습니다. 지구의 70%가 바다이고 모든 바다는 연결되어 있습니다. 그리고 대다수의 인구와 산업시설이 해안에서 300km 안에 위치한다는 것을 감안하면 전투기를 싣고 와서 공격하는 항공모함만큼 무서운 무기는 없다고도 할 수 있습니다.

하지만 항공모함에는 치명적인 단점이 있습니다. 비행기가 날기 위해서는 일정 속도 이상이 필요합니다. 때문에 비행기는 긴 직선으로 제작된 도로(활주로)를 달리며 충분한 속도를 얻은 후 이륙합니다. 활주로의 길이는 비행기의 종류에 따라 달라지는데, 미국 해군의 주력 전투기인 F/A-18 호넷의 경우는 최소 이륙활주거리가 518m입니다. 그런데 가장 거대한 100,000t의 제럴드 포드급 항공모함이라 하더라도 비행갑판 길이가 333m밖에 되지 않습니다.

항공모함은 도대체 어떤 방식으로 전투기를 이륙시키는 것일까요? 모두 고르세요.

1. 조종사들의 능력이 뛰어나 짧은 거리에도 불구하고 이륙을 할 수 있다.

2. 대형 트레드밀을 이용해 전투기를 가속시킨다.

3. 기계장치로 비행기를 밀어준다.

4. 스키점프대 방식의 활주로를 이용한다.

경항공모함의 경우 선수 쪽의 비행갑판이 위로 향한 곡면이 있는 스키점프대 방식의 활주로를 사용합니다. 곡면의 갑판 끝부분에 전투기가 도달하면 전방뿐 아니라 위로도 나아갑니다. 그러면 날개가 충분한 양력을 얻을 때까지 엔진이 전투기를 상승시키게 됩니다. 연을 바람에 날리는 것과 같은 원리입니다(양력은 3파트 6장 '부력'에서 다시 다루겠습니다).

그런데 문제에서 소개한 F/A-18 호넷과 같은 무거운 전투기는 스키점프 방식으로는 충분한 양력을 얻을 수 없습니다. 그래서 캐터펄트catapult를 이용하여 비행기의 동체를 밀어줍니다. 캐터펄트는 고무줄 새총과 완전히 같은 원리입니다. 다만 고무줄 대신 증기의 힘을 이용합니다. 'C-13'이라는 증기식 사출기는 무게 35t의 함재기를 3~4초 만에 시속 256㎞에 도달하도록 함재기를 밀어줍니다. 캐

터펄트에 의한 추진력과 전투기 자체의 추진력이 합쳐져 짧은 활주 거리에도 불구하고 이륙하기 충분한 속도를 얻을 수 있습니다.

그러나 짧은 활주로에서 이륙하는 것은 여전히 어려운 일이기 때문에 실제로 미 해군 전투기 조종사들이 공군 조종사보다 실력이 뛰어납니다.

속도를 더하는 방식이라면 대형 트레드밀을 이용하는 방법도 가능할 것 같습니다만, 이 방법은 전혀 실현 가능성이 없습니다. 모형 비행기를 트레드밀 위에 올려놓고 트레드밀을 작동시키면 그 이유를 알 수 있습니다. 트레드밀이 움직이면 바퀴만 돌 뿐 모형 비행기의 기체는 전혀 움직이지 않습니다. 때문에 비행기의 가속에 전혀 도움을 주지 못합니다.

과학노트

어떤 물체가 추진력 없이 지구를 벗어나려면 약 11.8km/s의 속도가 필요합니다. 우주선이 이 속도에 도달하려면 연료를 많이 실어야 하고 그러면 연료 때문에 우주선의 무게가 늘어서 또 속도를 낼 수가 없습니다. 나사^{NASA}에서 계산한 결과 2,900톤짜리 로켓을 쏘아 올려도 50톤짜리 우주선을 100km 높이까지밖에 운반할 수 없습니다.

그래서 생각한 방법이 삼단 로켓입니다. 인류 역사상 처음으로 인간을 달에 보냈던 새턴 V$^{Saturn\ V}$가 바로 삼단 로켓을 사용했습니다. 먼저 제일 하단부의 2,300t 로켓이 연소를 하면서 69km 높이까지 상승합니다. 그러고 나서 1단 로켓은 분리가 되는데, 이 때문에 무게가 줄어들어 속도를 올리기에 훨씬 유리합니다. 480t의 2단 로켓은 170km까지 상승한 후 1단 로켓과 마찬가지로 분리됩니다. 마지막으로 120t의 3단 로켓이 50t의 아폴로 우주선을 싣고 달까지 날라가게 됩니다.

2
힘과 운동 상태 변화

물리학에서 힘은 '물체의 운동 상태 또는 모양을 변화시키는 작용'이라 했습니다. 힘이 있어야만 물체가 움직일 수 있습니다. 하지만 움직이는 물체는 힘이 필요 없습니다. 도대체 무슨 말일까요? 움직이는 물체는 따로 힘을 주지 않아도 계속 움직인다는 소리인가요?

고대 그리스의 철학자이자 수학자(당시 철학자는 다양한 방면의 지식을 쌓았습니다) 아리스토텔레스는 외부에서 힘이 계속 작용해야 물체가 움직인다고 주장했습니다. 사실 아리스토텔레스의 주장은 현실에서도 일리 있는 주장입니다. 평평한 바닥을 구르는 공은 언젠가 멈추죠. 움직이는 물체에 따로 힘을 주지 않아도 계속 움직인다면 공은 계속 움직여야 하겠지만 실제로는 점점 속도가 줄면서 멈추게 됩니다.

하지만 뉴턴은 이 주장을 의심합니다. 철수는 어느 날 잠을 자다가 눈을 떴더니 자신이 밖을 볼 수 없는 방에 갇혀 있다는 것을 깨달았습니다. 철수는 이 방이 정지해 있는지, 아니면 일정한 속력으로 직선운동을 하고 있는지 알 수 있을까요? 절대 알 수 없습니다. 단순히 느낌의 문제가 아닙니다.

철수가 방의 움직임을 알기 위해 방에 불을 켜고 추를 천장에 달았다고 해 봅시다. 일정한 속력을 갖고 직선으로 움직이는 방의 천장에 추가 달려 있다면 그 추는 움직이지 않습니다. 이런 현상을 관성이라고 합니다.

> 뉴턴의 제1 운동법칙: 외부의 힘이 가해지지 않으면, 물체는 정지해 있거나 등속직선운동을 한다.

별 것 아닌 것 같지만 이 한마디가 물리학 중 운동의 법칙을 다루는 역학^{力學}

에서 가장 중요한 법칙입니다. 그러면 평평한 바닥을 구르는 공이 멈춘다든가 브레이크를 밟지 않은 자동차가 멈추는 이유는 무엇일까요? 간단합니다. 바로 다른 힘, 외부의 힘이 작용한 것입니다. 정확히는 이번 장에서 배울 마찰력이 작용하여 멈추게 됩니다. 만약 달리는 자동차 천장에 추를 매달아 놓으면 자동차가 멈출 때 추가 앞으로 기울어지는 것을 확인할 수 있습니다.

그렇다면 힘이란 무엇일까요? 이미 위의 이야기에 힌트가 나옵니다. 일정한 속도로 직선으로 움직이는 물체에는 힘이 가해지지 않습니다. 반대로 말하면 일정한 속도로 움직이지 않는 물체는 외부에서 힘이 가해진다는 이야기입니다. 즉 힘이란 물체를 가속加速(속도가 빨라지거나 느려지는 것)하는 작용입니다.* 가속도는 속도의 변화량입니다.

예를 들어 어떤 물체가 A지점을 통과할 때 속도가 10m/s였는데 10초 후 B지점을 통과할 때 속도는 20m/s가 되었다면 가속도는 $(20-10)\text{m/s}/10\text{s}=1\text{m/s}^2$입니다.**

다음 운동법칙으로 넘어가 보겠습니다.

갑돌이의 새총은 발사속도가 100m/s입니다. 새총의 고무줄을 두 배로 당기면(즉, 힘이 두 배가 되면) 총알의 발사속도는 200m/s가 됩니다. 새총에 두 배 질량의 총알을 넣고 당긴다면 총알의 발사속도는 50m/s가 됩니다.

여기서 알 수 있는 관계는 무엇일까요? 힘은 움직이는 물체의 질량과 가속도에 비례합니다. 같은 질량의 물체에 두 배의 힘을 가하면 가속도는 두 배가 됩니다. 두 배의 질량을 가진 물체에 동일한 힘을 가하면 가속도는 절반이 됩니다.

이를 공식으로는 F=ma(F는 힘, m은 질량, a는 가속도)라고 표현합니다.

---

* 저는 가속加速이라는 용어가 마음에 들지 않습니다. 힘이 가해지면 가속뿐 아니라 감속減速이 되기도 하니까요. 차라리 변속變速이라고 하면 좋겠습니다.
** 속도의 단위는 거리/시간(m/s)이고 가속도의 단위는 거리/시간^2(m/s^2)입니다.

뉴턴의 제2 운동법칙: 운동의 변화는 가해진 힘에 비례하며, 가해진 힘의
직선 방향대로 이루어진다.

마지막 운동법칙입니다.

2022년 6월 21일 16시, 대한민국 나로우주센터에서 누리호가 발사되었습니다. 로켓엔진이 점화되면서 노즐에서 어마어마한 양의 기체가 빠른 속도로 분출하자 누리호는 반대 방향으로 힘차게 날아갑니다.

노즐에서 기체가 분출하는 것을 작용이라고 하고, 반대 방향으로 누리호가 날아가는 것은 반작용이라 합니다. 작용-반작용을 일으키는 두 물체 A와 B는 항상 다음과 같은 관계가 성립합니다.

$$F_{AB} = -F_{BA} \quad (F_{AB}는 A가 B에 가하는 힘, F_{BA}는 B가 A에 가하는 힘)$$

뉴턴의 제3 운동법칙: 물체 A가 물체 B에 힘을 작용하면 B는 그 힘과 크기
가 같고 방향이 반대인 힘을 A에 작용한다.

제3법칙을 제2법칙에 대입하면 우리는 두 물체의 질량과 가속도의 관계를 구할 수 있습니다.

$$m_A a_A + m_B a_B = 0$$
$$m_A a_A = -m_B a_B$$

만약 m_A가 m_B의 두 배라면, a_A는 a_B의 1/2이 됩니다.

과학노트

뉴턴의 세 가지 법칙

　뉴턴은 과학의 역사에서 정말 대단한 영향력과 흔적을 남겼습니다. 뉴턴은 고전 역학을 완성시켰습니다. 고전 역학을 다른 말로 뉴턴 역학이라고도 부르는 것으로 뉴턴이 어느 정도의 위치인지 알 수 있습니다. 또 뉴턴은 운동을 해석하기 위한 도구로서 미분과 적분을 사용하여 라이프니츠$^{Gottfried\ Wilhelm\ Leibniz}$와 함께 미적분의 창시자로 과학뿐 아니라 수학사에서도 차지하는 비중이 엄청납니다.

　뉴턴의 가장 중요한 저작은 『프린키피아』입니다. 이 책에는 뉴턴 역학이 집대성되어 있습니다. 그중에서도 가장 중요한 법칙을 꼽으라면 바로 위에서 설명한 세 가지 법칙일 것입니다.

- 제1법칙$^{Lex\ prima}$: 관성의 법칙
- 제2법칙$^{Lex\ secunda}$: 가속도의 법칙
- 제3법칙$^{Lex\ tertia}$: 작용 반작용의 법칙

문제1. 우주에서 야구공을 던진다면?

아폴로 14호의 사령관 앨런 셰퍼드$^{Alan\ Shepard}$는 NASA의 허락을 받아 골프공 2개와 6번 아이언 헤드를 갖고 우주선에 탑승합니다.

1971년 2월 6일 셰퍼드는 지구로 생중계 영상을 송출하는 TV 카메라 앞에서 "내 왼손에 미국인들에게 친숙한 작은 흰색 공이 있다"고 말했습니다. 그 후 골프공을 땅에 떨어뜨리고 아이언 헤드에 달 암석 채집에 쓰는 집게를 연결한 골프채로 달에서 골프공을 쳤습니다. 우주복이 뻣뻣해서 오른손으로만 골프공을 쳤다고 합니다. 그래서인지 처음과 두 번째는 헛손질로 모래만 날렸습니다. 세 번의 시도 끝에 공을 날려 보낼 수 있었답니다.

네 번째 시도로 두 번째 공을 친 셰퍼드는 공이 날아가는 모습을 보며 "마일스, 마일스, 마일스$^{miles\ and\ miles\ and\ miles}$"라고 외쳤습니다. 달의 중력은 지구의 1/6밖에 되지 않으며 공기가 없어서 마찰로 인한 속도의 감소도 없기 때문에 셰퍼드의 외침처럼 최소한 1마일(1.6km)은 날아갔을 것입니다. 미국의 천체물리학자 에단 시겔$^{Ethan\ Siegel}$은 이론상 골프공이 70초 동안 포물선을 그리며 공중을 날아 2.5마일(4km)까지 갈 수 있다고 계산했습니다. 하지만 실제로 셰퍼트가 날린 거리는 첫 번째 공이 24야드(22m), 두 번째 공은 40야드(36m)입니다.

야구를 좋아하는 우주비행사 철수는 자신이 우주에서 처음으로 야구를 한 사람이라는 기록을 남기려고 합니다. 철수는 우주선 밖에서 작업을 할 때 몰래 야구공을 가지고 나갔습니다.

아무것도 없는 우주 공간에 철수와 야구공만 있습니다. 철수는 야구공을 앞으로 던졌습니다. 야구공이 점점 멀어집니다. 야구공은 어디까지 가서 멈추게 될까요?

1. 100m

2. 1km

3. 1광년

4. 우주의 끝

우주 공간에서 던진 공은 어떻게 될까요? 아무것도 없는 우주 공간이라고 했으니 야구공의 운동을 방해할 외부의 힘은 존재하지 않습니다. 때문에 공은 처음 속도 그대로 다른 물체에 부딪히지 않는 한 영원히 움직일 수도 있습니다.

혹시 공의 속력이 매우 느리다면 도중에 멈출 수도 있지 않을까요? 절대로 그렇지 않습니다. 설사 공의 속도가 1년에 1mm만 이동한다고 하더라도 관성에 의해 언젠가는 저 넓고 텅텅 빈 우주를 가로질러 한없이 움직일 것입니다. 그런데 왜 영원히 움직인다고 단정적으로 이야기하지 않았냐고 하면, 우주의 끝이 있는지 없는지 누구도 모르기 때문입니다.

그런데 공을 던진 우주인은 어떻게 될까요? 작용-반작용 법칙에 따라 야구공의 반대 방향으로 공보다 느리게 움직이게 됩니다. 실제로는 회전력이 더해져 배꼽을 중심으로 뱅글뱅글 돌면서 공과 멀어집니다. 우주인도 매우 느린 속도이지만 영원히 야구공의 방향과 반대쪽인 우주의 끝을 향해 움직이게 됩니다.

우주에 동물을 보내는 것은 예전부터 흔히 있었던 일입니다. 인간을 대신해서 우주에서 살 수 있는지를 알아보는 실험 대상이 되는 것이지요. 가장 유명한 동물은 1957년 소련의 스푸트니크 2호$^{Sputnik\ II}$에 실렸던 라이카 종의 개 쿠드랴프카^{Кудрявка}a입니다. 모스크바에서 떠돌던 개였는데 과학자들에게 발견되어 최초의 우주견이 되는 슬픈 영광을 누리게 됩니다.

우주로 나간 지 몇 시간만에 우주선 내의 가혹한 환경(고온, 고음, 고진동)을 견디지 못하고 쿠드랴프카는 사망합니다. 만일 죽지 않았더라도 발사 1주일 후에 독약이 든 먹이를 먹고 안락사를 당할 운명이었다고 합니다. 개로 살았지만 영웅으로 죽은 개 쿠드랴프카 덕에 얻은 정보를 바탕으로 4년 후인 1961년, 유리 가가린$^{Yuri\ Gagarin}$이 인류 최초로 우주 비행에 성공합니다.

그런데 쿠드랴프카가 지구를 떠나기 10년 전인 1947년에는 미국이 V2 로켓에 노랑초파리와 옥수수 씨앗을 싣고 109km 고도까지 쏘아 올리기도 했습니다. 여기에 실린 노랑초파리와 옥수수 씨앗이 최초로 지구에서 우주로 날아간 생명체입니다.

앞의 문제에서 우주인이 던진 야구공 안에 개미가 한 마리 동면하고 있었다고 합시다. 동면에서 깨어난 개미는 자신이 멈춰있는지 아니면 움직이는지 느낄 수 있을까요?

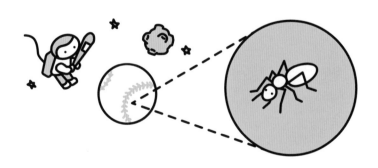

1. 알 수 있다

2. 알 수 없다

공의 바깥에서는 공이 움직인다는 것을 관찰할 수 있지만 공 안에 있는 개미는 제1 운동법칙인 관성의 법칙에 따라 자신의 상태를 알 수 없습니다.

단순히 느낌만 그런 것이 아닙니다. 어떤 관측 장비를 동원한다고 해도 절대로 알 수가 없습니다. 창문을 만들어 외부를 볼 수 있다 해도 마찬가지입니다. 자신이 움직이는 것인지 아니면 자신을 제외한 모든 외부 세계가 움직이는 것인지를 증명할 수 없습니다.

지구는 빠른 속도로 자전하고 있지만 지구에 사는 사람들은 그것을 알아차리지 못합니다. 개미와 달리 외부를 관찰할 수 있음에도 지구가 멈춰 있고 하늘이 움직인다고 생각했지 절대로 지구가 움직인다고 믿지는 않았습니다.

3
중력

물리학 개념 중 많은 사람들이 혼동하는 것이 질량質量, mass과 무게重量, weight입니다. 질량은 시간, 공간과 같은 기본적인 물리량입니다. 반면에 무게는 여러 기본 물리량을 조합해서 유도하는 유도량으로 두 물체 사이에 작용하는 '힘'입니다. 그리고 힘은 크기와 방향이 있는 벡터입니다. 무게, 즉 중력의 경우는 힘의 방향이 질량중심으로 향합니다.

예를 들어 설명하면 다음과 같습니다. 피사의 사탑에서 쇠공을 떨어트리면 아래로 떨어집니다. 멈춘 것이 움직인다는 것은 힘이 있다는 것입니다. 이 힘의 정체는 지구와 쇠공이 서로 끌어당기는 힘입니다. 이를 중력이라고 하며 서로를 끌어당기는 힘이라는 의미로 만유인력이라는 표현도 사용합니다. 단위도 서로 달라서 질량은 g을 쓰지만, 무게는 N(뉴턴)을 사용합니다. 뉴턴은 1kg의 질량을 갖는 물체를 1m/s²만큼 가속시키는 데에 필요한 힘입니다. 이를 다음과 같이 표현합니다. 1N=1kg·m/s²입니다.

중력重力, gravity은 뉴턴 이전에도 알려져 있었지만 뉴턴에 의해 중력의 성질이 발견되었습니다. 중력은 전기나 자기력과 달리 인력만 있고 척력은 없습니다. 중력은 다음과 같이 표현할 수 있습니다.

$$F = G\frac{m_1 m_2}{r^2}$$

(G는 중력상수, m_1, m_2는 물체 1과 2의 질량, r은 물체 1의 질량중심과 물체 2의 질량중심 사이의 거리)[*]

----

[*] 중력은 공간에 분포된 물체의 모든 지점에 작용합니다. 이 중력들을 다 더하면 중력 전체가 한 위치에 작용하는 것처럼 됩니다. 이 위치를 무게중심 또는 중력중심이라고 합니다.

공식을 풀어보자면 중력은 물체의 무게에 비례합니다. 물체의 질량이 두 배가 되면 중력도 두 배가 됩니다. 지구와 똑같은 크기인데 질량이 두 배인 별에 가면 중력이 두 배가 됩니다.

그리고 중력은 물체 간의 거리의 제곱에 반비례합니다. 여러분이 지표면으로부터 6,400km 떨어진 상공(지구 중심에서는 12,800km)으로 가면 중력은 거리(2배)의 제곱(2×2=4)에 반비례하므로 1/4이 됩니다.

힘(F)은 또 질량(m)과 가속도(a)의 곱으로 나타낼 수 있습니다. 지구 표면에서는 지구의 질량(5.972×10^{24}kg)과 지구 중심까지의 거리(6,371km)가 다른 물체에 비해 압도적으로 크기 때문에 지구 중력가속도는 약 $9.8m/s^2$를 크게 벗어나지 않습니다. 1kg의 질량을 가지는 물체는 지구 표면에서 약 9.8N의 힘을 가집니다. $1kg \times 9.8m/s = 9.8kg \cdot m/s^2 = 1kgf$ 로, '1kgf'라고 써도 됩니다. 우리가 무게 100kg이라고 할 때는 'f'를 생략한 표현입니다.

다시 말하겠습니다. 질량은 어느 물체가 가지는 고유한 양이지만, 무게(=중력)는 서로 다른 물체와 상호작용하여 생기는 힘입니다. 그래서 질량이 100kg인 사람은 화성에서도 태양에서도 여전히 100kg입니다. 하지만 무게는 지구에서는 100kgf, 화성에서는 38kgf, 태양에서는 2,800kgf입니다. 몸무게를 줄이고 싶은 사람은 화성에서 체중계 위에 올라서면 됩니다.

문제1. 만유인력의 크기는 얼마나 될까?

인간이 만든 탈것 중 가장 크고 무거운 것은 항공모함입니다. 세상에서 가장 큰 항공모함은 앞서 만났던 제럴드 포드급 항공모함입니다. 배의 길이가 333m, 폭은 78m나 됩니다. 무게 또한 엄청나서 10만 톤이나 나갑니다. 하지만 제2차 세계대전 때 인간은 이보다 더 큰 탈것을 계획하였습니다.

영국의 합동작전본부Combined Operations Headquarters, COHQ에서 근무하던 제프리 파이크Geoffrey Pyke는 북극의 빙산을 이용해 초대형 항공모함을 만들자는 제안을 합니다. 제프리 파이크는 물에 목재 펄프를 4~14% 정도를 섞어 얼린 '파이크리트Pykrete'라는 신소재를 이용하면 섭씨 20도에서도 2달 동안 녹지 않고, 물에도 뜨며, 무척이나 단단하고 파손되더라도 물을 얼려서 바로 복구할 수 있다고 설명합니다. 1942년 이 초거대 항공모함을 만들기 위해 영국, 캐나다, 미국 3개국에서 공동으로 하버쿡 프로젝트Project Habakkuk를 실행하지만 아쉽게도 연합국이 세계대전에 승기를 잡으면서 프로젝트는 백지화됩니다.

만약 만들어졌다면 무게 220만 톤, 전장 610m, 전폭 90m의 그야말로 꿈의 항공모함이 되었을 것입니다.

이 정도 크기의 항공모함이라면 아마도 만유인력으로 주위의 물체를 끌어당길 수도 있을 것 같습니다.

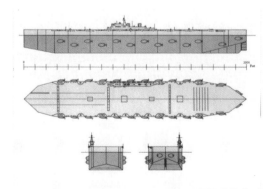

만약 하버쿡 두 대를 만들어 이물(배 머리)과 고물(배 꼬리)을 최대한 근접시킨다면 둘 사이의 인력은 얼마나 될까요?

1. 약 90,000N

2. 약 9,000N

3. 약 900N

4. 약 90N

5. 약 9N

만유인력은 다음의 공식으로 구할 수 있습니다.

$$F = G\frac{m_1 m_2}{r^2}$$

(G는 중력상수, m1, m2는 물체 1과 2의 질량, r은 물체 1과 2 사이의 거리)

r은 두 물체 사이의 거리입니다. 220만 톤급인 하버쿡 항공모함의 경우 전장이 610m이므로 최대한 가까이 붙는다면 무게중심 사이의 거리는 610m입니다.

m_1, m_2는 각각 220만 t이고 중력상수 G는 $6.6726 \times 10^{-11} Nm^2/kg^2$입니다. 이를 위의 식에 대입해서 풀어보면 둘 사이의 인력은 약 868N입니다. 무게로 따지자면 약 89kg 정도이니 제법 큰 힘입니다.

그런데 100kg인 사람이 하버쿡 항공모함 위에 있다면 어느 정도의 인력을 얻을 수 있을까요? 무게중심이 항공모함의 딱 중간이라고 가정하고 이물에 서 있다고 한다면 m_2에 220만 t 대신 100kg을 넣고, 무게중심 사이의 거리는 절반이니 계산하면 약 0.00016N입니다. 참으로 미약한 힘입니다.

우주에는 4가지 기본적인 힘(중력, 전자기력, 약력, 강력)이 있는데 이 중에서 가장 작은 힘이 중력입니다. 그런데 중력은 인력만 가지고 있습니다. 그래서 질량이 증가할수록 중력은 점점 늘어납니다. 심지어는 공간을 휘게 하고 시간까지도 느리게 가게 합니다. 아인슈타인은 이 중력을 연구하여 일반상대성 이론을 만들게 됩니다.

문제 2. 천체에서의 중력의 힘과 방향은?

마이클 베이 감독의 1998년작 SF 영화 <아마겟돈>은 지구로 돌진하는 소행성을 막기 위해 세계 최고의 시추공들을 소행성에 보내 땅을 파고 핵폭탄을 심어 폭파시키는 과정을 담은 영화입니다.

영화에 나오는 소행성의 모양은 지구에서 볼 수 있는 바위를 수만 배 확대한 것과 같은 모양입니다. 이런 소행성이라도 질량은 매우 크기 때문에 중력은 존재합니다. 그런데 이런 바위 모양의 소행성에서 중력의 방향은 어디를 향하게 될까요?

한 우주비행사가 정육면체인 가상의 별 'CubeX'에 착륙했습니다. 우주비행사는 이 별의 중력을 확인하기 위해 높은 곳에서 사과를 떨어트립니다. 사과의 낙하 방향은 어떻게 될까요?

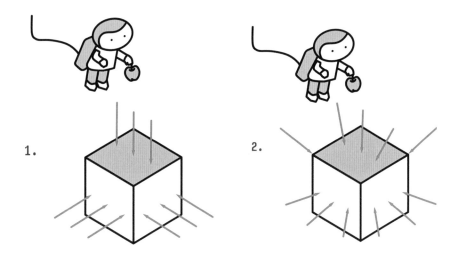

중력은 항상 별의 무게중심 방향으로 향합니다.

때문에 높은 곳에서 낙하하는 물체가 떨어지는 경로는 별의 무게중심과 떨어지는 물체를 연결한 직선 위에서 움직이게 됩니다. 뿐만 아니라 CubeX에 착륙한 우주인들도 2번 화살표 방향으로 서 있게 됩니다. 1번을 선택한 사람들은 아마도 중력이 지표면과 수직이라고 생각했기 때문일 것입니다. 사실 달보다 큰 별들은 대부분 구형이고 구형의 별에서는 중력의 방향이 반드시 지표면과 수직입니다.

우주 탐험을 나선 우주선이 기관 고장을 일으켜 표류하다가, 근처에 있던 중성자별의 중력에 의해 끌려갑니다.

중성자별은 블랙홀 다음으로 밀도가 큰 별입니다. 10~20km의 반지름에 질량은 태양의 질량의 1.35~2.1배에 달합니다.

우주선은 중성자별에 비상착륙 할 수 있을까요?

1. 가능하다.

2. 강력한 중력 때문에 착륙 속도가 너무 빨라서 불가능하다.

3. 착륙은 가능하지만 강력한 중력 때문에 몸이 찢어진다.

4. 착륙은 가능하지만 강력한 중력 때문에 몸이 납작해진다.

중성자별의 표면 중력은 지구 중력의 2,000억~3조 배입니다. 머나먼 곳에서 중성자별의 중력에 끌려 중성자별로 낙하한다면 그 속도는 빛의 속도의 절반인 15만 km/s입니다. 아무리 과학 기술이 발달해도 무사히 착륙하기는 힘들겠지요. 무서운 얘기지만 중성자별로 낙하하는 도중 몸이 찢어져 버리고 말 것입니다.

그 이유는 다음과 같습니다. 반지름이 10km이고 표면 중력이 지구의 1조 배인 중성자별을 가정하겠습니다. 중성자별의 지면에서 90km의 높이에 키가 2m이고 몸무게가 100kg인 사람이 머리부터 수직으로 낙하한다고 할 때 이 사람의 발과 머리에서의 중력의 크기는 얼마일까요?

머리에서의 중력은 1조×(10km)²/(10km+90km)² 배이니 지구 중력의 1,000

억 배입니다. 발바닥에서의 중력은 1조×(10km)²/(10km+90km+2m)² 배이니 지구 중력의 약 999억 6천만 배입니다.

머리와 발바닥 사이의 중력의 차이가 지구 중력의 4천만 배나 됩니다. 비유하자면 지구에서 수 km 높이의 철봉에 발은 단단히 고정시킨 채 거꾸로 매달려 목에 하버쿡 항공모함 두 대를 맨 것과 같은 중력을 받게 됩니다. 몸이 늘려지다 못해 찢어집니다(프로크루테스의 침대를 생각나게 하는 이 힘은 기조력이라 합니다. 지구에서는 이 힘 때문에 조석간만의 차가 생깁니다).

착륙을 한 후에도 문제입니다. 엄청난 중력에 의해 아주 납작해질 것입니다.

과학노트

항성의 주위를 도는 별을 행성이라 하고 행성의 주위를 도는 별을 위성이라 합니다. 항성이나 행성은 공 모양인 데 비해 대부분의 위성은 지구의 위성인 달처럼 동그란 모양이 아닙니다.

달보다 큰 별들이 대부분 구형인 이유는 사실 중력 때문입니다. 행성이 처음 만들어질 땐 액체 상태입니다. 이것이 중력에 의해 가장 안정되고 균형잡힌 형태인 구형이 되고 그대로 굳어버린 것이 행성입니다. 달보다 작은 소행성들은 크기가 작아 중력도 약한 데다가 빨리 식어버리기 때문에 처음 생긴 울퉁불퉁한 암석 모양 그대로입니다.

한편 행성planet은 아래의 세 가지 조건을 만족해야 합니다.

1. 스스로 구형을 유지할 만큼의 충분한 중력을 가진다.

2. 자체적인 핵융합이 가능할 정도의 질량을 가지지 않는다.

3. 궤도 주변의 다른 천체들에 대한 지배권을 가진다.

명왕성은 세 번째 조건을 만족시키지 못하기에 외행성으로 분류됩니다.

철수는 세계여행을 떠났습니다. 맨 처음 목적지는 이집트입니다. 이집트에서 피라미드와 스핑크스를 구경한 철수는 근처의 노점상에서 6kg 나가는 스핑크스 모형과 스프링 저울을 샀습니다.

철수는 이집트 여행을 마치고 그린란드로 향합니다. 그린란드의 호텔에서 목욕을 하고 자신의 몸무게를 재어 보았더니 이집트에서와 마찬가지로 70kg입니다. 그런데 스핑크스 모형을 이집트에서 가져온 스프링 저울로 재어 보았더니 약 20g 정도 줄어있는 것을 발견합니다.

철수의 다음 목적지는 대만입니다. 대만의 호텔에서 목욕을 하고 자신의 몸무게를 재어 보았더니 그린란드와 마찬가지로 70kg입니다. 그런데 스핑크스 모형을 이집트에서 가져온 스프링 저울로 재어보았더니 6kg입니다. 왜 몸무게는 변함이 없는데 스핑크스 모형의 무게는 변하는 것일까요?

1. 스핑크스 모형에 저주가 걸렸다.

2. 기후에 따라 스프링 저울의 오차가 발생한다.

3. 스프링 저울의 정밀도가 낮아서 그렇다.

4. 중력이 지역마다 다르기 때문이다.

기후에 따라 스프링 저울의 오차가 발생한다거나, 스프링 저울의 정밀도가 낮을 수도 있지만 대단히 정밀한 저울이라도 지역에 따라서 오차가 발생합니다. 이유는 두 가지입니다.

지구는 완전한 구체가 아닌 타원형이기 때문에 남북극과 적도의 지름은 서로 다릅니다. 적도의 지름은 1만 2,756km, 남북극의 지름은 1만 2,714km로 남북극의 지름이 42km 짧습니다. 만유인력의 법칙에 따르면, 중력은 거리의 제곱에 반비례합니다. 때문에 남북극이 적도보다 중력이 더 강합니다.

두 번째 이유는 지구의 자전입니다. 지구는 남북극을 축으로 회전하는데 적도지방에서 그 회전에 의한 원심력이 가장 큽니다. 그러면 원심력이 구심력(=중력)을 상쇄하여 중력이 약해진 것처럼 보입니다. 대략적으로 계산하면 극지방에서 몸무게가 60kgf인 사람은 적도에서는 59.7kgf 정도 나가게 됩니다.

애초에 저울은 중력, 즉 무게를 재는 도구이지 질량을 재는 도구가 아닙니다. 물체의 질량을 재려면 천칭을 이용해야 합니다. 좌우 팔의 길이가 같아, 동일한 거리에 있는 두 지점에 각각 물체와 단위 무게를 가진 분동을 매달아 균형을 이루는 원리를 이용합니다. 이를 통해 서로의 무게를 비교하여 질량을 측정합니다.

그렇다면 적도 지방에서 금을 사서 극지방에 가서 판다면 떼돈을 벌 수 있을까요? 아쉽게도 떼돈을 벌지는 못 합니다. 지구인들은 중력에 따라 무게가 변한다는 것을 알고 있기 때문에 지역별로 저울의 단위를 보정해서 사용합니다.

그래서 철수의 몸무게는 이집트에서도 그린란드에서도 대만에서도 여전히 70kg이었습니다. 때문에 이집트에서 무게가 1kg인 금괴는 그린란드에서 재어도 여전히 1kg입니다.

과학노트

운동을 하지 않아도, 식사량을 조절하지 않아도 몸무게를 줄이는 방법이 있습니다. 달로 가는 것입니다. 달에서의 중력은 지구의 1/6밖에 되질 않습니다. 그래서 질량이 60kg이고 몸무게가 약 588N인 사람이 달에 가면 무게가 약 98N으로 줄어듭니다. 물론 질량은 그대로입니다.

무중력 상태에서 지내는 것은 건강에 많은 영향을 미칩니다. 장기간 지내다 보면 키도 약간 커지고 점프 실력도 늘겠죠. 하지만 무중력에 가까운 우주 공간에서 지내는 우주인들은 뼈에 대한 중력이 감소하므로 골량도 감소하고 맙니다. 그래서 지구에 복귀했을 때 적응에 어려움을 겪기도 합니다. 그래서 NASA에서는 우주인들의 골량 감소를 방지하기 위해 중력에 저항하는 여러 운동들(계단 오르기도 중력에 대한 저항운동입니다)을 실시하고 있다고 하지요.

문제 5.   지구 내부에서 중력의 크기는?

달에 가지 않고도 몸무게를 줄일 수 있는 방법이 있습니다. 에베레스트산을 올라가면 됩니다. 에베레스트산 정상에서는 지구의 무게중심과 거리가 멀어지기 때문에 중력 또한 줄어들어 몸무게도 가벼워집니다. 100kg인 사람이라면 무려 300g이나 줄어듭니다(사실 등정하느라고 10kg은 빠질 것입니다).

그렇다면 우주선을 타고 지상에서 2,500km 상공까지 올라가면 몸무게는 얼마가 될까요? 지구의 반지름이 6,371km이기 때문에 지상에 있을 때에 비해 우주선과 지구 중심까지의 거리가 약 1.4배가 됩니다. 물체 중심 사이의 거리가 1.4배가 되면 중력은 약 1/2로 줄어드니 몸무게도 약 1/2밖에 되지 않습니다. 아울러 조석력으로 키도 조금 늘어납니다(거리가 아무리 멀어진다고 하더라고 두 물체 사이의 중력은 존재한다는 것도 알 수 있습니다).

　그런데 땅을 파고 지하로 들어가면 어떻게 될까요?

중력이 더 강해질까요? 약해질까요? 아니면 그대로일까요?

1. 무게중심과 거리가 가까워지기 때문에 중력이 더 강해진다.

2. 다른 이유로 중력이 약해질 것이다.

3. 지하나 지상이나 중력은 같다.

　구각정리에 따라 껍질의 내부가 무중력이라는 것은 앞에서 말했습니다. 땅을 파고 들어갔다면 파고 들어간 위치에서 바깥쪽은 구각과 마찬가지입니다. 내부의 물체의 중력에 아무런 영향을 주지 못합니다. 그러므로 땅을 파고 들어갔다면 파고 들어간 만큼의 껍질(하얀 부분)은 없다고 치고 나머지 질량(까만 부분)만 계산하면 됩니다.

　내친김에 계산을 해보겠습니다. 위의 경우처럼 반지름의 절반을 파고 들어갔다고 하겠습니다. 그럴 경우 까만 부분의 질량은 1/8입니다. 그리고 지구 중심에서 사람까지의 거리는 1/2입니다.

이를 만유인력의 법칙 $F = G\dfrac{m_1 m_2}{r^2}$에 대입하면,

(G는 중력상수, m_1, m_2는 물체 1과 2의 질량, r은 물체 1과 2 사이의 거리)

$$F' = G\frac{\frac{1}{8}m_1 m_2}{(\frac{1}{2}r)^2} = \frac{1}{2}G\frac{m_1 m_2}{r^2} = \frac{1}{2}F \quad \text{입니다.}$$

따라서 중력은 절반이 됩니다.

조금 눈썰미가 있는 사람이라면 지구 중심에서 사람까지의 거리가 지구 중심에서 지면까지의 거리의 1/N이면 중력도 1/N이라는 것을 알 수 있을 것입니다. 그리고 지구 중심에 머무른다면 지구와 물체 사이의 중력은 0입니다. 지구 밖에서는 지구의 중력을 벗어날 수 없지만 오히려 지구 중심에서는 지구의 중력을 벗어날 수 있습니다.

문제 6. 무중력을 만들 수 있을까?

무중력이란 말 그대로 중력이 없는 상태입니다. 우주로 나가면 무중력을 체험할 수 있습니다.

우주로 나간다 하더라도 지구의 중력을 벗어날 수 없다는 앞 문제의 설명과 모순되는 것 같습니다만, 우주에는 무중력인 장소가 존재합니다. 지구의 중력과 달의 중력이 서로 상쇄되어 무중력이 되는 점이 존재하는데 이를 라그랑주점Lagrangian point이라고 합니다.

또한 앞의 문제에서 밝힌 것처럼 지구 중심에 도달하면 무중력입니다. 무중력 상태에서는 무게가 0이므로 표면에서 살짝 뛰어오르기만 해도 허공으로 떠오르며, 가스 등을 뿜어서 조금만 가속해도 공중을 날아다닐 수 있습니다.

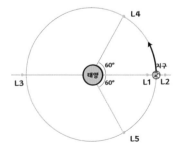

그런데 우주에 나가거나 지구 중심에 가지 않고도 무중력 상태를 만들 수 있을까요?

1. 가능하다

2. 불가능하다.

　우리가 중력을 느끼는 이유는 중력에 저항하기 때문입니다. 중력이란 물체를 지구 중심으로 잡아당기는 힘입니다. 때문에 높은 곳에서 자유낙하를 하게 되면 (중력에 순응하면) 무중력 상태가 됩니다. 우주비행사들은 포물선 궤도(전진 방향은 등속, 중력 방향은 자유낙하)를 따라 비행하는 비행기 내부에서 무중력 훈련을 합니다. 시간은 25초 정도입니다. 1, 2초 정도 짧은 시간 무중력을 경험하려면 놀이공원에서 볼 수 있는 자유낙하를 이용한 놀이기구인 자이로드롭을 이용하면 됩니다.

　또 다른 방법으로는 지구 바깥으로 향하는 힘을 만들어 중력을 상쇄시키는 것이 있습니다. 등속 원운동을 하는 인공위성에서는 구심력(=중력)과 원심력이 상쇄되기 때문에 중력을 느낄 수 없습니다.

　(원심력은 실제로 존재하는 힘이 아닙니다. 원심력은 회전하고 있는 계 안의 관찰자가 느끼는 가상의 힘입니다. 이런 힘은 관성력이라 합니다. 구심력은 원운

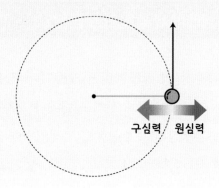

구심력　원심력

동에서 운동의 중심 방향으로 작용하여 물체의 경로를 바꾸는 힘입니다. 지구의 경우는 중력이 구심력이 됩니다.)

조금 설명을 덧붙이겠습니다. 지구로 자유낙하하는 비행기 내부에 있는 사람이라면 자신이 우주에 나와 있는지, 자유낙하 중인지, 혹은 원심력에 의해 회전운동 중인지 알 수 있을까요? 절대로 알 수 없습니다. 즉 중력과 관성력은 구별되지 않습니다. 이를 등가원리라고 하며 아인슈타인의 일반상대성이론의 중요한 토대가 됩니다.

과학노트

우주비행사들이 무중력 체험을 할 때는 필연적으로 고중력 체험도 하게 됩니다. 러시아에서는 일류신 Il-76이라는 기종의 비행기를 이용해 무중력 훈련을 하는데, 이때 5천m 상공에서 평행으로 날던 비행기는 9천m까지 급상승합니다. 비행기 내부는 약 2G(중력가속도의 2배) 정도의 가속도가 생깁니다.

그 후 기수를 내려 아래로 포물선 궤도를 따라 급강하하면서 무중력 상태를 만든 후 다시 기체를 평행 상태로 만들 때 또 2G 정도의 가속도가 생깁니다.

문제 7. 무중력 상태에서 불꽃의 모습은?

우주선에서의 생활은 그리 낭만적이지 않습니다. 잠은 슬리핑백에서 자는데 자는 도중 둥둥 떠다니지 않게 하려고 벽에다 고정해놓습니다. 식사는 조리를 할 수 없어 진공포장된 우주식을 전자레인지에 가열해서 먹어야 합니다. 물이 방울져서 떠다니다 보니 목욕도 할 수 없기 때문에 젖은 수건으로 몸을 닦는 것이 고작입니다. 머리를 감는 것도 헹굴 필요가 없는 샴푸를 머리카락에 문지르는 것으로 대체합니다.

화장실 문제도 참 고역입니다. 몸이 떠다니는 것을 막기 위해 용변기 앞 지지대 밑으로 허벅지를 넣어 몸을 고정시키고, 변기에 공기 하나 빠져나오지 않게 엉덩이를 밀착시켜야만 합니다. 또, 무중력 환경에 있으면 근육이 위축되고 뼈가 손실될 수 있기 때문에 매일 최소 2시간가량은 운동을 해야 합니다.

이렇게 고달픈 일상에서도 우주인들은 동료를 위해 작은 파티를 준비합니다. 무사히 임무를 마치고 우주선 내로 돌아온 우주인의 생일날, 동료들은 우주인을 위해 생일 케이크에 양초를 꽂고 불을 피웠습니다.

무중력 상태에서 불꽃의 모습은 어떤 모습일까요?

1. 지구와 마찬가지이다.

2. 구형이 된다.

3. 불꽃이 심지에서 떨어져 떠다닌다.

4. 심지만 가열되고 불꽃이 생기지 않는다.

연소는 산소와 탈 것, 발화점 이상의 온도만 있으면 가능하니 우주선 내부에서도 문제없이 불을 피울 수 있습니다. 하지만 불꽃의 모양은 지구와 다릅니다. 지구에서 불꽃의 모양이 위아래로 길쭉한 이유는 중력 때문입니다. 불꽃은 기체가 연소하면서 빛과 열을 발산하는 부분을 말합니다.

열을 받은 기체는 운동이 활발해집니다. 그래서 같은 공간 내에 들어 있는 기체 입자수가 적어집니다. 기체의 무게는 일정한 공간(부피)에 들어 있는 기체 입자수에 따라 결정되므로 뜨거운 기체는 가벼워서 중력의 반대 방향으로 올라갑니다.

반면에 열을 받지 않은 기체는 운동이 활발하지 않아 같은 공간 내에 들어 있는 기체 입자수가 많아지고 결국 무거워져 중력 방향으로 내려옵니다(이런 현상을 대류라고 합니다).

따라서 지구상의 불꽃 주변에서는 기체입자가 중력 반대 방향으로 올라가는 운동이 활발하기 때문에 불꽃이 위아래로 길쭉해집니다. 하지만 무중력 상태에서는 중력의 영향을 받지 않기 때문에 대류가 일어나지 않아 구형이 됩니다.

한가지 더!

대류는 새로운 산소를 불꽃에 전달하는 역할도 합니다. 때문에 강제로 공기를 불어넣지 않는다면 촛불 주위의 산소가 없어지면서 촛불은 꺼지게 됩니다.

문제 8.   무중력 상태에서 물체는 빨라질까?

우주 전쟁을 다룬 SF 영화에서는 주로 광선무기를 사용합니다. 하지만 현실에서 우주 전쟁이 벌어진다면 질량을 가진 물체를 쏘는 재래식 방법을 이용할 가능성이 높습니다. 광선무기의 에너지로는 적을 살상할 정도의 큰 힘을 발휘할 수 없기 때문입니다. <스타워즈> 시리즈에 나오는 각종 무기들도 광선무기가 아닌, 고에너지 플라즈마를 자기장을 이용해 그 형태를 고정시켜 발사한다는 설정을 갖고 있습니다.

물론 전쟁 따위는 없는 것이 가장 좋습니다만, 인간의 욕심은 끝이 없는 법이라 미래에는 우주 전쟁이 일어날 수도 있겠다는 생각이 듭니다.

먼 훗날 비교적 가까운 목성 근방의 우주 공간에서 A국의 함대가 B국의 함대를 공격하며 전쟁이 발발합니다. A국은 전쟁을 위해 중세시대에 사용하던 대포를 우주선에 싣고 우주로 나갑니다.

우주를 향해 포탄을 쏘았을 때, 포탄의 속력은 지구에서의 속력과 비교해서 빠를까요? 느릴까요(포탄의 질량, 화약의 양은 지구와 동일합니다)?

1. 지구보다 빠르다
2. 지구보다 느리다
3. 지구와 같다
4. 우주에서는 대포를 쏠 수 없다.
5. 그때그때 다르다.

우주에서는 산소가 없어 불이 붙지 않으므로 대포를 쏠 수 없다는 주장이 있는데, 우주에서도 대포를 쏠 수 있습니다. 대포를 추진시키는 화약에 산소가 포함되어있기 때문입니다.

그렇다면 발사 속도는 지구보다 빠를까요? 우주는 무중력 상태이므로 포탄의 무게는 0입니다. 살짝만 건드려도 움직입니다. 때문에 지구에서보다 적은 힘으로도 더 빠르게 발사할 수 있을 것 같습니다. 그럴 수도 아닐 수도 있습니다.

발사 방향에 따라 실제 발사 속력은 달라집니다. 목성에서 수평이나 아래쪽으

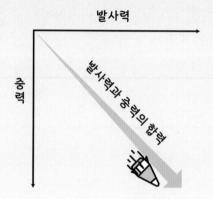

로 쏜 포탄은 발사되고 나서 중력 때문에 시간이 지날수록 더 빨라집니다. 위를 향해 쏜 포탄은 중력 때문에 점점 느려지다가 결국 떨어지게 됩니다.

문제 9. 중력을 인공적으로 강하게 만들 수 있을까?

전투기 조종사들과 우주비행사들은 지구보다 더 강한 중력에도 움직일 수 있도록 훈련을 합니다. 전투기가 급선회를 하거나 기수를 급격히 올리면 원심력 때문에 중력이 강해진 것처럼 느껴지기 때문입니다.

사람이 하체 방향으로 관성력을 받게 되면 몸이 무거워질 뿐 아니라, 피

가 하체로 쏠리면서 허벅지 등에 혈액이 몰려 혈압이 상승하고 모세혈관이 터져 멍이 생깁니다. 반면에 상체인 안구와 뇌에는 피가 공급되지 않아 시야가 좁아지다가(그레이아웃) 급기야는 캄캄하게 됩니다(블랙아웃).

반대로 기수를 급격히 내려 머리 방향으로 관성력을 받게 되면 안구와 뇌에 피가 쏠려 온 세상이 빨갛게 보입니다(레드아웃). 그리고 상태가 더 심해지면 그대로 의식을 잃게 됩니다. 이를 G-LOCᴳ⁻ᴵⁿᵈᵘᶜᵉᵈ ᴸᵒˢˢ ᵒᶠ ᶜᵒⁿˢᶜⁱᵒᵘˢⁿᵉˢˢ이라고 합니다. 비행 중 이런 일이 일어나면 추락하여 사망 사고가 일어나기 때문에 반드시 중력 내성훈련을 해야합니다.

한편, 처음 로켓이 발사될 때 우주인은 최대 8G(지구 중력의 8배)에 이르는 중력을 견뎌야 하기에 우주인들 또한 중력 내성훈련을 반드시 받게 됩니다.

그렇다면 중력을 강하게 만드는 방법은 무엇일까요?

1. 중력은 질량에 의해 만들어지므로 장치의 바닥을 무겁게 만든다.

2. 물체를 회전시킨다.

3. 중력을 크게 하는 것은 불가능하다. 대신에 무거운 조끼를 입히고 장치의 바닥을 철망으로 하고 자석 신발을 신으면 비슷한 체험을 할 수 있다.

중력은 자연의 기본적인 힘 중 가장 약한 힘입니다. 때문에 장치의 바닥을 무겁게 하더라도 실제로는 중력의 증가를 거의 느낄 수 없습니다. 만약 2배의 중력을 만들려면 지구의 크기는 그대로인데 질량이 2배가 되어야만 가능합니다. 자신의 몸무게와 같은 무게의 조끼를 입으면 2배의 중력을 느낄 수 있지만, 이 방식은 세포 단위로 중력을 체감할 수는 없습니다.

무중력을 만드는 방법을 반대로 하면 어떨까요? 중력 방향으로 자유낙하를 하면 무중력 상태가 되니 중력 방향의 반대로 움직이면 중력이 증가하지 않을까요? 지구에서의 중력가속도는 약 $9.8m/s^2$이며 G로 나타냅니다. 2G의 가속도(2배의 중력)를 얻으려면 중력의 반대 방향으로 1G의 가속도로 가속하면 됩니다. 하지만 중력의 반대 방향으로 가속도운동을 하는 것은 비용이 어마어마하게 들기 때문에 실제로 이런 방식을 사용하지는 않습니다.

무중력을 만드는 다른 방법이 하나 더 있습니다. 원심력을 이용하는 방법입니다. 원심력이 중력과 같아지면 무중력이 됩니다. 만약 원심력이 중력보다도 더 강하다면 우리는 인공 중력을 얻을 수 있습니다. 회전하는 물체는 회전 중심의 반대 방향으로 원심력이 생기는데 이 힘을 이용해서 인공 중력을 체험하는 방식은 실제로도 사용합니다.

4
탄성력

　외부의 힘에 변형된 물체가 다시 원래의 형태로 되돌아가려는 성질을 탄성이라고 하고 이때 발생하는 힘을 탄성력이라고 합니다. 따라서 탄성력은 복원력이라고도 합니다. 탄성은 물체를 이루고 있는 분자 내부 전자 간의 전자기력에 의해 생깁니다.

　물체에 외력이 가해지고 구조가 변하면 물체를 구성하는 분자 간 거리가 달라지고 이 때문에 전자기적 인력이나 척력이 발생하며 원래 형태로 되돌아가려고 합니다. 이것이 탄성력입니다.

　탄성력은 외부의 힘에 대항하여 원래의 형태로 되돌아가려는 힘이기 때문에 외력의 방향과 반대로 작용합니다. 탄성력은 탄성체의 모양이 변하는 정도에 비례합니다.

　로버트 훅Robert Hooke이 이를 발견하고 훅의 법칙이라고 이름 지었습니다.

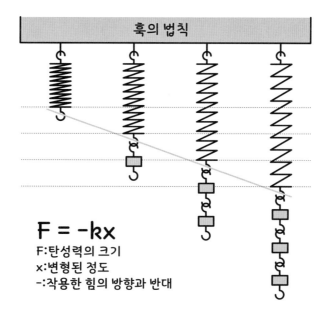

훅의 법칙

$$F = -kx$$

F:탄성력의 크기
x:변형된 정도
-:작용한 힘의 방향과 반대

훅의 법칙은 $F=-kx$입니다. F는 탄성력의 크기, x는 탄성체 모양이 변한 정도(용수철이라면 길이의 변화량), k는 '탄성계수'입니다. 외부에서 작용한 힘의 방향과 반대이기 때문에 식에 (-)가 붙어있습니다.

그러면 탄성체를 한없이 늘리면 탄성력도 더욱 강해질까요? 이론상으로는 그렇지만 실제로는 불가능합니다. 강철로 만든 스프링이라면 스프링의 길이 이상은 절대로 늘릴 수 없습니다. 강제로 늘리려면 늘어나다가 끊어져 버립니다. 탄성체는 어느 한계 이상 변형이 되면 원래의 모양으로 되돌아가지 못합니다. 탄성체가 원래 모양으로 되돌아갈 수 있는 힘의 범위를 '탄성한계'라고 합니다. 이 때문에 훅의 법칙은 탄성 한계 내에서만 성립합니다.

탄성체에 탄성 한계 이상으로 힘을 주게 되면 원래의 모양으로 돌아가지 못하고 변형된 모양으로 남아 있게 되는데 이러한 성질은 '소성'이라고 합니다.

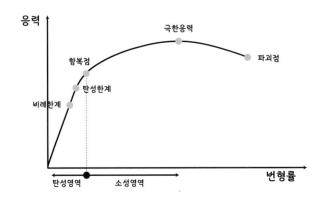

문제1. 달에서 탄성력의 크기는 지구와 같을까?

우리가 흔히 보는 철선을 나선형으로 감아놓은 스프링은 코일 스프링입니다. 한자로는 용의 수염龍鬚 같은 철鐵이라는 의미로 '용수철'이라고 합니다. 용의 수염이 꼬여 있고 탄력이 있다고 생각했던 모양입니다.

하지만 스프링의 종류는 코일 스프링 외에도 여러 종류가 있습니다. 일직선의 봉 형태로 봉 자체가 비틀리면서 탄성을 발휘하는 '토션바', 판형의 소재를 여러 겹으로 쌓아만든 '판 스프링', 흔히 태엽이라고 부르는 '링 스프링' 등이 있습니다. 자동차나 시계에 관심이 있다면 한 번씩 들어봤을지도 모르지만, 우리에게 가장 친숙한 것은 역시 저울에 사용되는 코일 스프링이죠.

코일 스프링에 어떤 물체를 매달았더니 용수철이 늘어나는 길이가 24cm였습니다. 이 물체를 달에 가져가 같은 용수철에 매달면 용수철이 늘어난 길이는 얼마가 될까요?

1. 질량이 같으므로 여전히 24cm이다.
2. 중력이 1/6이므로 4cm만 늘어난다.
3. 직접 실험을 해 봐야 알 수 있다.

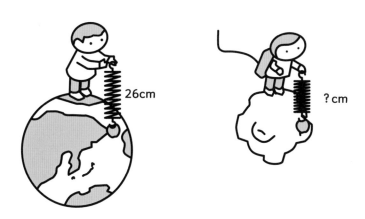

용수철의 탄성력은 $F=-kx$입니다(k=탄성계수, x=늘어난 길이). 용수철을 달에 가져간다고 해서 탄성계수는 변하지 않습니다. 그렇다면 탄성력(F)과 늘어난 길이(x)는 정비례합니다.

물체를 매달고 매달린 물체가 정지 상태라면 탄성력은 중력과 같습니다. 달은 지구 중력의 1/6밖에 되지 않으니 4cm만 늘어납니다.

만약 태양 표면이라면 어떻게 될까요? 태양 표면에서의 중력은 지구의 약 28배이므로 672cm 늘어날까요? 아마도 탄성 한계를 넘어서 못 쓰게 되겠지요. 사실 그러기 전에 이미 태양열에 녹아버릴 것입니다.

태양에서의 용수철 실험처럼 물리학에서는 실제로 실험을 할 수 없는 경우가 많습니다. 오히려 실험은 예측이 맞는지를 검증하기 위해 하는 경우도 있습니다.

문제 2. 탄성력의 조건은 무엇일까?

탄성력을 이용한 대표적인 무기는 활입니다. 구석기 시대 유물에서 돌화살촉이 발견될 정도로 오래전부터 사용되었고, 조총이 사용되던 일본 전국시대에도 여전히 활이 사용될 정도로 동서고금을 막론하고 활은 최고의 원거리 무기였습니다.

활은 활대의 탄성을 이용한 무기이지 시위의 탄성으로 화살을 날리는 무기가 아닙니다. 시위의 탄성을 이용한 무기는 새총입니다.

활대의 탄성에 의해 활의 위력이 결정되기에 전 세계에서는 활대의 탄성을 높이기 위한 다양한 방법이 고안됩니다. 일반적으로 단일 나무로 만들어진 단일궁보다는 여러 가지 나무를 겹쳐 만든 복합궁이, 복합궁보다는 다양한 성질의 소재를 사용하는 합성궁의 탄성이 더 강합니다.

우리나라에서는 고구려 때 뿔을 주요 소재로 한 합성궁인 각궁 $^{角弓, \text{horn bow}}$ 을 사용했습니다. 각궁의 탄성이 높기도 하거니와 말을 탄 상태에서 활을 쏘려면 활의 크기가 작아야 하기 때문입니다. 이들이 사용하던 각궁의 크기는 1m 정도였다고 합니다. 한편, 조선시대에도 탄성력이 높은 각궁을 만들기 위해 물소의 뿔을 전략물자로 비축했습니다.

반면에 영국에서는 단일궁을 사용했습니다. 단일궁은 탄성이 합성궁보다 부족하기 때문에 크기를 크게 만들어 당기는 길이를 늘려 위력을 늘리는 방법을 사용합니다. 영국 장궁 ^{長弓}의 길이는 대략 6피트(1.8미터) 정도입니다.

영국의 장궁과 고구려의 각궁 중 어느 것이 위력적이었을까요?

1. 영국의 장궁

2. 고구려의 각궁

3. 위의 설명만으로는 알 수 없다.

활의 위력을 늘리는 방법은 두 가지가 있습니다. 먼저 탄성력의 공식을 다시 살펴보면 탄성력 $F=-kx$입니다(k=탄성계수, x=늘어난 길이). 그러니 탄성계수를 늘리거나 활이 충분히 구부러지게 하여 더 많이 늘어나게 하면 됩니다.

영국의 장궁은 활을 구부려 많이 늘어나도록 하는 방법을 택합니다. 이 방법으로 활을 쏘아 프랑스 기사들이 다가오기 전에 궤멸시켰다 합니다. 반면에 고구려의 궁기병들은 탄성계수를 높인 합성궁을 사용합니다. 위의 문제에서는 활의 길이는 나오지만 각각의 탄성계수는 나오지 않으므로 어느 것이 위력적인지는 판단할 수 없습니다.

기록에 따르면 영국의 장궁은 200m를 날아갔다는 기록이 있고 고구려의 각궁은 300m를 날아갔다는 기록이 있습니다. 다만 이 경우도 화살의 무게를 알 수 없으니 어느 것이 위력적인지는 판단할 수 없습니다. 전문가들이 유물을 연구해 얻은 결과에 따르면 영국 장궁이나 고구려 각궁이나 대략 60kgf 전후의 힘이 든다고 합니다.

장궁이나 각궁 외에 화살의 사거리를 늘리는 방법으로는 애기살이라는 것도 있습니다. 화살의 무게가 가벼우면 당연히 화살의 사거리는 늘어납니다. 애기살은 보통 화살의 길이와 무게의 절반밖에 되지 않습니다. 짧고 가볍기 때문에 화살이 더 빠르고 멀리 날아가는 데다가 적들의 입장에서는 날아오는 것이 잘 보이지도 않습니다. 더구나 화살이 짧아 덧살을 붙여 발사를 해야 하는 특성 때문에 적군들이 재활용하지도 못 합니다. 가히 조선 최고의 비밀무기라 할 수 있습니다.

활은 완력(腕力)으로 당겨야 하는데다 숙련될 때까지는 많은 시간이 필요합니다. 때문에 일반 병사들이 사용하기에는 무리가 있습니다. 그래서 일반 병사들이 사용할 수 있도록 기계적 장치를 덧댄 것이 석궁입니다. 현대의 총은 석궁의 형태를 그대로 본따서 만들어졌습니다.

그러나 유효사거리와 관통력이 훨씬 길고 강하며, 활에 비해 싸고 관리가 쉬운 총의 발명으로 활은 더이상 전쟁터에서 사용되지 않습니다. 더구나 활은 숙련되기까지 몇 년의 시간이 걸리지만 총은 반나절이면 됩니다. 때문에 무사가 아닌 병사가 필요한 현대전에서 활은 사라질 수밖에 없었습니다. 하지만 활은 소리가 나지 않아 적에게 위치를 들키지 않는다는 장점 때문에 아직도 간혹 쓰이고는 있습니다.

개인용 무기가 아닌 대형 무기로는 발리스타^{Ballista}가 있습니다. 탄성력을 늘리기 위해 활줄을 여러 개 병렬로 연결해 사용합니다. 활 대신 돌멩이를 날리기도 합니다. 로마 시대의 초대형 발리스타는 'One Talent Ballist'라고 불렸습니다. 말 그대로 1달란트(=26kg) 무게의 돌덩이를 수백 미터까지 날릴 수 있었다고 합니다.

초등학교에서 전기회로 실험을 할 때 병렬이나 직렬이라는 용어를 처음 듣게 됩니다. 때문에 병렬, 직렬은 전지회로에서만 쓰이는 용어로 아는 분들이 있는데, 실제로 물리학이나 공학 여기저기에서 많이 사용됩니다.

통신에서도 하나의 데이터를 비트 단위로 쪼개서 하나씩 전송하는 통신 방법은 직렬통신, 데이터를 여러 개의 채널로 한꺼번에 보내는 통신 방법은 병렬통신입니다.

로켓의 경우에도 아폴로 우주선을 날려보낸 새턴 V 로켓처럼 로켓 위에 로켓을 올려놓아 한 번에 한 개의 로켓만 사용하는 형식은 직렬형, 러시아의 R-7처럼 중앙의 2단 로켓과 주위의 1단 로켓 4개가 동시에 점화하는 형식은 병렬형입니다.

용수철도 병렬, 직렬연결이 가능합니다.

용수철에 아래와 같은 쇠공을 매달았더니 12cm 늘어났습니다.

같은 종류의 용수철을 다음과 같이 장치하고 같은 무게의 쇠공을 매달면 용수철 전체는 얼마나 늘어날까요?

또 장치를 반대로 해서 쇠공을 매달면 용수철 전체는 얼마나 늘어날까요?

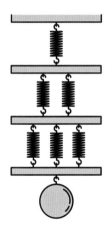 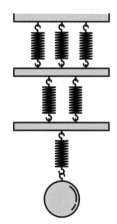

용수철을 10N의 힘으로 당겼을 때 10cm 늘어난다고 가정하겠습니다. 직렬의 경우 두 용수철에 걸리는 힘은 10N으로 동일합니다. 따라서 각각 10cm씩 늘어나므로 전체적으로는 20cm, 즉 두 배로 늘어납니다.

병렬의 경우 두 용수철에 절반씩 힘이 걸리기 때문에 각각 5cm만 늘어나고 전체적으로도 5cm, 즉 절반이 됩니다.

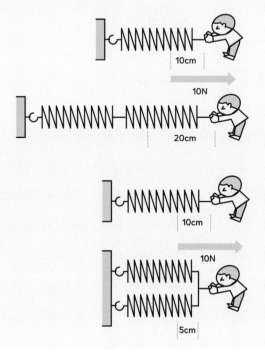

이제 위의 장치에서 용수철이 얼마나 늘어나는지 계산해 보겠습니다.

1층, 2층, 3층에 걸리는 힘은 동일합니다.

1층은 용수철 3개가 병렬연결되었으니 12cm의 1/3인 4cm 늘어납니다.

2층은 용수철 2개가 병렬연결되었으니 12cm의 1/2인 6cm 늘어납니다.

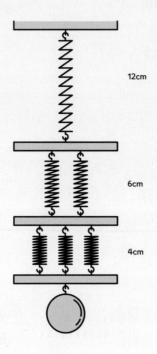

3층은 용수철이 1개이므로 12cm 늘어납니다.

따라서 전체 늘어난 길이는 각 층의 늘어난 길이를 모두 더한 22cm입니다.

이 장치를 뒤집어서 건다고 해도 마찬가지입니다.

운동기구의 경우 힘을 기르기 위해 용수철을 병렬로 연결하는 경우가 있습니다. 무기의 경우에도 이동거리는 줄이고 위력은 증가시키기 위해 용수철을 병렬로 사용하기도 합니다.

문제 4. 탄성력, 중력, 원심력

활과 함께 인류가 사용한 보편적인 원거리 투사 무기로는 돌팔매가 있습니다. 돌팔매의 위력을 우습게 보면 안 됩니다. 전 메이저리거 박찬호 선수의 구속은 시속 150km 정도입니다. 이 속도로 돌이 날라온다고 하면… 생각만 해도 끔찍합니다.

하지만 맨손으로 던지는 것은 사거리나 위력에서 한계가 있기 때문에 도구를 이용하게 됩니다. 무릿매sling는 긴 줄의 중앙에 천이나 가죽으로 바구니 모양을 만들어서 단 무기로, 머리 위에서 빙빙 돌리며 속도를 높인 다음 줄을 놓아 적을 공격하는 무기입니다.

성경에서 다윗은 무릿매를 이용해 적장 골리앗을 쓰러트리기도 합니다.

(가) 그런데 줄 대신 용수철을 이용해 만든 무릿매를 머리 위에서 빙빙 돌리면 무릿매 속의 돌멩이가 그리는 궤적은 어떻게 될까요(무릿매는 일정한 속력으로 돌린다고 가정하겠습니다)?

(나) 탄성력 대신 중력에 의해 회전운동을 한다면 회전하는 물체가 그리는 궤적은 어떻게 될까요?

등속 원운동을 한다면 원심력은 일정합니다. 원심력이 일정하다면 용수철의 늘어나는 정도도 일정합니다. 따라서 등속 원운동을 하게 됩니다.

대부분의 사람들은 중력에 의한 회전운동의 경우도 등속 원운동을 할 것이라 생각했습니다. 하지만 이론적으로는 원운동도 할 수 있지만 실제로는 대부분 타원운동을 합니다. 케플러 Johannes Kepler는 『천체의 운동』에서 이 사실을 발견하고는 무척이나 당황했다고 합니다. 완벽한 운동은 원운동이기 때문에 천체의 운동도 당연히 원운동이어야 한다고 생각했기 때문입니다.

중력에 의한 회전운동이 타원이 되는 이유는 탄성력과 중력이 서로 반대되는 성질을 가지고 있기 때문입니다. 탄성력은 거리가 늘어날수록 강해지지만 중력은 오히려 거리가 늘어날수록 약해집니다. 뉴턴은 자신이 만든 미적분을 이용해 그 이유를 최초로 밝혔습니다. 여러분들에게도 가르쳐드리고 싶지만 아직 미적분을 배우지 않았기에 설명해드릴 수가 없는 점을 양해 바랍니다.

5
마찰력

마찰력은 어느 물질이 다른 물질에 맞닿은 채 움직일 때 이를 방해하는 힘입니다. 공식은 F=μN (F:마찰력, μ:마찰계수, N:수직항력)입니다. 마찰계수 coefficient of friction는 물질의 전기적 특성에 따라 정해지는 고유한 값입니다. 마찰계수가 클수록 일반적으로 표면이 거친 특성이 있습니다. 중력 방향으로 마찰력이 작용한다고 생각하는 사람들이 있습니다. 하지만 마찰력은 항상 물질을 움직이게 만드는 힘과 반대 방향이며, 물질이 움직이는 평면과 평행한 방향으로 작용합니다.

이 마찰력과 수직으로 작용하는 힘이 수직항력입니다. 일반적으로 물체는 전자기력으로 입자들을 붙들어 매고 있기 때문에 수직항력 또한 전자기력에서 발생합니다.

마찰력의 경우 중력으로부터 생기는데 중력이 마찰력과 운동하는 힘으로 나눠집니다. 힘이 크기와 방향을 가진 벡터라는 것을 이해하지 못하면 상당히 곤란해지니 반드시 기억하시기 바랍니다.

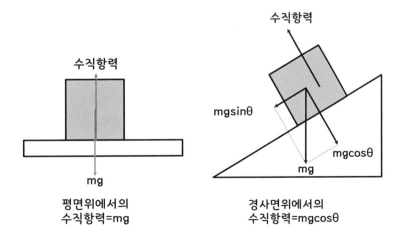

평면위에서의
수직항력=mg

경사면위에서의
수직항력=mgcosθ

비탈이 아닌 경사가 없는 길이라면 수직항력이 최대이기 때문에 마찰력은 최대가 됩니다. 90도의 벽이라면 어떻게 될까요? 수직항력이 0이니 당연히 마찰력도 0입니다.

또 마찰력은 접촉면의 겉보기 넓이에 무관합니다. 때문에 물체의 표면이 같은 재질이라면 어떤 방식으로 놓아도 마찰력은 동일합니다.

마찰력은 크게 정지마찰력, 운동마찰력으로 분류할 수 있습니다. 정지마찰력은 멈춰 있는 물체를 못 움직이게 하는 힘입니다. 정지마찰력은 물체에 가하는 힘에 따라 달라집니다. 물체에 힘을 가했는데 물체가 움직이지 않았다면 그 힘과 동일한 크기의 정지마찰력이 발생합니다. 최대 정지마찰력은 물체가 움직이는 순간에 나타나는 정지마찰력입니다.

운동마찰력은 움직이는 물체의 움직임을 방해하는 힘입니다. 정지마찰력과 달리 일정합니다. 운동마찰력은 최대 정지마찰력보다 작습니다. 때문에 정지해 있던 물체가 일단 움직이면, 보다 적은 힘으로도 계속 움직이게 할 수 있습니다. 때문에 한 번 미끄러진 물체는 계속 미끄러지게 됩니다.

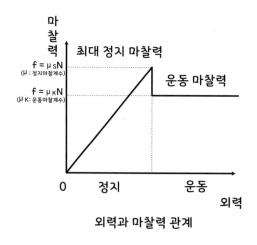

외력과 마찰력 관계

또 마찰이라고 보기에는 애매한 구름저항이 있습니다. 구름저항은 바퀴나 원형의 물체가 굴러가는 것에 대해 저항하는 힘입니다. '구름저항계수 × 수직항력'으로 계산됩니다.

일반적으로 구름저항은 운동마찰력보다 훨씬 작습니다. 만약 구름저항이 운동마찰력보다 더 크다면 바퀴라는 물건이 발명되지 않았을 것입니다. 마찰력이 작용하면 당연히 속도가 줄어듭니다. 그렇다면 마찰력으로 생겨난 에너지는 속도를 줄이는 데에만 사용되고 사라지는 것일까요? 절대로 그렇지 않습니다.

물리학에서는 에너지나 질량이 저절로 사라지거나 만들어지는 경우는 없습니다. 마찰력으로 생겨난 에너지는 전부 열에너지로 바뀝니다. 때문에 두 물체를 마찰시키면 열이 나는 것입니다.

독일 기상학자 알프레트 베게너Alfred Wegener는 1912년도에 대륙이동설大陸移動說, continental drift을 발표합니다. 그 근거로는 아프리카의 기니 만과 브라질 쪽의 해안선이 딱 맞아떨어지고 같은 퇴적암층이나 지구조가 발견된다는 점, 아프리카, 남아메리카, 인도, 호주, 남극에 이르는 다양한 지역에서 같은 생물의 화석이 발견된다는 점 등입니다. 하지만 대륙을 움직일 정도의 거대한 힘의 정체를 밝히지 못해 당대에는 인정받지 못했습니다.

그러나 30년 후 영국의 지질학자 아서 홈즈Arthur Holmes가 자신의 책에 '방사성 물질의 붕괴열로 지구 내부가 액체 상태로 유지되고 있으며, 액체의 대류가 대륙을 움직이는 힘'이라는 가설을 실었고 추가 연구로 이것이 사실로 밝혀지면서(맨틀은 액체가 아니라 고체지만) 대륙이동설은 인정을 받게 되고 1965년 판구조론plate tectonics으로 재탄생합니다.

지각은 여러 개의 판으로 구성되어 있습니다. 판은 멈춰 있지 않습니다. 지구 내부의 운동으로 끊임없이 움직이고 있습니다. 두 판이 서로 부딪히면서 거대한 산맥이나 깊은 해구를 만들어 냅니다. 반대로 판과 판이 밀려 생

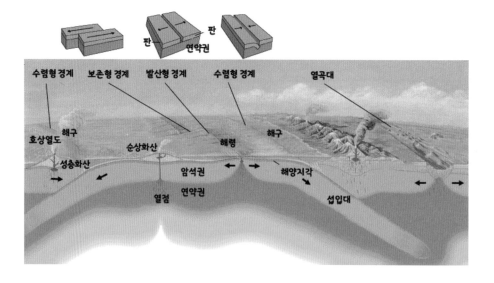

기는 빈 공간에는 용암이 솟아오르고 이것이 식어 굳으면서 새로운 지각이 생겨나기도 합니다.

과학자들은 금성에서도 판의 운동이 있을 것을 예측했습니다. 하지만 1990년대 미국의 무인탐사선인 마젤란호가 관측한 결과 판의 운동은 없었습니다.

금성에서는 왜 판의 운동이 없는 것일까요?

1. 금성의 내부가 식었기 때문이다.

2. 금성에는 바다가 없기 때문이다.

3. 금성은 판이 하나밖에 없기 때문이다.

4. 판구조는 지구에서만 일어나는 예외적인 현상이다.

지구의 경우 판이 움직일 때 지각뿐 아니라 상당량의 바닷물도 맨틀로 함께 들어갑니다. 바닷물은 맨틀의 접촉 부위에 윤활유처럼 작용하여 마찰계수를 낮춥니다. 그러면 마찰력이 줄어들어 쉽게 미끄러집니다.

금성의 경우 바다가 없기 때문에 맨틀을 식혀주지 못합니다. 때문에 맨틀이 끈적끈적한 상태로 남아 있어 마찰력이 커집니다. 이 마찰력 때문에 판이 맨틀로 미끄러져 들어가지 못하는 것이라고 추측하고 있습니다.

행성에 판구조가 생기는 것은 조건이 매우 까다롭습니다. 당연히 암석질 행성이어야 하고, 행성 내부가 너무 뜨겁거나 식어버려도 안되고, 질량이 지구보다 작아도 안 됩니다. 위에서 밝힌 것처럼 물이 없으면 판이 움직이지 못합니다. 현재 판구조운동이 일어나고 있음이 확인된 행성은 태양계에서 지구가 유일합니다.

월면차月面車는 아폴로 계획에서 달의 표면을 이동할 때 사용한 전기자동차입니다. 최초로 사용된 월면차는 '로버Rover'로, 아폴로 15호에 실려 1971년 달에서 운행합니다. 길이 3.1m, 너비 2.05m, 높이 1.32m의 4륜차로서, 바퀴는 아연으로 도금한 강철 피아노선재piano wire rods이며 지름은 81cm입니다. 차체의 무게는 209kg입니다. 엔진으로는 36V의 은아연전지 2개를 사용하는데 시속 약 10km로 95km를 주행할 수 있다고 합니다.

우주인들은 지구의 달 표면과 똑같은 환경에서 월면차를 모는 훈련을 하고는 달로 월면차를 가져갔습니다.

지구에서 훈련한 우주인들이 이 월면차를 실제로 달에서 운전했을 때 주행의 특성은 어떠했을까요?

1. 지구와 같다.
2. 지구보다 잘 미끄러진다.
3. 지구보다 덜 미끄러진다.

마찰력은 앞에서 살펴본 것처럼 다음과 같은 식으로 구할 수 있습니다.

$$F=\mu N \text{ (}F:\text{마찰력, } \mu:\text{마찰계수, } N:\text{수직항력)}$$

마찰력은 접촉면의 상태(마찰계수)와 수직항력에 따라 달라집니다. 접촉면의 상태가 같다면 수직항력이 작을수록 훨씬 잘 미끄러집니다. 월면차의 중량은 209kgf이지만 달에서는 중력이 지구의 1/6밖에 되지 않으므로 34kgf입니다. 때문에 지구보다 더 미끄러집니다.

미끄러지는 자동차라면 눈이 잔뜩 쌓인 비탈을 오르는 자동차를 빼먹을 수 없습니다. 특히나 뒷바퀴가 구동하여 움직이는 후륜 구동차는 비탈길을 올라가지 못하는 경우가 많습니다. 왜냐하면 엔진이 차체의 앞부분에 있기 때문에 차량 뒤쪽이 가벼워 뒷바퀴에 걸리는 수직항력이 작기 때문입니다.

엔진이 앞에 있고 앞바퀴가 구동하는 전륜구동 방식의 경우는 앞바퀴에 큰 수직항력이 걸리기 때문에 상대적으로 눈이 쌓인 비탈을 오르기가 수월합니다. 하지만 눈이 많이 내리면 전륜구동차도 어쩔 수 없습니다. 이럴 때는 어떻게 하면 좋을까요?

전륜 구동차의 바퀴가 헛돌 때 차 보닛 위에 무거운 사람이 올라가면 바퀴의 마찰력이 증가하여 비탈을 올라갈 수 있습니다. 하지만 위험하니 실제로 하지는 마세요.

문제 3. 닿는 면적이 넓으면 마찰력은 커질까?

고대 이집트인은 피라미드를 건설할 때 비탈을 이용하여 돌을 위로 옮겼다고 합니다. 먼저 피라미드의 네 변을 따라 벽돌과 돌로 비탈길을 닦습니다. 그중 3개의 비탈길은 돌을 운반하는 데 사용되었으며 나머지 하나는 일을 마친 사람들이 내려가는 길로 사용했습니다.

그러나 비탈을 이용한다고 하더라도 수 톤이나 되는 돌을 옮기려면 마찰력이 상당히 큰 걸림돌이 됩니다.

그렇다면 마찰을 줄이는 방법에는 어떤 것들이 있을까요? 모두 골라보세요.

1. 통나무를 바닥에 깐다.

2. 바닥에 기름을 바른다.

3. 경사도를 높인다.

4. 돌과 바닥의 접촉면을 줄인다.

통나무를 바닥에 깔면 통나무가 구르면서 돌을 이동시킬 수 있습니다. 다만 이럴 경우 뒤의 통나무를 계속 앞으로 이동시켜줘야 하는 불편이 있기 때문에 현대에 와서는 바퀴가 달린 운반 도구를 이용합니다.

바닥에 기름을 바르는 방법 또한 마찰계수가 줄기 때문에 마찰력을 줄일 수 있습니다.

경사도를 높이면 수직항력이 줄어들기 때문에 마찰력이 줄어들기는 합니다. 하지만 이럴 경우 돌을 밀어올리는 힘이 더 들 뿐 아니라 자칫하면 돌이 굴러내려올 위험이 있습니다. 마찰이란 있어도 불편하지만 없어도 안 되는 이중적인 존재입니다.

그렇다면 돌과 바닥의 접촉면을 줄이면 어떨까요?

돌이 오른쪽 페이지의 이미지처럼 육면체 형태이며, 육면체의 면적의 비는 $a:b:c=2:3:1$이라고 하겠습니다. 이 육면체의 어느 면을 아래로 했을 때 마찰력이 가장 클까요?

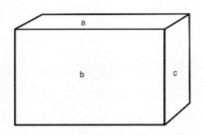

마찰력은 접촉면의 겉보기 넓이와는 무관합니다. 접촉면이 작으면 단위면적당 수직항력이 커지므로 마찰력이 변하지 않고, 접촉면이 크면 단위면적당 수직항력이 작아지므로 마찰력이 변하지 않습니다. 때문에 모든 면에서 마찰력이 같습니다.[*]

피라미드을 건설할 때는 통나무를 나란히 깔고 삼나무 열매 기름을 부어가며 돌을 옮겼다고 합니다. 기중기를 이용해 통나무를 옮겼다는 주장도 있습니다.

문제 4. 레이싱카의 타이어에 트레드 패턴이 없는 이유는?

자동차가 물이 고여 있는 도로를 주행하면 바퀴가 물 위에 떠서 미끄러집니다. 도로가 물에 젖으면 마찰계수가 낮아지기 때문입니다. 운전자가 운전대를 돌려도 차가 제대로 제어되지 않고 결국 대형사고가 일어나기도 합니다. 이를 수막현상이라고 합니다.

이런 사고를 방지하기 위해 도로를 주행하는 타이어는 '트레드tread'라는 홈이 있습니다. 트레드를 통해 타이어에 묻은 물이 빠져나가기 때문에 타이어가 잘 미끄러지지 않습니다.

---

[*] 현실적으로는 어느 정도 면적에 영향을 받습니다. 마찰계수는 면과 면 사이의 분자 접촉에 의해 결정됩니다. 그런데 같은 물체라고 하더라도 면적이 달라지면 물체에 작용하는 압력이 달라지고, 그 때문에 분자 단위의 환경이 바뀌어 마찰계수가 바뀌게 됩니다. 때문에 실제로는 면적이 달라지면 마찰력의 크기도 달라집니다.

하지만 트레드가 있는 타이어라도 폭우가 내려 타이어가 배수排水할 수 있는 한계를 넘어선다든지 아니면 관리를 하지 않아 홈이 마모된다든지 하면 수막현상이 일어나니 항상 타이어 관리를 잘 하고 비가 올 때는 서행해야 합니다. 그런데 F1 레이싱카의 타이어는 트레드 패턴이 없는 슬릭slick 타이어를 사용합니다.

이유가 무엇일까요?

1. 고속으로 움직이면 트레드 패턴이 전부 닳아 없어지기 때문에 처음부터 슬릭 타이어를 이용한다.

2. 트레드 패턴이 없는 타이어가 싸기 때문이다.

3. 타이어가 녹아서 도로에 달라붙게 하기 위해서다.

4. F1 서킷은 관리를 철저히 하기 때문에 타이어에 트레드 패턴이 필요 없다.

타이어와 도로의 마찰력이 높을수록 자동차가 미끄러지지 않고 빨리 달릴 수 있기 때문에 F1 레이싱카는 마찰력을 높일 수 있도록 설계되어 있습니다.

레이싱카의 뒤에는 날개가 달려 있습니다. 흔히 자동차의 무게를 가볍게 하기 위해 달려 있다고 생각하지만 오히려 자동차를 무겁게 하기 위해 달려 있습니다. 레이싱카의 리어윙rear wing은 비행기의 날개와 정반대로 위쪽이 평평하고 아래쪽이 유선형입니다. 자동차가 고속주행을 하면 윙에서 내리누르는 힘(다운 포스down force)가 발생하고 타이어와 도로의 접지력(=마찰력)이 증가합니다.

F1 레이싱에 쓰이는 타이어는 고속주행을 하면 타이어 고무에 마찰로 인해 열이 발생하고 표면이 녹아서 마치 접착제를 바른 것처럼 끈적해집니다. 끈적

해진 타이어는 도로와의 마찰력을 높입니다. 여기에 트레드가 없으면 지면과 더 많이 접지되기 때문에 마찰력은 더욱 높아집니다.

단, 비가 올 때는 레이싱카도 트레드가 있는 타이어를 사용합니다. 이때도 마찰력을 높이기 위해 물에 닿으면 끈적끈적해지는 웨트^{wet} 타이어를 사용합니다.

과학노트

고무는 고무나무에서 분비된 수액을 응고시켜 만듭니다. 중앙아메리카 원주민들은 고무나무의 수액에 발을 담그고 이를 그대로 굳혀 신발처럼 만들어 신고 다녔습니다. 유럽에 처음 고무가 소개되었을 때는 고무의 방수성을 이용해 레인코트를 만들었습니다.

미국의 발명가인 찰스 굿이어^{Charles Goodyear}는 우연히 고무에 유황을 섞은 물질을 난로 근처에 놓았다가 이 고무-유황 화합물이 고열에도 변화하지 않는다는 사실을 발견합니다. 이후 고무-유황 화합물, 즉 가황고무는 방수성과 탄성으로 인해 자동차의 타이어로 널리 쓰이게 됩니다. 그런데 고무는 열대림 지역에서만 나는 귀한 자원인 데다가 삼림 파괴로 인해 생산량도 줄어들고 있습니다. 그래서 현재는 95% 이상 합성고무로 대체하여 사용하고 있습니다.

문제 5. 마찰력과 운동과의 관계

'갈릴레오 갈릴레이는 물체가 무게에 상관없이 같은 속도로 떨어지는 것을 증명하기 위해 피사의 사탑에서 납과 나무로 된 공을 떨어뜨리는 실험을 했다'는 유명한 일화가 있습니다. 하지만 이는 사실이 아닙니다.

실제 갈릴레이가 했던 실험은 비탈을 만들어 거기에 무게가 다른 물체를 굴리는 실험이었습니다.

피사의 사탑 이야기와 달리 이 실험은 벽화로도 기록되어 있으니 갈릴레이가 직접한 실험이 맞습니다.

갈릴레이의 실험을 머리 속에서 한번 재현해 보겠습니다.

가로, 세로, 높이가 10cm인 강철 정육면체 A와, 가로, 세로, 높이가 20cm인 같은 재질의 강철 정육면체 B를 동일한 비탈에서 동일한 높이에 올려놓고 미끄러트리는 실험을 합니다.

A와 B 중 더 빨리 바닥에 도달하는 물체는 어떤 것일까요?

1. A

2. B

3. 같다.

4. 비탈의 길이와 높이에 따라 다르다.

A를 두 개(AA) 묶어 미끄러트려도 A 하나와 동시에 바닥에 도달한다는 것을 알 수 있습니다. AA를 90도 돌려서 실험해도 마찰력은 변하지 않기 때문에 A 하나와 동시에 바닥에 도달합니다. A 4개(AAAA=B)를 묶는다 해도 A 하나와 동시

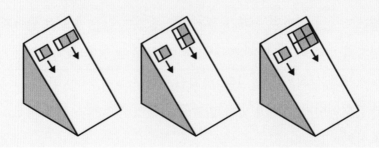

에 바닥에 도달한다는 것도 알 수 있습니다. AAAA를 세운다고 해도 마찰력은 겉보기 넓이와 관계없이 동일하므로 A 하나와 동시에 바닥에 도달합니다.

다만 마찰력은 B쪽이 8배 강합니다. 그럼에도 동시에 바닥에 도달하는 이유는 B의 미끄러지는 힘(=중력) 또한 8배 강하기 때문입니다.

갈릴레이의 낙하실험도 사실은 위와 같은 사고 실험이었습니다. 그는 그의 책 『새로운 두 과학에 관한 수학적 증명』에서 다음과 같이 사고실험 과정을 기록했습니다.

가정 1) 무거운 물체가 가벼운 물체보다 빨리 떨어진다고 가정하자.

결론 1) 무거운 물체와 가벼운 물체를 서로 연결해서 떨어뜨리면 무거운 물체는 빨리 떨어지려 하고 가벼운 물체는 늦게 떨어지려 할 것이므로, 그 결과는 무거운 물체 하나만 떨어지는 경우보다는 늦고, 가벼운 물체 하나만 떨어지는 경우보다는 빠를 것이다.

결론 2) 두 물체가 연결되어 있으면 전체 무게는 더욱 무거워지니 더욱 빨리 떨어져야 한다.

가정 1)에서 서로 다른 결론이 나왔으므로 가정 1)은 틀렸다. 따라서 무거운 물체나 가벼운 물체나 동시에 떨어져야 옳다는 결론을 얻을 수 있다.

이번에는 반지름이 10cm인 강철공 C와 반지름이 20cm인 강철공 D를 동일한 비탈에서 동일한 높이에 올려놓고 굴리는 실험을 합니다. C와 D 중 더 빨리 바닥에 도달하는 물체는 어떤 것일까요?

1. C

2. D

3. 같다.

4. 비탈의 길이와 높이에 따라 다르다.

이 문제에 대해서는 갈릴레오가 직접 실험을 했습니다. 실제로 실험해보면 무거운 공이 더 늦게 떨어집니다.

이유를 설명하려면 중학교 과정을 넘어가지만 그래도 해보자면, 구르지 않는 물체는 에너지를 선형운동(직선으로 움직이는 운동)에만 사용합니다. 하지만 구르는 물체는 선형운동뿐 아니라 회전운동(구르는 운동)에도 에너지를 사용합니다. 그리고 회전운동의 속력을 결정하는 요소에는 질량중심으로부터 회전축까지의 거리 또는 물체의 반지름이 있습니다. 때문에 반지름이 더 긴 물체의 회전은 느립니다.

그런데 오해가 오해를 낳는 법이라 갈릴레이가 서로 다른 무게의 쇠공을 같은 경사도의 비탈에 굴렸고 두 쇠공이 동시에 바닥에 도착하는 것을 통해 낙하하는 물체는 무게에 관계없이 같은 속도로 떨어진다는 것을 증명했다는 설명이 돌아다닙니다. 절대로 사실이 아닙니다.

갈릴레이가 비탈실험을 통해 증명하고자 한 것은 에너지의 보존입니다(에너지의 전환과 보존은 이 책의 마지막 장에 나옵니다).

갈릴레오는 마찰이 없다면 빗면의 한쪽 끝에서 출발한 공은 다른 쪽 빗면을 타고 올라가 원래 빗면과 똑같은 높이까지 이를 것이며 빗면이 완만해지면 똑같은 높이까지 올라가기 위해 더 많은 거리를 이동하게 될 것으로 추론합니다. 이 추론은 사실이라는 것이 증명되었습니다.

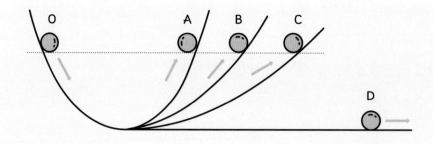

문제 6. 단단한 물체는 마찰력이 더 클까?

18세기에 일어난 산업혁명은 증기기관의 발명으로 가능했습니다. 증기기관 덕에 산업현장에 필요한 각종 기계들이 발명되었는데, 문제는 이 기계를 움직일 동력이었습니다. 가까운 곳에 물이 풍부하게 있는 시내가 있다면 수차를 돌려 동력으로 이용하겠지만, 그렇지 못한 곳에서는 다른 동력원을 구해야만 했습니다.

그러다가 마침내 1765년 스코틀랜드의 기계공학자 제임스 와트^{James Watt}가 석탄 600g으로 1마력시의 힘을 내는 효율적인 증기기관을 발명하였고 이것이 영국의 산업현장에서 널리 쓰이게 됩니다.

이어 조지 스티븐슨^{Gorge Stephenson}이 1825년 요크셔의 석탄광에서부터 스톡턴의 항구를 오가는 43km짜리 화물철도를 깔게 됩니다. 이것이 세계 최초의 증기기관차용 철도가 되면서 영국 곳곳에 철도가 놓여지고 대량 생산된 물건이 신속하게 전달되면서 산업혁명이 완성됩니다.

그런데 말입니다. 철도와 기차의 바퀴는 왜 강철로 만드는 것일까요? 물론 강철이 단단하기 때문에 기차의 무게를 잘 버틸 수 있는 것도 한 가지 이유입니다. 그 외에는 또 어떤 이유가 있을까요?

1. 주행 시 에너지 손실이 적다.

2. 승차감이 편안하다.

3. 레일과 바퀴는 철을 녹여 거푸집에 부어서 만들기 때문에 생산이 쉽다.

구르는 바퀴에서도 저항이 발생합니다. 이를 구름저항이라 합니다. 구름저항은 주로 비탄성 변형에 의해 발생합니다. 바퀴가 바닥에 닿으면 닿는 부분의 바퀴와 바닥면은 압력에 의해 변형이 되는데 이 과정에서 변형될 때 투입된 에너지가 열에너지로 변하게 됩니다. 변한 에너지만큼 저항이 생기는데 이 저항이 구름저항입니다.

바퀴와 바닥면이 단단할수록 구름저항은 작아집니다. 왜냐하면 변형이 잘 일어나지 않기 때문입니다. 때문에 강철 바퀴로 강철 선로 위를 굴러가는 기차는 구름저항이 매우 작습니다. 그래서 자동차의 경우 동력을 끊으면 얼마 못 가 정지하지만 기차의 경우는 동력을 끊어도 아주 먼 거리를 움직이게 됩니다.

우리나라의 기차는 제동거리가 3km 정도입니다. 때문에 급제동에 따른 피해가 없어서 좌석에 안전벨트가 없습니다(또한 기차의 질량이 무겁기 때문에 기차와 부딪힌 쪽이 오히려 튕겨나갑니다).

이 원리는 탄성력에도 그대로 적용됩니다. 골프공과 테니스공을 1m 높이에서 단단한 바닥에 떨어트리면 어느 공이 높게 튀어오를까요? 실제로 측정해보면 골프공은 69cm, 테니스공은 56cm 정도 튀어오릅니다. 골프공은 단단해서 변형이 잘 일어나지 않기 때문입니다. 때문에 변형이 잘 일어나는 테니스공보다 높이 튀어오릅니다.

그러면 자동차는 왜 공기가 든 타이어를 사용할까요? 승차감 때문입니다. 타이어가 충격을 흡수해주기 때문에 승객들의 허리가 덜 아픈 것입니다.

거푸집에 넣어 제품을 만드는 것은 무쇠(주철)입니다. 이는 강철보다 단단하지만 잘 깨지는 단점이 있습니다. 강철의 대량생산이 힘들던 산업혁명 초기에는 무쇠로 레일을 만들었고 그 때문에 레일이 깨어지는 일이 잦았습니다. 지금은 강철로 레일을 만들고 있습니다.

인간이 만든 발명품 중 가장 중요한 것을 꼽으라면 반드시 바퀴가 들어갑니다. 바퀴의 가장 큰 장점은 마찰을 줄여준다는 것입니다. 평지에서 물건을 밀어서 옮긴다면 운동마찰력 때문에 상당한 힘을 더 쓰게 됩니다. 게다가 땅과의 접촉으로 물건이 마모되기도 합니다. 물건이 무겁다면 정지마찰력 때문에 아예 움직이는 것 자체가 불가능합니다.

하지만 바퀴를 이용하면 마찰력 때문에 움직이기가 어려운 무거운 물건도 움직일 수 있습니다. 실제로 주차장에서 이중주차가 되어 있을 땐 수백 kg 나가는 자동차를 쉽게 밀어 이동시키는 것을 볼 수 있습니다. 이는 구름저항계수가 운동마찰계수보다 매우 낮기 때문입니다. 도로에서 자동차 타이어의 구름저항계수는 최대 0.03 정도이지만 운동마찰계수는 최소 0.8입니다.

바퀴의 두 번째 장점은 관성을 이용할 수 있다는 점입니다. 빙판 같이 마찰계수가 작은 곳이 아니라면 물건에 지속적으로 힘을 주어야만 움직이지만, 한번 움직인 바퀴는 다시 힘을 가하지 않아도 얼마간 움직입니다. 때문에 힘을 훨씬 효율적으로 이용할 수 있습니다. 자전거를 탈 때 경험을 해보았을 것입니다.

세 번째로 바퀴의 크기를 조절해서 적은 힘으로도 무거운 무게를 운반하거나 가벼운 물건을 빠르게 이동시킬 수 있습니다. 자전거나 자동차의 기어가 이러한 원리를 이용한 것입니다.

물론 바퀴 외에도 썰매를 이용할 수도 있습니다. 하지만 미끄러지는 성질을 이용하는 썰매는 가속은 쉽지만 감속이 어렵고 방향 전환도 매우 힘듭니다. 더구나 겨울에만 이용할 수 있습니다. 그런데 이렇게 편리한 바퀴를 아메리카 대륙의 마야, 잉카, 아즈텍인들은 이용하지 않았습니다. 왜 그랬을까요?

사실 바퀴에는 커다란 약점이 있습니다. 동그란 형태를 만드는 것이 생각보다 까다로울 뿐 아니라, 바퀴는 평평하고 단단한 지면에서만 사용할 수 있습니다. 바퀴를 이용하려면 도로부터 먼저 만들어야 합니다.

이러한 이유 때문에 아메리카 대륙에서는 바퀴가 사용되지 않았습니다. 그리고 고대에는 바퀴를 이용한 탈 것보다는 배를 이용한 이동과 수송이 더 흔했습니다. 바퀴가 보편적으로 사용된 것은 산업혁명 이후입니다. 소나 말 대신 내연기관을 이용하면서 비로소 대규모 물자를 먼 거리로 빠른 속도로 수송할 수 있게 됩니다. 바퀴의 발명은 몇 천년이 지난 근대에 와서야 산업 발달에 결정적인 역할을 한 셈입니다.

6
부력

부력浮力, buoyancy은 물체가 유체(물이나 공기 등) 속에 잠겨있을 때 중력의 반대 방향으로 물체를 밀어 올리는 힘입니다. 부력은 유체 속에 들어간 물체에 위아래로 작용하는 유체의 압력이 같지 않아서 생깁니다.

예를 들어 물속에 잠긴 물체의 경우 사방에서 압력을 받지만, 좌,우에서 받는 압력은 서로 상쇄됩니다. 하지만 물체의 위쪽은 아래쪽보다 수심이 낮아 압력도 낮습니다. 물체의 아래쪽은 물체의 위쪽보다 수심이 높아 압력도 높습니다. 때문에 물체 위에서 누르는 수압보다 바닥에서 밀어내는 수압이 더 크고 압력의 차이만큼 중력도 작아집니다.

부력의 크기는 물속에 있는 물체의 종류에 관계없이 물체로 대체된 물의 중력 크기와 같습니다(아르키메데스가 밝혔기 때문에 이를 아르키메데스의 원리라고 합니다).

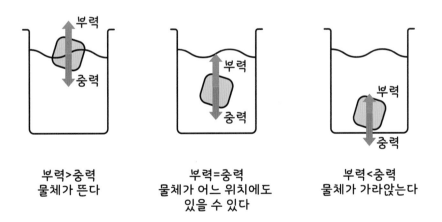

부력>중력
물체가 뜬다

부력=중력
물체가 어느 위치에도
있을 수 있다

부력<중력
물체가 가라앉는다

부력의 방향은 중력의 방향과 반대인 위로 향합니다. 때문에 외부의 힘이 없다면 수직으로 가라앉습니다. 그리고 부력도 '힘'의 일종입니다. 힘이란 질량을 가진 물체를 가속하는 것입니다. 가라앉는 물체는 가속하므로 속도가 빨라집니다. 마찬가지 이유로 잠수부가 심해에서 공기 방울을 만들면 공기 방울은 수면을 향해 떠오를수록 점점 빨라집니다.

물체가 뜨느냐 가라앉느냐는 물체의 밀도에 따라 달라집니다. 밀도란 단위 부피당 질량이란 뜻으로 물질마다 고유한 값을 가지고 있습니다. 물리학에서는 ρ로 표시합니다. 밀도는 다음과 같이 구할 수 있습니다.

$$\rho = m/V \text{ (ρ는 밀도, m은 질량, V는 부피)}$$

물의 밀도는 $1g/cm^3$입니다. 물은 지구상에서 가장 흔히 볼 수 있는 액체이기 때문에 물질의 밀도는 물과 비교하여 나타냅니다. 물의 밀도를 1이라고 할 때 어떤 물체의 밀도비를 비중이라 합니다. 예를 들어 수은의 밀도는 $13.5g/cm^3$이고 비중은 13.5입니다. 물보다 비중이 크면 가라앉고 물보다 비중이 작으면 뜨게 됩니다.

부력은 다음과 같은 식으로 구할 수 있습니다.

$$B(\text{부력}) = \rho V g \text{(유체의 밀도} \times \text{유체 속에 잠긴 물체의 부피} \times \text{중력가속도)}$$

문제 1. 부력의 크기를 정확히 측정하려면?

부력은 아르키메데스가 왕의 왕관이 순금인지 아닌지를 알아내라는 의뢰를 받고 조사하는 과정에서 발견했다고 합니다. 시라쿠사Siracusa의 히에로 2세Hiero II는 장인에게 순금을 주고 이것으로 순금관을 만들게 합니다.

그런데 순금관이 완성되자 이것이 과연 순금으로 만든 것인지 의심을 하게 됩니다. 왕은 아르키메데스를 불러 순금관의 진위여부를 판단하게 합니다. 하지만 천재인 아르키메데스도 몇 날 며칠을 고민했지만 도무지 판단 방법을 알 수가 없었습니다. 아르키메데스는 고민하느라 며칠 동안이나 식사도 목욕도 하지를 않았습니다. 아르키메데스의 악취를 견딜 수 없었던 제자들이 반강제로 그를 목욕탕에 던져 넣었습니다.

아르키메데스는 목욕탕의 물이 넘쳐나는 것을 보고는 '부력'이라는 개념을 생각해 냅니다. 그는 너무 기뻐서 알몸으로 '유레카'라고 외치며 뛰쳐나갔다고 합니다.

아르키메데스는 다음과 같은 방법으로 금관에 다른 물질이 섞였다는 것을 증명합니다.

첫째, 금관과 같은 무게의 금덩이를 준비한다.
둘째, 금관을 물에 넣고 넘쳐 나온 물의 양을 잰다.
셋째, 금덩이를 물에 넣고 넘쳐 나온 물의 양을 잰다.
넷째, 금관과 금덩이가 밀어낸 물의 양을 비교한다.

실험 결과 금관에서 넘쳐 나온 물이 조금 더 많았고 이 때문에 금관에 이물질이 섞여 있다는 것을 알 수 있었습니다(사실 이 실험은 금관의 밀도를 측정한 셈입니다).

왕의 순금관이 진짜인지 가짜인지를 밝혀낸 아르키메데스는 부력에 흥미가 생겨 여러 가지 실험을 하게 됩니다. 동일한 부피의 금과 은을 준비한 아르키메데스는 보기와 같은 실험을 하였습니다.

다음 상황에서 부력의 세기를 약한 순부터 강한 순으로 나열해 보세요(금의 비중은 19.3, 은의 비중은 10.5, 수은의 비중은 13.5입니다).

1. 금을 물속 깊숙이 넣는다.

2. 은을 길쭉하게 변형시킨다.

3. 은을 달에서 측정한다.

4. 금을 물 대신 수은 속에 집어넣는다.

오해할까봐 미리 말합니다. 실제로 아르키메데스가 실험을 했다는 것이 아니고 가정입니다.

B(부력)=ρVg(유체의 밀도×유체 속에 잠긴 물체의 부피×중력가속도)입니다. 물속에서의 부력은 물체의 부피와 동일한 물의 양입니다. 금이나 은을 물속에 살짝 담그거나 수십 미터 깊이로 집어넣는다고 해도 부피의 변화가 없기 때문에 부력은 그대로입니다.

그렇다면 기체는 어떨까요? 기체일 경우 물속 깊숙이 넣으면 부력이 약해집니다. 수압으로 인해 기체의 부피가 줄어들기 때문입니다. 또한 고체나 액체는 모양을 변형시켜도 부피는 변하지 않습니다. 때문에 금이나 은의 모양을 변형시켜도 부력은 변하지 않습니다.

그런데 금과 은은 밀도가 다르니 부력도 다르지 않을까요? 그렇지 않습니다. 부력은 위에서 설명한 것처럼 물체가 밀어낸 물의 양, 즉 부피에 따라 달라지는 것이지, 물체의 밀도와 관계없습니다. 부피가 같다면 금이든 은이든 부력은 같습니다. 때문에 1과 2에서 부력은 같습니다.

물체를 물 대신 수은 속에 집어넣으면 오히려 부력이 강해집니다. 수조에 물을 채우든 수은을 채우든 물체를 넣었을 때 밀려나는 액체의 부피는 동일합니다. 하지만 무게는 차이가 납니다. 수은의 밀도는 13.5g/cm^{3}입니다. 때문에 같은 부피의 물에 비해 무게는 13.5배입니다. 부력은 밀려나온 액체의 무게와 같습니다. B(부력)=ρVg(유체의 밀도×유체 속에 잠긴 물체의 부피×중력가속도)에서 ρ가 13.5배가 되었으니 수은 수조에서의 부력은 물에서보다 13.5배 커집니다.

금 대신 은을 집어넣는다면 어떻게 될까요? 금의 비중은 19.3이기 때문에 가라앉지만 은의 비중은 10.5로 13.5인 수은보다도 비중이 낮기 때문에 수은으로 가득 찬 수조에서는 뜨게 됩니다. 만약 수은 위에 뜬 은을 강제로 물속으로 밀어넣는다면 밀어내는 수은의 양이 증가하니 부력이 더 커집니다. 증가한 부력은 손가락으로 누른 힘과 같습니다.

달에서라면 어떨까요? 달의 중력은 지구의 1/6입니다. 따라서 중력가속도도 1/6입니다. B(부력)=ρVg(유체의 밀도×유체 속에 잠긴 물체의 부피×중력가속도)에서 g가 1/6이 되었으니 부력도 1/6밖에 되지 않습니다.

문제 2. 무거운 물체의 부력은?

목성은 태양계의 5번째 행성으로 외행성이며 거대 기체 행성입니다. 목성의 부피는 지구의 1,300배가 넘으며, 질량은 지구의 318배 정도입니다. 목성의 질량은 다른 태양계 행성들을 합친 것보다도 무겁습니다. 태양계 내의 나머지 7개 행성의 질량을 전부 다 합쳐도 목성의 절반도 되지 않습니다(물론 태양에게는 비교도 안 됩니다. 태양의 질량은 태양계 전체 질량의 99.86%입니다).

목성의 라이벌은 토성입니다. 토성은 태양계의 6번째 행성으로 외행성이며 거대 기체 행성입니다(태양계 내의 거대 기체 행성은 목성과 토성뿐입니다. 천왕성과 해왕성은 거대 얼음 행성, 내행성인 수성, 금성, 지구, 화성은 암석형 행성입니다).

토성의 부피는 지구의 764배, 질량은 지구의 95배 정도입니다. 태양계 내 행성 중에서 두 번째로 크며 목성을 제외한 다른 6개 행성의 질량을 전부 다 합쳐도 토성의 절반도 되지 않습니다.

라이벌이자 친구인 토성과 목성이 사이좋게 수영장에 갔습니다. 목성은 수영장에 들어가자마자 그대로 가라앉습니다. 그런데 토성은 물위에서 즐겁게 수영을 합니다.

왜 이런 차이가 난 것일까요?

1. 토성이 목성보다 가볍기 때문이다.

2. 토성이 목성보다 작기 때문이다.

3. 토성이 물보다 비중이 작기 때문이다.

4. 토성은 방학 중에 열심히 수영 연습을 하였다.

5. 토성의 띠는 사실 튜브이다.

목성의 질량은 지구의 318배 정도이고 부피는 지구의 1,320배 정도입니다. 토성의 질량은 지구의 95배 정도지만 부피는 지구의 763배 정도입니다. 지구의 밀도는 5.515이니 이를 이용하면 목성과 토성의 질량을 구할 수 있습니다. 목성은 5.515×318/1300=1.33, 토성은 5.515×95/763=0.69입니다.

물의 비중은 1입니다. 때문에 물보다 비중이 가벼운 토성은 물 위로 뜨고 목성은 가라앉습니다. 부력은 무게와 관련이 없습니다. 물 위에 뜨는 스티로폼이라도 여럿 모이면 무거워집니다. 하지만 무거워졌다고 가라앉지는 않습니다. 반대로 바위를 부수어 돌멩이로 만들어 무게를 가볍게 해도 뜨지 않습니다.

비중이 물보다 무거운 바늘이 물 위에 뜨기도 합니다. 이 현상은 부력이 아니라 표면장력 때문입니다. 표면장력surface tension은 액체의 표면이 스스로 수축하여 되도록 작은 면적을 취하려는 힘입니다. 물방울이 동그란 모양이 되는 것도, 바늘이 액체 내부로 들어가지 못하고 물 위에 뜨는 것도 모두 표면장력을 보여줍니다.

부력에 의해 뜨는 것과 표면장력에 의해 뜨는 것은 확연히 다릅니다.

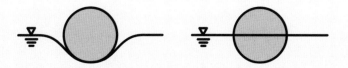

표면장력을 가장 잘 이용하는 동물은 소금쟁이일 것입니다. 소금쟁이는 발목 마디에 잔털이 무수히 많고, 잔털에는 기름 성분이 묻어 있어 표면장력을 효과적으로 이용할 수 있습니다. 만약 다리의 털을 깎거나 비누칠을 하면 그냥 물속에 빠집니다(엄연한 동물학대이니 실제로 실험하지는 마시기 바랍니다).

저울에 100kg 물을 가득 담은 수조를 올렸더니 수조의 무게까지 합쳐 110kg입니다. 이 수조에 10kg의 소나무 블록을 집어 넣었더니 물이 넘쳐 흘렀습니다. 이 경우 소나무 블록을 집어넣은 수조의 무게는 얼마일까요(소나무의 비중은 0.47입니다)?

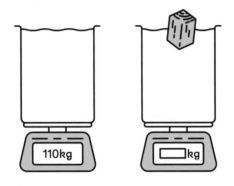

1. 120kg

2. 110kg

3. 104.7kg

4. 100kg

부력의 크기는 물속에 있는 물체의 종류에 관계없이 물체로 대체된 물의 중력 크기(=무게)와 같습니다. 즉, 넘쳐흐른 물의 무게는 소나무의 무게와 정확하게 같습니다. 때문에 110kg입니다. 나무토막을 가로가 아닌 세로로 띄운다고 해도 마찬가지입니다. 소나무 블록을 조립하여 배 모형을 만든다면 어떨까요? 그럴 경우 물에 덜 가라앉겠지만 밀어내는 물의 양은 같기에 수조의 무게는 변함없습니다.

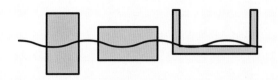

물이 아닌 알코올을 이용한다면 어떻게 될까요? 알코올의 비중은 0.79입니다. 때문에 소나무가 물속에 있을 때보다 훨씬 많이 가라앉고 더 많이 넘치겠지만 넘쳐흐른 알코올의 무게는 소나무의 무게와 정확하게 같습니다. 때문에 110kg입니다.

문제 4. **물 안에 들어간 물체 찾기**

저울을 아래와 같이 커다란 수조에 넣습니다. 그리고 수조에 물이 넘치기 직전까지 가득 붓습니다. 그리고 어떤 단일 성분의 물체 조각을 넣었더니 100kg의 물이 넘쳐흘렀습니다. 저울은 74kg을 가리킵니다.

이 물체가 무엇인지 알 수 있을까요?

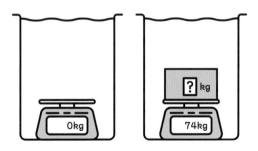

1. 알 수 있다.

2. 알 수 없다.

소나무가 아닌 돌멩이처럼 가라앉는 물체의 경우는 넘쳐흐른 물의 무게만큼 가벼워집니다.

물의 밀도는 1g/cm³입니다. 때문에 100kg의 물이 넘쳐흘렀다면 위의 물체의 부피는 100,000cm³입니다. 100kg이 넘쳐흐르고 저울이 74kg을 가리킨다면 이 물건의 무게는 174kg이고, 밀도는 174,000g/100,000cm³=1.74g/cm³입니다.

밀도(비중)는 물체마다 고유한 값을 가지고 있습니다. 비중이 1.74인 물질은 마그네슘밖에 없습니다. 따라서 위 실험에 나온 물체는 마그네슘입니다.

문제5. 부력을 잴 때 필요한 물의 양은?

세계에서 가장 유명한 여객선이자 침몰선은 아마도 타이타닉일 것입니다. 건조 당시 세계 최대의 여객선으로 유명했지만, 1912년 최초이자 최후의 항해 때 빙산과 충돌해 침몰하게 되었습니다. 제임스 카메론 감독의 1997년 영화 <타이타닉> 덕분(?)에 100년이 지난 지금도 침몰선의 대명사로 기억되고 있습니다.

타이타닉은 길이 269.1m, 폭은 28m에 높이는 53.3m나 되는 배입니다. 그리고 배의 무게는 52,310t이나 되었습니다. 그런데 배의 무게는 어떻게 재었을까요? 수만 톤이나 나가는 타이타닉의 무게를 잴 만한 거대한 저울이 있었을까요?

그렇지는 않습니다. 배의 무게는 저울로 재지 않습니다. 배의 무게를 재는 방법은 앞의 문제에 이미 힌트가 있습니다. 물에 뜨는 물체의 경우 물체가 밀어낸 물의 무게와 물체의 무게는 같습니다.

배가 밀어낸 물의 양을 배수량^{排水量, displacement}이라고 합니다. 이 배수량의 무게가 곧 배의 무게입니다.

하지만 물의 양을 측정하기는 어려우니 실제로는 도크Dock에 배를 띄워놓고 얼마나 깊이 잠기는가를 알아낸 후 계산을 통해 배수량을 측정합니다.

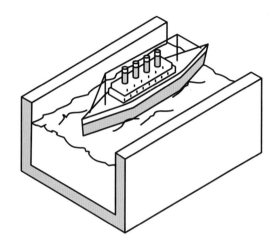

그런데 타이타닉을 띄우려면 물이 얼마이면 충분할까요?

1. 10만 t
2. 1만 t
3. 100t
4. 1t

다음 페이지의 그림과 같이 정육면체의 물체가 물에 떠 있다고 하겠습니다. 이 물체 주위의 물만 제외하고 모두 없애버린다면 어떻게 될까요? 그림을 보면 여전히 떠 있다는 것을 알 수 있습니다. 즉, 물의 양은 부력과 아무 관련이 없다는 것을 알 수 있습니다.

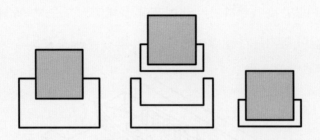

때문에 도크의 모양이 배의 바닥모양과 정확히 일치한다면 물이 조금만 있어도 충분히 배를 띄울 수 있습니다.

장자莊子 『소요유逍遙遊』편에 다음과 같은 글이 있습니다.

"水之積也不厚則其負大舟也無力"

"물의 양이 적어서 깊지 않으면 큰 배를 띄울 힘이 없다."

아마도 장자가 문과라 실수한 것 같습니다.

문제 6. 달에서의 부력은?

대마법사는 지구에 있는 자신의 집에서 시원한 콜라를 마시기 위해 콜라에 얼음을 넣습니다. 얼음의 비중은 0.92이기 때문에 물 위에 뜨게 됩니다. 그 광경을 보고 있던 대마법사는 문득 학생 때 배운 부력의 원리가 생각이 났습니다. 갑자기 다른 천체에서도 부력의 원리가 적용되는지 궁금해진 그는 얼음이 든 컵과 자신을 달에 있는 자신의 집으로 순간이동시킵니다.

컵 속의 얼음은 어떻게 되었을까요? 그리고 달이 아닌 지구보다 중력이 강한 목성으로 이동시킨다면 어떻게 될까요?

(가) 달에서는

(나) 목성에서는

1. 아무 변화 없다.

2. 얼음이 더 많이 떠오른다.

3. 얼음이 컵 바닥으로 가라앉는다.

앞의 문제에서 넘쳐흐른 물의 무게는 물체의 무게와 같다고 했습니다. 예를 들어 얼음이 60g이라면 넘쳐흐른 물의 무게도 60g입니다. 달에서는 어떻게 될까요?

달의 중력은 지구의 1/6이므로 얼음의 무게는 10g입니다. 그런데 넘쳐흐른 물의 무게도 10g이 되니 전혀 변화가 없습니다. 때문에 아무 변화가 없습니다. 지구보다 훨씬 중력이 강한 목성으로 가더라도 아무 변화가 없습니다.

하지만 부력은 달라집니다. 달의 중력은 지구의 1/6이므로 부력 또한 1/6입니다. 때문에 대마법사는 얼음을 가볍게 손으로 눌러서 바닥에 가라앉힐 수 있습니다. 바닥에 가라앉은 얼음은 부력 때문에 곧 떠오르겠지만 속도는 지구에 비해 느려집니다. 반면에 목성에서는 중력이 지구의 2.53배이므로 얼음을 누를 때 지구보다 더 힘이 듭니다. 또한 바닥에 가라앉은 얼음은 지구에 비해 빠르게 떠오릅니다.

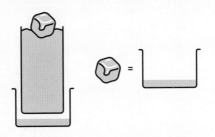

문제 7. 빙하가 모두 녹으면?

<아름다운 바다>, <살아있는 지구> 등 자연 다큐의 해설역으로 알려진 애튼버러경 Sir Attenboroug은 40년 전에는 얼음 위를 걸어서 도착했던 북극의 섬에 이제는 배를 타고서야 갈 수 있다며 한탄을 합니다. 실제로 북극 해빙 면적은 1980년 766만7,000km²에서 2020년에는 392만5,000㎢로, 40년 사이 48.9% 감소했다고 합니다.

이처럼 지구 온난화로 인해 남북극의 얼음이 녹고 있습니다. 얼음이 녹으면서 덩달아 해수면도 상승합니다. 2015년 미 항공우주국이 발표한 자료에 따르면, 200년 안에 해수면이 최소 1m 이상 높아질 수 있다고 합니다. 만약 해수면이 지금보다 1m만 상승한다고 해도 대서양의 베네치아, 네덜란드, 인도양의 몰디브, 방글라데시, 자카르타, 태평양의 나우루, 투발루, 피지, 키리바시, 사모아, 통가, 마셜 제도, 미크로네시아 연방, 팔라우 등은 물에 잠기게 됩니다.

미래에 지구 온난화를 막을 수 있는 기술이 개발되었다고 가정을 하겠습니다. 하지만 비용이 너무나 많이 들어 남극과 북극 중 한 곳만 얼음이 녹는 것을 막을 수 있습니다. 이럴 경우 어느 곳의 얼음이 녹는 것을 막는 것이 해수면 상승을 최대한 저지할 수 있을까요?

1. 북극

2. 남극

3. 어느 쪽이라도 마찬가지이다.

만약 얼음이 떠있는 물이 가득 든 컵과 그냥 물만 가득 든 컵이 있다면 어느 쪽이 더 무거울까요? 앞의 문제에서 알 수 있듯이 무게는 같습니다. 때문에 얼음이 녹는다 하더라도 물의 높이는 변하지 않습니다.

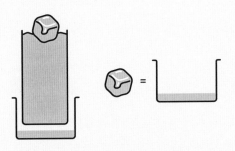

(얼음이 녹으면 넘쳐난 물의 양과 같다)

이는 지구의 빙산에도 그대로 적용됩니다. 북극은 바다이기 때문에 빙하가 물 위에 떠 있습니다. 물론 빙하가 녹아 바다의 염도가 낮아지는 것도 지구에 커다란 영향을 미치겠지만 북극의 빙산이 모두 녹는다 하더라도 해수면은 상승하지 않습니다.

하지만 남극은 대륙입니다. 육지 위에 빙하가 있습니다. 때문에 남극의 빙산이 녹으면 지구의 해수면이 상승합니다. 북극 빙산은 바다에 떠 있지만 남극 빙산은 육지 위에 있기 때문입니다. 남극 대륙의 빙산이 녹아서 바다로 흘러들면 해수면이 상승합니다.

그리고 빙산 외에도 해수면을 상승시키는 요인이 한 가지 더 있습니다. 액체의 비중은 온도에 따라 달라집니다. 물의 경우 4℃일 때 가장 비중이 높고 온도가 올라가면 비중이 낮아집니다. 비중이 낮아지면 같은 무게일 때 부피가 커지는 것이니 해수면이 상승합니다.

200년 안에 해수면이 1m 상승할 가능성이 있다고 과학자들이 경고하고 있습니다. 많이 늦었지만 지금이라도 지구 온난화를 막기 위해 노력해야하겠습니다.

남해안을 항해하던 1,000t의 배가 암초에 걸려 옆구리가 찢어집니다. 이 배의 선장은 선원들에게 긴급 수리를 지시하고 배를 항구로 이동시킵니다. 마침 거제 조선소의 도크가 비었다는 무전이 왔고 선장은 간신히 도크에 배를 댈 수 있었습니다.

하지만 모든 선원이 배를 비우고 얼마 지나지 않아 긴급 수리를 한 곳이 다시 파열되면서 도크 밑바닥으로 침몰합니다.

배가 침몰할 때 도크 내의 수위는 어떻게 될까요?

1. 높아진다.

2. 그대로다.

3. 낮아진다.

같은 크기의 두 컵에 같은 크기의 얼음이 들어가 있습니다. A컵 속의 얼음 안에는 큰 기포가 있고 B컵 속의 얼음 안에는 A컵 속 얼음의 기포와 같은 크기의 철구슬이 들어 있습니다. 얼음이 녹았을 때 물의 높이는 어떻게 될까요?

A는 그대로이고 B는 낮아집니다.

A의 경우 얼음이 녹더라도 얼음의 무게에 아무런 영향도 주지 않는다는 것을 알 수 있습니다. 하지만 B의 경우 녹아서 철구슬이 빠지면 철구슬은 가라앉고 얼음은 떠오르면서 수위는 낮아집니다. 때문에 A는 그대로이고 B는 줄어듭니다.

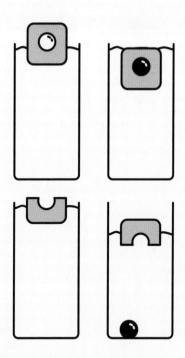

같은 이유로 도크에 띄운 배가 침몰한다면 도크 내의 수위는 낮아집니다. 잘 이해가 안 되시는 분들을 위해 부연 설명하겠습니다.

수조에 물을 가득 넣고 쇠로 된 배를 띄웁니다. 그런 다음 수조의 물을 완전히 빼서 다른 곳에 담아둔 후 쇠로 된 배를 수조에 넣고 다른 곳에 담아둔 물을 부어 넣습니다. 그러면 이전보다 수위가 낮아진다는 것을 이해하실 수 있을 것입니다.

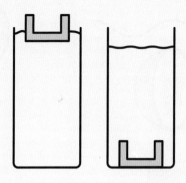

문제 9. 물의 부력과 공기의 부력은 어떤 차이가 있을까?

　물속에서 오랜 시간 작업을 하려면 잠수종이 필요합니다. 잠수종은 밑바닥이 없는 종 모양의 챔버로, 표면에서 호스를 통해 공기를 제공합니다. 때문에 바닷속에서 작업하다가 잠수종 안으로 들어가 휴식을 취할 수 있습니다. 알렉산드로스 대왕이 잠수종을 만들어 바닷속을 구경했다는 전설도 있습니다.

　잠수종과 관련한 문제를 하나 풀어보겠습니다.

　잠수종에는 지상과 연결하는 끈이 있습니다. 잠수종으로 물건을 전달하기 위해 풍선에 물건을 매달아 바닷속에 넣었습니다. 그런데 물건을 매단 풍선과 바닷물의 비중이 같아서 뜨지도 가라앉지도 않습니다.

　잠수종에 있는 사람이 줄을 아래로 끌어 내리면 어떻게 될까요?

　반대의 경우도 생각해보겠습니다. 하늘에 열기구가 떠있습니다. 열기구에는 지상과 연결된 끈이 달려 있습니다. 풍선에 헬륨을 채운 후 물건을 매달아 공중에 뜨기 직전의 상태로 땅 위에 둔 후 이 끈에 매답니다.

　열기구에서 이 물건을 끌어올리면 어떻게 될까요?

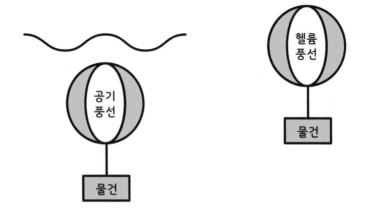

(가) 공기풍선은 **1.** 올라간다.   **2.** 내려간다.   **3.** 그대로다.

(나) 헬륨풍선은 **1.** 올라간다.   **2.** 내려간다.   **3.** 그대로다.

기체는 압력과 온도에 따라 밀도가 변합니다. 기구의 경우 공기를 데워 대기 중 공기보다 밀도를 가볍게 해서 공중으로 떠오를 수 있습니다. 그래서 기체의 부력을 계산할 때는 액체나 고체와 달리 압력과 온도를 고려해야 합니다(압력과 온도에 따른 기체의 부피변화는 4파트 '기체의 성질'에서 다룹니다).

공기풍선의 경우를 생각해보겠습니다. 물은 아래로 내려갈수록 수압이 커집니다. 그리고 기체는 압력에 의해 부피가 줄어듭니다. 때문에 바닷물 속의 풍선은 가라앉으면서 수압에 의해 부피가 줄어듭니다. 즉 밀도가 점점 커지게 되고 물보다 비중이 높아지면서 바닥까지 가라앉게 됩니다.

만약 풍선이 아닌 밀폐된 단단한 케이스에 기체가 들어있다면 부피가 그대로이기 때문에 가라앉지 않습니다. 루이비통의 캐리어는 선박 침몰 사고 때 구명용으로 사용할 수 있도록 공기가 새어나가지 않게 설계되어 있다고 합니다.

헬륨풍선의 경우는 조금 다릅니다. 공기는 위로 올라갈수록 희박해지기 때문에 압력이 줄어듭니다. 때문에 헬륨풍선의 부피가 늘어납니다. 하지만 위로 올라갈수록 대기 중 공기의 밀도 역시 줄어들기 때문에 풍선 속의 헬륨이나 풍선 밖의 공기나 비중의 비율은 달라지지 않습니다. 때문에 뜨지도 내려앉지도 않고 그 자리에 그대로 있게 됩니다.

헬륨이 아닌 열기구라면 어떻게 될까요? 지속적으로 계속 데우지 않는 한 기구 내의 공기가 식을 수밖에 없으므로 천천히 하강하게 됩니다.

공기 중에서 떠오르는 힘은 양력이 아니라 부력입니다. 양력[lift]이란 유체의 흐름 방향에 대해 수직으로 작용하는 힘입니다.

밀도 차이에 의하여 생기는 부력은 가만히 있어도 생기지만, 양력은 물체나 유체 중 하나가 움직여야 생깁니다.

물체가 움직이지 않을 때는 모든 방향에 대해서 일정한 압력을 받지만 움직이면서 한쪽 방향의 압력이 높아지거나 낮아지면 압력이 낮은 쪽 방향으로 밀리는 힘이 발생하는데 이것이 양력입니다. 기구는 부력으로 뜨는 것이고 비행기는 양력으로 뜨는 것입니다.

문제 10. 부력의 중심과 안정성

<기동전사 건담> 시리즈에 등장하는 모빌슈트인 건탱크는 현실에서는 아무 쓸모가 없습니다. 만드는 것은 가능하지만 정작 건탱크를 운용하면 포를 쏘거나 기동할 때 무조건 전복합니다. 무게중심이 너무 높아서 불안정하기 때문입니다. 현대전에 사용되는 전차들이 한결같이 납작한 이유도 마찬가지입니다. 오뚝이처럼 무게중심이 낮아야지만 전복을 피할 수 있습니다.

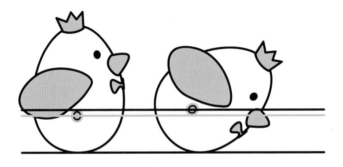

그런데 물속에서는 어떨까요?

다음과 같이 물에 떠 있는 물체가 있습니다. (가)와 (나) 중 어느 쪽이 전복할 위험이 클까요?

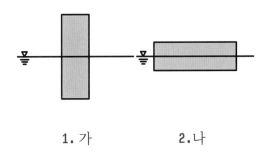

1. 가   **2.** 나

중력은 공간에 분포된 물체의 모든 지점에 작용합니다. 이 중력들을 다 더하면 중력 전체가 한 위치에 작용하는 것처럼 됩니다. 이 위치를 무게중심 또는 중력중심이라고 합니다.

물속에서는 무게중심뿐 아니라 부력중심이라는 것도 있습니다. 부력중심은 물체가 물을 밀어낸 부분에 다른 물체가 있다고 생각했을 때 그 물체의 무게중심과 일치합니다. 때문에 물에 잠긴 부분의 형상에 따라 변합니다.

(가)와 (나)가 각각 외부의 힘에 의해 오른쪽으로 기울어진다고 가정하겠습니다.

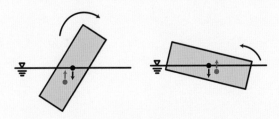

검은 점이 무게중심, 녹색 점이 부력중심입니다.

(가)의 경우에는 부력중심이 이동하는 정도가 작기 때문에 무게중심이 부력중심보다 더 오른쪽에 자리잡습니다. 결국 기울어진 오른쪽은 중력에 의해 아래로 내려가려고 하고 반대쪽인 왼쪽은 부력에 의해 위로 올라가려고 합니다. 결국 (나)는 기울어진 방향과 같은 방향으로 회전하는 힘을 받아 더 기울어지다가 전복됩니다.

(나)의 무게중심의 위치는 변하지 않지만, 물에 잠긴 부분의 형상이 변하면서 부력중심은 오른쪽으로 이동합니다. 때문에 기울어진 오른쪽은 위로 미는 부력에 의해 위로 올라가려고 하고, 반대쪽인 왼쪽은 중력에 의해 아래로 내려가려고 합니다. 그 결과 원상태로 돌아가려고 하는 복원력이 생깁니다.

다음처럼 생긴 빙산의 경우는 무게중심이 부력중심보다 낮아서 전복되지 않습니다. 억지로 전복시켜도 오뚝이처럼 다시 회복합니다.

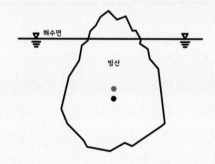

검은 점이 무게중심, 녹색 점이 부력중심입니다.

선박은 스스로를 안정시키기 위해 선박의 바닥에 바닷물을 담아 무게중심을 낮추는 방법을 사용합니다.

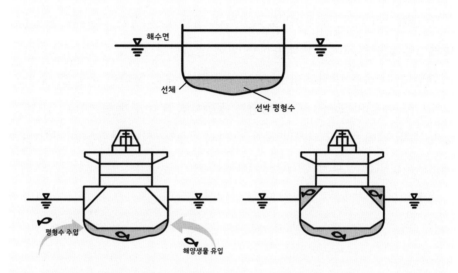

이때 담는 바닷물을 '선박 평형수ballast water'라고 합니다. 그리고 이 '선박 평형

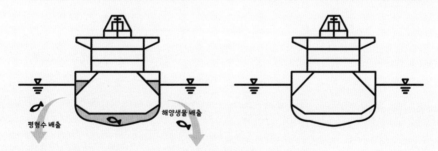

수'를 담은 탱크를 '밸러스트 탱크ballast tank'라고 합니다.

7
힘의 평형

한 물체 A가 다른 물체 B에게 작용하는 힘이 있을 경우, 그 다른 물체 B도 물체 A에게 같은 크기로 반작용하는 힘이 생깁니다.

그런데 이 작용 반작용의 힘의 방향을 정반대로 한다면 어떻게 될까요? 그러니까 두 힘이 크기는 같고 방향이 정반대라면 어떻게 될까요?

두 힘의 합력은 0이 되기 때문에 현재의 운동에 전혀 영향을 미치지 못하게 됩니다. 이를 힘의 평형이라고 합니다.

작용-반작용과 힘의 평형에 대해 알아보겠습니다.

문제1. 질량이 다른 두 물체 사이의 힘은 차이가 날까?

같은 모양, 같은 무게의 쇠막대기가 2개 있습니다. 하나는 쇠막대기이고 하나는 자석입니다. 다른 도구를 사용하지 않고 어느 쪽이 자석인지 구별할 수 있을까요?

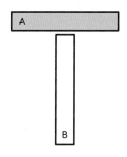

다음처럼 하면 구별할 수 있습니다.
두 쇠막대기가 붙는다면 B가 자석이고,
붙지 않는다면 A가 자석입니다.
그런데 막대기가 아니라 공 모양이면 어떨까요?

다음 그림의 공 중 하나는 자석이고 하나는 쇠공입니다. 둘의 무게는 다릅니다. 둘의 사이는 자력으로 끌어당길 수 있을 정도로 가깝습니다. 어느 쪽이 움직일까요?

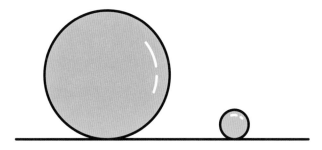

1. 자석공이 많이 움직인다.

2. 쇠공이 많이 움직인다.

3. 무거운 쪽이 많이 움직인다.

4. 가벼운 쪽이 많이 움직인다.

움직임으로 자석 공과 쇠공을 구별할 수 없습니다. 왜냐하면 어느 한쪽에서 힘이 작용하더라도 양쪽이 받는 힘은 똑같기 때문입니다. 두 공에는 같은 힘이 가해집니다. 그럴 경우 무거운 쪽이 가속도가 느립니다. 때문에 무거운 쪽은 천천히, 가벼운 쪽은 빠르게 움직입니다. 당연히 빠르게 움직인 쪽이 더욱 많이 움직입니다.

빙판 위에서 무거운 사람과 가벼운 사람이 서로 미는 실험을 해보면 알 수 있습니다. 서로 밀었을 때 가벼운 사람이 더 많이 움직이게 됩니다.

그렇다면 우리가 힘껏 위로 점프하면 지구도 반대 방향으로 밀릴까요?

바로 다음 문제에 답이 있습니다.

문제 2. 사과는 지구를 끌어당길까?

컴퓨터의 아버지라는 튜링Alan Turing은 독일군의 에니그마enigma 암호를 해독함으로써 제2차 세계대전을 끝내는 데 커다란 공헌을 한 인물이기도 합니다. 하지만 동성애자라는 이유로 범죄자 취급을 받습니다(당시 영국은 동성애가 금지였습니다). 튜링은 이 때문에 괴로워하다가 우울증에 빠져 자신이 좋아하던 백설공주 이야기처럼 사과에다 독약을 주사한 뒤 이를 먹고 자살합니다.

애플Apple사의 한 입 베어먹은 사과가 튜링의 독사과라는 이야기가 있습니다마는 그 소문은 사실무근입니다. 사과를 버찌로 착각할까봐 한 입 베어문 모습으로 만들었다고 합니다. 인류 역사에는 언급한 사과 외에도 다음과 같은 유명한 사과가 여럿 있으니 어떤 유래가 있는지 한번 찾아보시는 것도 좋을 듯합니다.

- 아담과 하와의 사과(성경에는 사과라는 기록이 없긴 합니다)
- 파리스의 황금 사과
- 뉴턴의 사과
- 폴 세잔의 사과
- 백설공주의 사과

여기서는 뉴턴의 사과 이야기를 해보겠습니다. 흑사병(페스트)이 런던에까지 퍼지자 뉴턴은 고향으로 피난을 떠납니다. 오랜만에 휴식을 가지게 된 뉴턴은 한적하게 산책을 하며 시간을 보냈고 산책 중에 우연히 사과가 떨어지는 것을 보고 만유인력의 법칙을 발견했다고 프랑스의 계몽가 볼테르 Voltaire는 주장합니다.

이야기의 진위는 제쳐두고 떨어지는 사과에 초점을 맞추어보겠습니다. 만유인력이란 '서로를 끌어당기는 힘'이라는 의미입니다.

서로를 끌어당기는 힘이라면 사과도 지구를 끌어당기고 있는 것일까요?

1. 그렇다. 사과도 지구를 끌어당기고 있다.
2. 아니다. 무게 차이가 너무 나기 때문에 지구만 사과를 끌어당긴다.

물론 무게 차이가 있어서 그 가속도는 서로 다릅니다. 예컨대 롤러스케이트를 신은 두 명이 줄다리기를 하는 상황을 생각해보죠. 한 명은 100kg이고 다른 한 명은 50kg입니다. 어느 쪽이 끌려올까요?

둘 다 중앙으로 끌려옵니다. 다만 100kg인 사람이 1m/s²의 가속도로 끌려올 때 50kg인 사람은 2m/s²의 가속도로 끌려오게 됩니다. 여기서 착각하면 안 되는 것은 속도의 차이가 두 배가 아니라 가속도의 차이가 두 배라는 것입니다. 물론 서로가 같은 시간 동안 가속(예를 들어 10초)한다면 최종속도의 차이가 두 배(10m/s와 20m/s)가 되니 속도의 차이가 두 배라고 해도 틀린 것은 아닙니다.

사과와 지구도 마찬가지입니다. 지구의 질량은 5.972 × 10²⁴kg입니다. 만약 1kg인 사과(무지무지 무거운 사과입니다)가 지구로 떨어진다면 9.8m/s²의 가속도로 떨어집니다. 이 때 지구도 9.8/(5.972 × 10²⁴)m/s²의 가속도로 사과 쪽으로 이동합니다. 정말 미미하지만 서로 끌어당기고는 있는 것입니다.

그런데 만유인력은 떨어지는 물체에만 적용되는 것이 아닙니다. 진자운동이나 원운동에도 적용됩니다. 여러분 방의 시계추가 오른쪽으로 움직일 때 지구는 반대 방향인 왼쪽으로 움직입니다.

달이 지구 주위를 공전한다고 하지만 엄밀히 말하면 틀린 이야기입니다. 만유인력 때문에 달과 지구의 인력이 균형을 맞추는 질량중심에서 서로 마주보며 회전하고 있습니다(지구와 달의 질량중심은 지구 중심에서 4,700km 정도 떨어진 곳에 위치합니다).

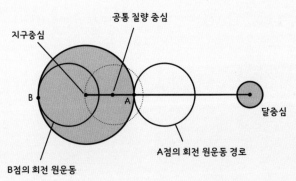

지구와 달의 경우는 질량중심이 지구 내부에 있기 때문에 크게 체감을 못 하지만 명왕성과 명왕성의 위성 카론Charon(카론의 질량은 명왕성의 11.6%)의 경우는 질량중심이 명왕성 외부에 있기 때문에 확실하게 관찰할 수 있습니다.

종종 뉴턴의 사과나무의 후손을 우리나라 어딘가에 심었다는 소식이 들려옵니다. 뉴턴 덕분에 이 사과나무는 후손들을 전 세계 곳곳에 번성할 수 있게 된 것이죠. 뉴턴이 다녔던 케임브리지대학교 트리니티 칼리지에는 뉴턴의 사과나무의 3대손이 심어져 있다고 합니다.

뉴턴이 정말 떨어지는 사과를 보고 만유인력을 떠올렸을까요? 이것은 과학사를 연구하는 사람들에게는 길고도 긴 논쟁거리 중 하나였습니다.

다행히 이 논쟁은 드디어 마무리된 것 같습니다. 뉴턴과 친하게 지냈던 영국의 과학자 윌리엄 스터클리^{William Stukeley}가 쓴 『아이작 뉴턴경의 삶에 대한 회고록』이 최근 영국왕립학회를 통해 공개됐는데, 1726년 봄에 두 사람이 나눈 대화에 이 사과 이야기가 나옵니다. 사과나무 아래에서 차를 마시던 뉴턴은, 스터클리에게 사과나무 아래에서 왜 사과가 옆이나 위가 아닌 아래로 떨어지는지에 대한 궁금증이 중력에 대한 생각으로 이어졌다고 말했다고 합니다.

문제 3. 작용과 반작용이 같은 장소에서 일어난다면?

책 『허풍선이 남작의 모험』의 주인공인 뮌히하우젠 남작은 실존인물입니다. 히에로니무스 카를 프리드리히 프라이헤르 폰 뮌히하우젠 남작^{Hieronymus Carl Friedrich Freiherr von Münchhausen}은 젊은 시절 러시아 제국, 오스만 튀르크, 아시아 등을 돌아다니며 사냥, 모험, 전쟁 등을 하였고 이를 과장해서 친구들에게 말했는데 이것을 엮은 것이 『허풍선이 남작의 모험』입니다.

1951년에 미국의 정신과 의사인 리처드 애셔^{Richard Asher}는 남들의 관심을 끌기 위해서 꾀병을 부리거나 자해를 하는 것을 뮌히하우젠 남작의 이름을 따서 뮌히하우젠 증후군이라 이름 붙였습니다. 하지만 뮌히하우젠 남작은 그저 허풍이 심한 사람이지 뮌히하우젠 증후군은 절대로 아닙니다. 남작의 입장에서는 정말로 억울할 것 같습니다.

『허풍선이 남작의 모험』은 어른들이 읽어보아도 무척 재미있습니다. 물론 물리적으로 전혀 불가능한 이야기가 대부분이지요. 그중에 기억에 남는 이야기는 콧김으로 풍차를 돌리는 구스타프스의 이야기입니다.

뮌히하우젠 남작이 술탄의 오해로 터키에서 도망을 치게 되는데, 돛단배가 움직이지 않자 배에 타고 있던 구스타프스가 돛에다가 바람을 불어 배를 움직인다는 일화입니다. 그리고 이 일화는 작용과 반작용을 설명할 때 항상 나오는 고전적인 문제입니다.

우리의 문제에서는 구스타프스 대신 선풍기를 이용하겠습니다.

선풍기를 배의 바깥쪽에 놓고 돛단배에 바람을 보냈다고 하겠습니다. 돛은 바람을 받았기 때문에 배는 왼쪽으로 움직입니다. 반대로 배에 선풍기만 싣고 바람을 보냈다고 하겠습니다. 그러면 선풍기가 왼쪽으로 바람을 보내기 때문에 그 반작용으로 배는 오른쪽으로 움직입니다(호버크래프트는 이 방식으로 운행합니다).

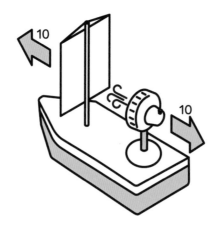

작용과 반작용은 힘은 같고 방향만 반대입니다. 때문에 고전적인 설명에서는 배가 움직이지 않습니다(이번 장의 1번 문제 '질량이 다른 두 물체 사이의 힘은 차이가 나는가?' 참고).

그렇다면 실제로 실험해도 같은 결과를 얻을 수 있을까요?

1. 움직이지 않는다.

2. 돛 쪽으로 움직인다.

3. 선풍기 쪽으로 움직인다.

실제로 실험해 보면 당혹스럽게도 돛 쪽으로 움직입니다. 아마도 선풍기가 돛 쪽으로 바람을 보내면 선풍기 주위의 공기가 함께 움직여 돛에 더 큰 힘을 주기 때문이 아닌가 추측됩니다. 돛의 입장에서는 선풍기 바람이냐 자연 바람이냐에 차이를 두지 않으니까요. 만약 돛이 크다거나 아니면 모양이 다르면 결과가 달라질 수도 있습니다.

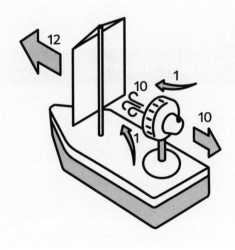

'질량이 다른 두 물체 사이의 힘은 차이가 나는가?'의 설명과 달라진 이유는 이 실험이 닫힌 계가 아니기 때문입니다. 닫힌계※는 외부와 물질의 소통이 없는 물리적 계를 가리키는 용어입니다.

위의 경우 외부로부터 공기가 유입되는 열린계이기 때문에 움직일 수 있습니다.

만약, 바람과 같은 외부 요인으로부터 차단할 수 있는 뚜껑을 씌운다면 외부공기가 유입되지 않기 때문에 움직이지 않을 것입니다.

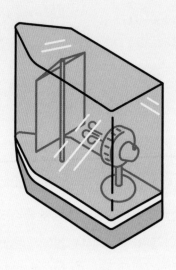

문제 4. 작용과 반작용의 위력은 똑같을까?

총은 화약의 힘으로 총알을 발사시키는 무기입니다. 탄약은 충격을 받으면 폭발하도록 되어 있지만 열에 의해 폭발할 수도 있으니 취급에 주의해야 합니다. 그럼에도 불구하고 다음과 같은 어처구니 없는 사고가 발생하기도 합니다.

철수는 육군 훈련소에서 한창 사격 훈련을 받고 있습니다. 마침 겨울이라 훈련병들의 몸을 녹이기 위해 훈련소 한 곳에 모닥불을 피워 놓았습니다. 휴식 시간에 철수는 모닥불을 쬐고 있습니다.

그런데 잠시 후 '탕' 소리와 함께 총알이 튀더니 불을 쬐고 있던 철수가 총알에 맞았습니다. 하필이면 모닥불 아래에는 불발탄이 있었는데 모닥불의 열기에 탄약 속의 장약이 폭발한 것입니다.

철수는 어떻게 되었을까요?

1. 죽거나 치명상을 입었다.
2. 총알은 치명상을 입히지 못하지만 오히려 탄피가 치명상을 입힐 수 있다.
3. 아프기는 하지만 치명상은 아니다.
4. 총알이 불에 녹아버리기 때문에 애초에 맞지를 않는다.

총알의 위력은 대단합니다. 대한민국 국군이 사용하는 5.56mm 소총탄은 350m에서 10mm 두께의 강판을 관통시킬 수 있습니다.

하지만 수 미터 밖에서 총알에 맞은 철수는 아프기는 하지만 치명상을 입지는 않았습니다. 탄피 속의 장약이 터지는 순간 힘이 사방으로 퍼지기 때문에 총알이 큰 위력을 가지지 못했기 때문입니다.

수류탄을 예로 들겠습니다. 수류탄은 내부에 가득 채운 장약이 폭발하면서 외부를 둘러싼 파편들을 날려 공격하는 무기입니다. 그런데 장약의 양이 탄약에 비해 훨씬 많은데도 불구하고 세열수류탄의 경우 살상 반경이 15m밖에 되지 않습니다. 폭발하는 힘이 한 곳으로 집중되지 않아서입니다.

총열*이 없다면 장약은 총알을 미는 데 온전히 힘을 사용하지 못합니다. 총에 총열이 있고 총알과 총열 사이에 틈이 없도록 하는 것은 장약의 힘이 온전히 총알을 추진시키도록 하기 위함입니다.

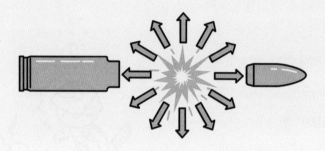

---

* 총의 주요 부품 중 하나로 격발된 탄환이 지나가는 길다란 철관

4

기체의
성질

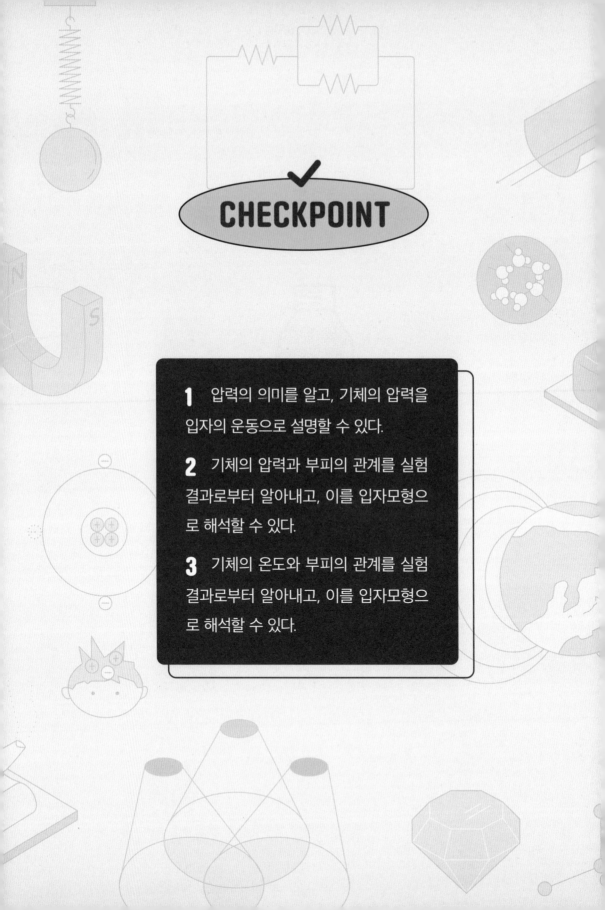

✓ CHECKPOINT

1 압력의 의미를 알고, 기체의 압력을 입자의 운동으로 설명할 수 있다.

2 기체의 압력과 부피의 관계를 실험 결과로부터 알아내고, 이를 입자모형으로 해석할 수 있다.

3 기체의 온도와 부피의 관계를 실험 결과로부터 알아내고, 이를 입자모형으로 해석할 수 있다.

1
기체의 압력

압력은 단위면적당 수직으로 미치는 '힘'을 말합니다.

$$p=F/A$$
(p는 압력, F는 수직 방향으로 작용하는 힘의 크기, A는 면적)

'무게'가 무겁더라도 면적이 넓으면 압력은 크지 않습니다. 호수에 살얼음이 얼었을 때 그 위를 걷다보면 얼음이 깨져 물에 빠질 수 있습니다. 사람의 체중이 모두 발바닥 면적에 모여 압력이 커지기 때문입니다.

물에 빠진 사람을 살리겠다고 허겁지겁 뛰면 얼음이 깨지면서 자신도 빠지게 됩니다. 반드시 몸을 눕혀 얼음판에 닿는 면적을 넓게한 뒤 천천히 기어가서 구조해야 합니다. 구조 받는 사람도 일어서려 하지 말고 몸을 옆으로 굴려 얼음판을 빠져 나와야 합니다.

지구 표면에 있는 고체나 액체, 기체는 중력에 의해 지구 표면에 압력을 줍니다. 고체의 경우 압력은 중력 방향으로 접촉한 부분에만 작용합니다. 액체의 경우 용기에 담았을 경우 압력은 중력 반대 방향을 제외한 모든 방향으로 작용합니다. 그리고 깊이가 깊어질수록 압력도 증가합니다. 이 때문에 댐의 경우 수압에 의한 붕괴를 방지하고자 아래로 갈수록 벽의 두께가 두꺼워집니다. 수압은 특이하게도 물의 전체 무게와 상관없이 오로지 수심에 따라 결정됩니다.

기체의 경우도 지구 표면에서는 중력에 의해 지구 표면을 누르는 압력이 생깁니다. 이를 대기압이라고 합니다. 높은 곳으로 올라갈수록 공기의 양이 적어지므로 대기압도 점점 작아집니다.

압력을 나타내는 단위는 다양합니다. 몇 가지만 알아보자면 다음과 같습니다.

- **atm**(기압)^{standard atmosphere}: 해수면 근처에서 잰 대기압을 1로 하는 압력의 단위로, 기상학에서 주로 사용한다.

- **mmHg**(수은주 밀리미터): Torr라고도 하며, 토리첼리 ^{Evangelista Torricelli} 의 실험에 등장하는 단위(토리첼리의 실험은 문제 해설에서 다룹니다)로, 1atm(기압) = 760mmHg = 760Torr 이다.

- **Pa**(파스칼)^{Pascal} : 프랑스의 과학자이며 철학자인 블레즈 파스칼 ^{Blaise Pascal} 의 이름에서 따온 단위로, 1뉴턴(N)의 힘이 1제곱미터에 미치는 경우의 압력. 즉, $1Pa=1N/m^2$ 이다. 100Pa는 1hPa(헥토파스칼)이다.

문제1. 몽둥이 vs. 칼 vs. 창

'가장 나쁜 평화도 가장 좋은 전쟁보다는 좋다'는 말이 있습니다. 전쟁을 통해 수많은 사람들이 목숨을 잃고 엄청난 재산 피해가 발생하는 것을 보면 정말로 구구절절 옳은 말이 아닐 수 없습니다. 그러나 인류의 문명은 전쟁을 통해서 발달해왔습니다. 물리학 또한 전쟁에 사용될 무기를 만드는 과정에서 크게 발달했습니다.

1968년 영화 <2001 스페이스 오디세이>의 도입부는 다음과 같습니다. 아직 유인원의 형태였던 초기 인류 중 한 명(혹은 한 마리)이 어느 날 나타난 모노리스Monolith라는 신비한 물체로 인해 도구(뼈)를 집어 듭니다. 처음에는 뼈를 사용하여 동물의 뼈다귀를 때려 부수다가 나중에는 뼈를 무기로 이용해 다른 원시인을 때려 죽입니다. 원시인은 도구(뼈)를 하늘 높이 던지는데 이때 장면이 전환되면서 뼈처럼 길쭉하고 하얀 우주선이 나타납니다.

인류의 문명은 도구의 사용으로 나타났으며, 도구는 무기로 이용되었고, 최첨단의 우주선조차도 사실 무기와 다름없다는 씁쓸한 도입부입니다.

씁쓸하지만 무기를 소재로 한 문제를 내보겠습니다.

같은 무게, 같은 재료, 같은 길이의 몽둥이와 칼, 창을 동일한 사람이 같은 속도로 휘두른다면 가장 위력이 강한 무기는 어느 것일까요?

1. 몽둥이
2. 칼
3. 창
4. 셋 다 같다.

세 무기가 사람의 몸에 닿았을 때 미치는 압력을 비교해보겠습니다.

몽둥이의 직경은 5cm이고, 칼날 끝의 폭은 0.1mm, 창날 끝의 직경도 0.1mm 라고 하겠습니다.

압력은 단위면적당 수직으로 미치는 '힘'입니다. 같은 무게, 같은 재료, 같은 길이의 무기를 휘둘렀으니 '힘'은 같습니다. 하지만 세 무기가 사람의 몸과 닿는 면적은 다릅니다.

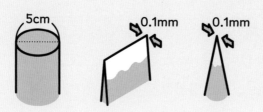

몽둥이는 면, 칼은 선, 창은 점이 몸에 접촉합니다. 당연히 창의 접촉 면적이 가장 작으니 압력도 가장 높습니다.

실제로도 화기火器가 발명되기 전 전투에서 병사들이 가장 보편적으로 사용하던 무기는 동서양을 막론하고 창이었습니다. 고대 그리스의 보병이 2.5m가량의 창을 들고 싸운 데 반해 마케도니아의 필리포스 2세는 6.5m 정도의 긴 창을 사용하는 보병부대를 만들어 전 그리스를 정복하였고, 아들인 알렉산드로스는 페르시아 제국까지도 정복합니다.

문제 2. 지표면에서 공기의 무게는?

초롱아귀는 수심 800m 이상의 깊은 곳에서만 서식하는 물고기입니다. 이곳의 수압은 무려 80기압입니다.

하지만 초롱아귀가 수압 때문에 짜부러드는 일은 없습니다. 몸안에 물을 채워 외부의 높은 압력을 버티게 하는 구조이기 때문입니다. 아마 초롱아귀에게 수압이 느껴지냐고 물으면 오히려 '수압'이 뭐냐고 반문할지도 모르겠습니다.

사람도 마찬가지입니다. 1기압에 적응했기 때문에 평소에는 기압을 느끼지 못합니다. 기압이 낮은 높은 산에 올라가면 귀가 울리거나 메스꺼움 등이 일어나면서 비로소 기압을 느끼게 됩니다.

수압은 물체 바로 위에 있는 물의 무게와 비례하고, 기압은 물체 바로 위에 있는 공기의 무게와 비례합니다.

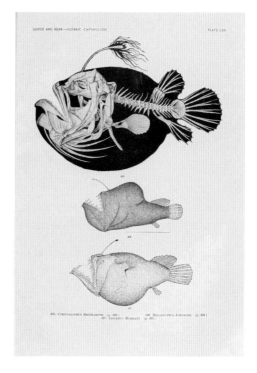

그렇다면 가로세로 10cm인 정사각형 색종이 바로 위 공기의 질량 총합은 얼마일까요?

1. 약 100g

2. 약 100kg

3. 구할 수는 있지만 고등 수학을 적용해야 하기 때문에 대답할 수 없다.

지구 표면 위에 있는 질량을 가진 물체는 중력이 작용합니다. 물체가 가진 중력은 지구 표면을 누르는 압력으로 작용합니다. 압력은 단위면적당 중력으로 나타냅니다.

공기도 질량을 가지고 있기 때문에 지구 표면을 누르는 압력이 있습니다. 공기가 지표면을 누르는 압력을 대기압이라 하고 지구의 평균 대기압은 약 10,330kgf/m³입니다. 1cm²의 면적이라면 위로 1.033kg의 공기가 누르고 있는 힘입니다.*

가로세로 10cm인 정사각형의 면적은 100cm²이므로 공기가 누르고 있는 힘(=공기의 무게의 총합)은 약 100kg입니다.

혹시 다음과 같은 반론이 있을 수도 있겠습니다. 공기 중에는 산소나 질소보다 비중이 가벼운 수소나 헬륨도 분명히 존재하는데 이 기체들은 가벼워서 위로 떠오르니 공기의 전체 무게 중 수소나 헬륨의 무게는 제외된 것이 아니냐는 반론입니다.

전혀 그렇지 않습니다. 다음과 같은 예를 들겠습니다. 기다란 실린더에 물과 기름을 넣고 흔든 후 가만히 놓아둡니다. 그러면 비중이 가벼운 기름은 물 위로 떠오릅니다. 이 실린더 속 액체의 무게는 당연히 물의 무게와 기름의 무게를 합친 것과 같습니다. 마찬가지로 공기 속 기체도 비중과 관계없이 전체 무게에 더해집니다.

참고로 대기권에 존재하는 공기의 99%는 해발고도 30km 이하에 있으며, 5,550m마다 기압이 반으로 줄어듭니다. 그러면 11,100m에서의 기압은 0일까요? 아닙니다. 절반에서 다시 절반이 줄었으니 1/4기압입니다.

------

* 정확하게는 1,000km 높이(대기권)로 쌓인 공기의 무게가 누르는 압력이 대기압입니다. 1kgf는 9.8N이니 1기압은 1013.25hPa입니다.

기압을 실험을 통해 구해보겠습니다. 위의 문제에서 제대로 기압을 구하려면 색종이 위의 공기를 모두 모아야 합니다. 하지만 이런 방식은 불가능에 가까우니 발상을 전환해보겠습니다.

종이팩에 담긴 주스를 빨대를 이용해 쭉 빨아들이면 종이팩 속은 진공이 되고 주위의 기압 때문에 찌그러집니다. 즉 어떤 물체의 속을 진공으로 만들면 그 물체가 받고 있던 기압이 어느 정도인지 알 수 있습니다.

지표에 물을 가득 채운 물통을 준비하고 그 속에 색종이 넓이의 단면적을 가진 시험관을 세웁니다(시험관의 길이는 대기권 바깥까지 나가야 합니다). 그리고 시험관을 진공으로 만들면 시험관 내부와 외부의 기압 차이로 인해 물이 빨려들어갑니다. 빨려들어간 물의 무게만큼이 색종이 면적 위의 공기의 무게가 됩니다.

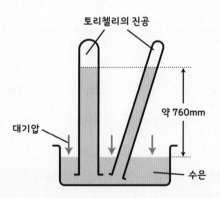

만약 실제로 이 실험을 해본다면 시험관의 단면적에 관계없이 1,033cm 정도까지 물이 밀려 올라갑니다. 1cm²의 면적에 약 1.033kg입니다. 그래서 이 실험은 시험관 길이가 11m 이상이어야 할 수 있습니다. 하지만 11m 짜리 시험관을 구하기는 매우 힘들 것 같습니다.

압력의 단위 설명에서 잠시 등장했던 이탈리아의 물리학자이자 수학자 토리첼리는 이러한 한계를 극복하기 위해 물 대신 수은을 이용하고, 수은을 가득 채운 시험관을 거꾸로 세운 후 수은이 내려가도록 해서 시험관 끝에 진공이 생기도록 합니다. 실험 결과 수은 기둥의 높이는 760mm정도입니다(시험관을 기울여도 높이는 변함이 없습니다). 수은의 비중은 13.6이니 대략 1cm²의 면적에 약 1.033kg입니다.

토리첼리의 실험으로 수은주 밀리미터^{mmHg}라는 단위와 토리첼리의 이름에서 따온 토르^{Torr}라는 단위가 나왔습니다. 앞서 보았듯 1atm(기압) = 760mmHg입니다. 1Torr는 수은 기둥을 1mm 올릴 수 있는 압력의 크기로 정합니다.

문제 3. 물속에서 공기의 무게는?

수압이란 물이 물속에 있는 사물을 누르는 힘입니다. 일반적으로 수심이 깊을수록 그에 비례하여 수압도 강해집니다. 수심이 깊으면 위에 더 많은 양의 물이 있다는 것이니까요.

1기압은 약 1,033gf/cm²입니다. 즉 1cm²의 면적 위로 1,033g의 공기가 누르고 있는 힘입니다. 물 1,033g의 부피는 1,033cm³입니다. 가로세로가 1cm²일 때 높이가 1,033cm이면 부피가 1,033cm³입니다. 때문에 1,033cm, 즉, 약 10m씩 수심이 증가하면 1기압씩 높아집니다.

수압은 상상 외로 강하기 때문에 일반적인 잠수함이라면 해저 500m가 한계입니다. 더 깊이 들어가면 종이장처럼 찌그러집니다.

그런데 수압은 수심에만 영향을 받는 것일까요?

다음과 같은 웅덩이에 물을 가득 채웁니다. 물의 양은 왼쪽 웅덩이가 가장 적고 오른쪽 웅덩이가 가장 많습니다. 각각 밑바닥까지의 수심은 10m로 같습니다.

이 세 웅덩이의 바닥에 같은 크기, 같은 모양의 물건이 놓여있다고 할 때

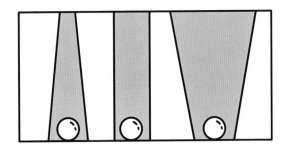

가장 높은 수압을 받는 물건은 어느 것일까요?

1. 왼쪽

2. 중간

3. 오른쪽

4. 셋 다 같다.

　　오른쪽의 웅덩이에 가장 많은 양의 물이 들어 있으니 무게도 가장 무겁습니다. 게다가 깔대기 모양으로 되어 있어 모든 무게가 바닥에 놓인 물체에 집중됩니다. 때문에 오른쪽이 가장 많은 수압을 받을 것 같지만 실제로는 셋 모두 같은 수압 입니다. 다음 그림을 보시기 바랍니다.

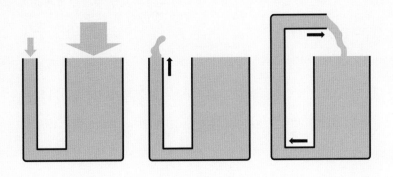

통에다가 관을 연결하였습니다. 만약 통의 수압이 관 입구의 수압보다 높다면 물은 압력이 낮은 관으로 이동하고 입구에서 공중으로 물이 솟아오를 것입니다. 다시 왼쪽 그림처럼 관을 연결하면 물은 영원히 흐르게 됩니다. 하지만 실제로 그런 일은 일어나지 않습니다. 수압은 오로지 수심에 따라 달라지기 때문입니다.

기체의 경우는 어떨까요? 기체와 액체는 물리학에서 유체流體, fluid라고 합니다. 유체란 아무리 약한 힘이라도 가해지면 형태가 변형되는 물질을 말합니다. 액체와 마찬가지로 유체인 기체에서도 똑같은 현상이 일어납니다.

과학노트

유체의 반대 개념은 강체rigid body입니다. 강체란 어떠한 힘을 받아도 변형이 일어나지 않는 물체입니다.

유체와 다르게 강체는 현실에 존재하지 않습니다. 아무리 단단한 고체라고 하더라도 물체의 구성입자는 제자리에서 미세하게 끊임없이 진동하고 있기 때문입니다. 그렇다면 현실에서 존재하지 않는 강체는 물리학에 도대체 무슨 쓸모가 있는 것일까요?

물체가 강체일 경우 물체의 운동은 매우 단순하고 쉽게 계산이 가능합니다. 때문에 물체의 변형이 작아 무시할 수 있을 정도라면, 강체라는 개념은 무척이나 유용하게 쓰입니다. 이 책에서 설명하는 물체의 운동은 모두 물체를 강체라 가정하고 설명하는 것입니다.

이에 반해 유체의 운동은 설명하기가 매우 곤란합니다. 유체의 운동을 설명하는 나비에-스토크스 방정식의 해가 존재하는지는 21세기에도 풀리지 않은 수학의 난제 중 하나입니다. 그래서인지 중학교 과정에서는 유체역학을 다루지 않습니다.

덧붙이자면 '나비에-스토크스 방정식의 해의 존재 증명'은 밀레니엄 7대 문제 중 하나입니다. 밀레니엄 7대 문제는 밀리언 달러(100만 달러)의 상금이 걸려있습니다. 그리고리 페렐만$^{Grigori\ Perelman}$이 그중 하나인 '푸앵카레 정리$^{Poincare\ theorem}$'를 풀었으니 이제 6개 남았습니다. 밀레니엄 문제를 푸시고 밀리언 달러를 받으시기 바랍니다.

문제 4. 마그데부르크 반구의 무게

진공은 실생활에서 유용하게 사용됩니다. 벽에 물건을 붙이는 데 사용하는 흡착판이 대표적인 예입니다. 집을 깔끔하게 청소할 때 필요한 진공 청소기도 진공을 이용한 물건입니다.

그런데 진공이 낼 수 있는 힘은 얼마나 될까요? 독일의 유서 깊은 도시인 마그데부르크^{Magdeburg}시의 시장이었던 오토 폰 게리케$^{Otto-von-Guericke}$는 진공이 어느 정도의 힘을 낼 수 있는지에 대해 연구했습니다. 그는 1654년 지름 50cm의 구리 반구 두 개의 가장자리를 개스킷^{gasket}과 기름으로 밀봉하고, 자신이 직접 개발한 진공펌프를 연결해 구의 내부를 진공상태로 만든 후 이 반구를 뗄 때 얼마만큼의 힘이 필요한지를 실험합니다.

실험 결과 양쪽에서 각각 8마리씩 총 16마리의 말을 이용해서 간신히 반구를 뗄 수 있었다고 합니다.

만약 공기를 뺀 반구와 공기를 빼지 않은 반구의 무게를 잰다면 어느 쪽이 더 무거울까요?

1. 진공인 반구

2. 공기가 들어있는 반구

3. 둘 다 같은 무게이다.

공기도 엄연히 질량을 가지고 있으니 공기가 들어간 반구가 더 무겁습니다. 심지어 진공인 반구는 반구의 무게보다도 조금 적게 무게가 나갑니다.

이해가 되지 않는다면 물로 속을 채운 반구와 공기로 속을 채운 반구를 물속에서 저울로 재어보는 경우를 생각하면 됩니다.

공기로 속을 채운 반구는 크기에 따라서는 오히려 부력 때문에 물 위로 뜰 수도 있습니다. 공기의 밀도는 물의 밀도보다 매우 가볍기 때문입니다. 마치 공기보다 가벼운 헬륨을 넣은 풍선이 하늘 위로 떠오르는 것과 같습니다. 진공의 밀도는 0이기 때문에 진공인 반구는 당연히 가볍습니다.

그렇다면 반대로 고압의 공기를 밀어넣은 반구는 어떻게 될까요? 짐작대로

1기압의 공기가 들어있는 반구보다 무겁습니다.

그리고 현대의 실생활에서도 우리는 대기압의 힘이 얼마나 큰지를 실험하고 있습니다. 목욕탕에 비누통이나 칫솔통을 걸 때 사용하는 진공흡착판이 바로 그 예입니다.

그런데 진공흡착판은 쉽게 미끄러집니다. 왜 그런 것일까요? 그것은 진공흡착판의 모양 때문입니다. 압력은 단위면적당 수직으로 미치는 힘입니다. 진공흡착판은 유리나 매끈한 벽에 납작하게 붙어있기 때문에 벽면에 수직인 방향으로 떼어내려면 큰 힘이 필요하지만 벽면에 수평인 방향으로는 압력이 작용하지 않아 쉽게 미끄러집니다.

문제 5. 주스 반, 공기 반

어느 더운 여름날입니다. 학교를 마치고 집으로 돌아오던 철수는 목이 말라서 근처의 편의점에서 컵에 담긴 음료수를 샀습니다. 그런데 같이 제공된 빨대가 작아서 한꺼번에 많이 마실 수가 없습니다. 답답해진 철수는 많이 마시려고 빨대를 하나 더 꽂았습니다. 그런데 실수로 그림처럼 빨대 하나는 꽂히지 않고 밖으로 빠져나왔습니다. 이것도 모른 채 철수는 다시 빨대를 빱니다. 철수는 음료수를 마실 수 있을까요?

1. 정상적으로 마실 수 있다.

2. 주스 반, 공기 반씩 마시게 된다.

3. 빨아들인 주스가 다른 빨대를 통해 밖으로 배출된다.

4. 아예 빨리지가 않는다.

음료수를 빨대로 빨 수 있는 것은 입 속의 압력이 외부의 압력보다 낮기 때문입니다. 그런데 빨대 하나가 밖으로 나와 있으면 외부의 공기가 입 속으로 들어가게 되고 입 속의 압력과 외부의 압력이 같아집니다. 때문에 빨아들일 수가 없습니다.

반대로 이 상태에서 빨대를 분다면 어떻게 될까요? 바깥으로 빠져나온 빨대로 공기가 대부분 빠져나가기 때문에 음료수로는 공기가 거의 들어가지 않습니다.

그런데 입 속의 압력을 낮추는 것은 어떤 장기의 작용일까요? 바로 허파의 작용입니다. 횡경막이 수축하고 갈비뼈가 움직여 가슴이 팽창하면 허파의 부피가 늘고 허파 내부의 압력이 낮아져 들숨이 되고 반대로 횡경막이 팽창하고 갈비뼈가 움직여 가슴이 수축하면 허파의 부피가 줄고 허파 내부의 압력이 높아져 들숨이 됩니다.

만약 사고로 허파 중 하나가 터져 버린다면 어떻게 될까요? 잘 생각해보면 이는 위 문제와 똑같은 상황입니다. 터져버린 허파로 공기가 들어와 기관지를 통해 다른 쪽 허파로 들어가기 때문에 압력의 변화가 일어나지 않아 전혀 숨을 쉴 수가 없습니다. 또한 숨을 쉴 수 없다 보니 목소리도 나오지 않습니다. 아주 빠르게 횡격막을 수축시키면 공기를 빨아들일 수도 있지만 보편적인 인간의 능력으로는 불가능합니다.

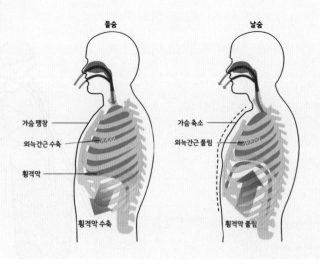

블록버스터나 첩보 영화를 보면 흔히 나오는 장면 중 하나가 비행기에 구멍이 나 탑승자들이 빨려나가는 장면입니다.

정말로 비행기에 구멍이 나면 사람이 빨려나가게 될까요?

1. 밖으로 빨려나간다.

2. 기압 차로 인해 폭발이 나서 사망한다.

3. 급격한 온도 차이로 동사한다.

4. 숨을 쉴 수 없어 질식사한다.

5. 귀가 아프고 춥기는 하지만 멀쩡하다.

비행 중인 비행기 내의 기압은 0.7~0.8기압 정도이며, 비행기가 운항하는 1만 m 상공의 기압은 0.2~0.3기압 정도입니다. 따라서 비행 중인 기내와 외부의 기압 차이는 0.5기압 정도밖에 되지 않으므로 작은 물건이라면 모를까 사람 정도의 무게를 가진 물체는 빨려나가지 않습니다. 실제로 실험해본 결과 유리창이 아니라 비상문이 열려도 사람이 빨려나가지 않았습니다.

영화 <토탈 리콜>의 마지막 장면을 보면 주인공들이 거주하는 화성 기지의 창이 깨지면서 거의 진공인 화성 표면으로 빨려나가고 진공 때문에 눈알이 튀어나오는 끔찍한 장면이 있습니다. 그렇다면 우주선에서의 인간은 어떨까요?

우주선 안의 기압과 진공은 1기압 차이입니다. 역시 이 정도로 빨려나가지는 않습니다. 1기압의 차이는 $1cm^2$에 약 1.03kg의 무게가 밖으로 가해지는 것과 같습니다. 이 정도의 무게로 인체가 터지지는 않습니다. 만약 이 정도의 힘으로 인체가 터진다면 부항도 사용 못 할 것입니다.

또한 온도가 급격히 내려가는 일도 없습니다. 앞서 보았듯 진공에서는 오히려 열이 빠져나가지 않습니다(때문에 보온병은 내부를 진공으로 만든다고 한 적 있습니다). 다만 호흡기가 진공에 노출되는 것은 피하는 편이 좋겠습니다. 혈액 속 기체들이 기화하여 뽑혀나가고 폐가 완전히 쪼그라들어 숨을 쉴 수 없게 되기 때문입니다(잠수병과 비슷한 경우입니다).

산소가 없는 혈액이 뇌에 도달하기까지 최대 15초의 시간 여유가 있다고 합니다. 때문에 비행기에 구멍이 나더라도 귀가 아프고 춥기는 하겠지만 멀쩡할 수 있을 것입니다. 설령 15초가 지나 산소 부족으로 기절했다 하더라도 1~2분 안에 압력을 복구하고 산소를 공급해 주면 회복할 수 있습니다.

과학노트

압력 차이로 인체가 폭발한 사고가 실제로 있었습니다.

노르웨이 북해에 설치된 시추장치인 바이포드 돌핀^{Byford Dolphin}에는 심해 작업을 하는 잠수부들을 위한 감압장치가 있습니다. 기압이 높은 심해에서 작업을 하고 나서 바로 1기압 상태로 돌아오면 몸 속의 기체가 기포로 변하여 혈관을 막게 됩니다(그 이유는 다음 장에 알려드리겠습니다). 이를 잠수병이라 하고 이를 방지하기 위해 천천히 압력을 낮추는 감압실에서 서서히 기압을 낮추는 것입니다(반대로 심해에서 작업을 할 때에도 몸속의 기압을 서서히 높인 후 들어갑니다).

그런데 바이포드 돌핀에서 어느 날 심해 작업을 위해 9기압까지 올려놓은 감압실의 문이 갑자기 열리는 사고가 일어납니다. 이 사고로 감압실 속의 잠수부들은 말 그대로 그 자리에서 폭발하며 사망합니다. 참으로 안타까운 일이 아닐 수 없습니다. 다시는 이런 일이 일어나지 않도록 항상 조심해야 하겠습니다.

2
기체의 압력과 온도, 부피와의 관계

공 속에 공기를 넣는다고 가정하면 공기를 구성하는 기체 입자는 공 속에서 모든 방향으로 운동하면서 공의 가죽에 충돌합니다. 이것이 기체의 압력으로 나타납니다. 또한 기체 입자는 모든 방향으로 운동하기 때문에 기체의 압력은 모든 방향으로 작용합니다.

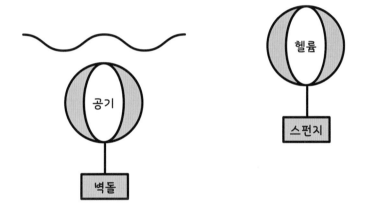

위의 그림은 3파트의 '부력'에서 나왔던 그림입니다. 공을 압력이 높은 바다 깊은 곳으로 가져간다면 부피는 줄어듭니다. 반대로 공을 압력이 낮은 공중으로 띄우면 부피는 늘어납니다.

잉글랜드의 과학자 로버트 보일Robert Boyle은 온도가 같을 때 기체의 압력과 부피의 곱이 항상 일정하다는 것을 발견합니다. 다른 말로 하자면 처음 상태와 최종 상태의 압력과 부피의 곱은 항상 동일합니다.

$$P_1V_1=P_2V_2$$

(P₁과 V₁는 처음 상태의 압력과 부피, P₂와 V₂는 최종 상태의 압력과 부피)

이 법칙은 보일의 이름을 따서 보일의 법칙이라 합니다.

그렇다면 기체의 부피와 온도와는 어떤 관계가 있을까요? 초등학교 과학 실험 중 풍선을 뜨거운 물에 집어넣는 실험이 있습니다. 뜨거운 물에 들어간 풍선은 부풀어 올라 부피가 커집니다.

이유는 기체는 온도가 올라가면 더욱 활발히 운동하기 때문입니다. 앞에서 기체의 운동은 압력을 만든다고 했습니다. 기체의 운동으로 늘어난 압력이 풍선의 안쪽 벽을 바깥으로 밀기 때문입니다.

1802년에 프랑스 화학자 조제프 루이 게이뤼삭Joseph Louis Gay-Lussac은 이 현상을 더욱 연구하여 '부피와 온도는 비례관계에 있다'는 것을 밝혀냅니다.

$$V_1T_2=V_2T_1$$

(V₁과 T₁는 처음 상태의 부피와 온도, V₂와 T₂는 최종 상태의 부피와 온도, 이때 T는 기체의 섭씨 온도에 273.15℃를 더한 값)

겸손했던 그는 1787년경에 작성된 자크 샤를Jacques Alexandre César Charles의 미발표 논문을 자신의 연구에 첨부하였고 샤를에게 이 법칙의 최초 발견자라는 영광을 돌립니다. 그래서 이 법칙은 샤를의 법칙이라 불립니다. 만약 위의 초등학교 과학 실험에서 풍선 대신 유리병을 이용한다면 어떻게 될까요? 부피가 늘어날 수 없으니 대신에 압력이 늘어납니다.

기체의 압력 법칙(보일의 법칙)과 기체의 온도 법칙(샤를의 법칙)을 합치면 보일-샤를의 법칙이 됩니다.

$$P_1V_1/T_1 = P_2V_2/T_2$$

(P=기체의 압력, V=부피, T=온도)

보일-샤를의 법칙에 따르면 PV/T는 일정합니다.

이 법칙 이외에 기체에 대한 중요한 법칙으로 아보가드로의 법칙 ^{Avogadro's law} 이 있습니다. 아보가드로의 법칙은 '온도와 압력이 일정하면 부피는 몰*수에 비례한다.'입니다.

보일의 법칙, 샤를의 법칙, 보일-샤를의 법칙 및 아보가드로의 법칙 등을 모두 합치면 이상기체 법칙 ^{理想氣體法則, ideal gas law}이 됩니다. 이상기체란 탄성 충돌 이외의 다른 상호작용을 하지 않는 점입자로 이루어진 기체 모형입니다. 높은 온도와 낮은 압력에서는 대다수의 기체들이 이상기체처럼 행동합니다. 이를 종합한 이상기체의 법칙은 다음과 같습니다.

$$PV = nRT$$

P는 기체의 압력, V는 기체의 부피

n은 기체 성분의 양, T는 기체의 절대 온도

R은 기체 상수 8.31446261815324J/K·mol

(J은 일의 단위입니다. 7파트 '운동과 에너지'에서 설명합니다.)

----

* 1몰은 어떤 입자가 아보가드로 수($6.02214076 \times 10^{23}$)만큼 있을 때입니다. 양성자 6개와 중성자 6개로 이루어진 탄소의 원자량은 6+6=12입니다. 탄소 원자가 아보가드로 수만큼 있으면, 즉 1몰이 있을 때의 무게는 12g입니다. 양성자 2개와 중성자 2개로 되어있는 헬륨의 원자량은 2+2=4이고, 헬륨 원자가 아보가드로 수만큼 있으면, 즉 1몰이 있을 때 무게는 4g입니다.

어떤 기체를 담은 통이 섭씨 30도에서 일정한 압력을 유지하고 있습니다.
온도가 얼마일 때 압력이 2배가 될까요?

1. 60℃

2. 100℃

3. 333℃

4. 기체의 종류에 따라 다르다.

보일-샤를의 법칙에 따르면 PV/T는 일정합니다.

$$P_1V_1/T_1 = P_2V_2/T_2 \text{ (P=기체의 압력, V=부피, T=온도)}$$

따라서 압력이 2배가 되려면 온도가 2배가 되어야 합니다. 그런데 여기서 온
도는 절대온도(K)입니다. 30℃는 절대온도로 303도(273+30)입니다. 따라서 온
도가 2배가 되면 절대온도로는 606K, 섭씨로는 333℃(606-273)입니다.

그런데 보일-샤를의 법칙은 어떤 기체에서도 다 적용이 되는 것일까요? 가
장 가벼운 기체인 수소는 수은 기체 무게의 1/200밖에 되지 않습니다. 그럼에도
불구하고 두 기체를 공평하게 취급해도 되는 것일까요?

전혀 걱정할 필요 없습니다. 기체는 분자의 무게에 관계없이 온도와 압력이 같
다면 같은 부피에 같은 개수의 분자가 들어 있습니다. 때문에 분자의 무게는 고려
하지 않아도 됩니다.

오히려 걱정해야 할 것은 온도와 압력입니다. 기체는 온도가 너무 낮거나 압력이 너무 높으면 액체나 고체로 변해버리기 때문에 아예 보일-샤를의 법칙을 적용할 수 없습니다. 하지만 극단적인 경우가 아니면 근사하게 들어맞습니다.

물체의 운동을 모두 물체를 강체라 가정하고 설명하는 것처럼 기체의 운동은 기체를 모두 이상기체라고 가정하고 설명합니다.

부탄가스통의 폭발사고 이야기가 가끔씩 나옵니다. 대부분의 폭발사고는 가스통을 덮을 만큼 큰 불판을 사용하거나 가스레인지 2대를 붙여 쓰거나 하여 그 열이 가스통으로 전달되면서 가스통의 압력이 계속해서 상승해 폭발하는 경우입니다. 부탄가스통의 폭발 온도는 80℃ 정도로 생각보다 높지 않습니다. 그러니 조심 또 조심해야 합니다.

요즘은 안 터지는 부탄가스통도 나오고 있습니다. 그 원리는 간단합니다. 가스통 뚜껑에 여러 개의 미세한 구멍을 뚫어서 내부 압력이 상승하면 폭발하기 전에 가스를 배출하도록 하는 방식입니다. 다시 한번 말하지만 안전이 제일입니다. 무엇보다도 안전수칙을 잘 지켜서 사용하시기 바랍니다.

과학반 학생인 철수와 영희는 기체와 온도와 부피와의 관계를 실험을 통해 조사하였습니다.

기체의 온도(°C)	A 기체의 부피(ml)	B 기체의 부피(ml)
0	200	100
136.5	300	150
273	400	200
409.5	500	250

A기체의 부피가 200ml에서 400ml, B기체의 부피가 100ml에서 200ml로 두 배 늘어나는 동안 온도는 273°C 늘었습니다.

그렇다면 온도가 136.5°C 늘어난다면 부피는 절반 늘어난다고 추측할 수 있습니다. 실제로 A기체의 부피가 300ml, B기체의 부피가 150ml로 1.5배 늘었을 때 온도는 136.5°C 올랐으니 추측이 맞습니다.

그렇다면 다음과 같은 결론을 내릴 수 있습니다.

$$V = V_0 + (V_0 \times t/273)$$

(V=t°C에서의 부피, V_0=0°C에서의 부피)

이를 그래프로 나타낸다면 다음과 같습니다.

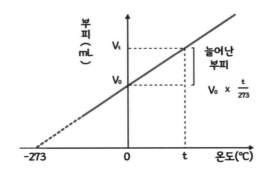

위의 실험으로 우리는 온도가 1℃ 내려갈 때마다 부피는 1/273씩 준다는 것을 알아내었습니다.

그러면 어떤 기체의 온도를 -273℃까지 내리면 어떤 일이 일어날까요?

1. -273℃는 불가능하다.

2. 부피가 0이 된다.

3. 온도를 내리면 어느 순간까지는 부피가 줄다가 도로 부피가 늘어난다.

4. 기체가 액체나 고체로 변한다.

샤를의 법칙을 적용하자면 -273℃에서는 부피가 음수로 나오게 됩니다. 하지만 모든 기체는 그 전에 액체나 고체로 변하기 때문에 샤를의 법칙을 적용할 수 없습니다.

온도는 100℃ 1000℃ 1억℃ 1조℃... 얼마든지 올릴 수 있습니다(사실은 '플랑크 온도Planck temperature'라는 것이 존재합니다. 이는 양자역학 이론상 온도의 최댓값으로, 모든 물질이 원자 이하의 단위로 나누어져 에너지가 되는 온도입니다. 현대 과학은 이보다 더 뜨거운 것에 대한 추측은 무의미하다고 간주합니다. 플랑크 온도는 섭씨 약 141,679,000,000,000,000,000,000,000,000,000도 입니다).

그렇다면 반대로 온도를 얼마든지 내릴 수도 있을까요? 섭씨 -273.15도가 되면 분자의 운동이 완전히 정지됩니다. 때문에 이 이하의 온도는 정의를 할 수 없습니다.

한편 물리학에서는 -273.15℃를 절대영도, 즉 0K(켈빈)으로 하고 1K 상승하는 것을 1℃ 상승하는 것으로 하는 켈빈온도를 사용합니다.

켈빈온도는 여러모로 장점이 많습니다. 특히 샤를의 방정식에서는 켈빈온도만 사용합니다. 예를 들어 500K의 두 배는 1,000K입니다. 따라서 500K인 기체가 1,000K가 되면 기체의 부피도 두 배가 됩니다.

과학노트

온도의 단위는 섭씨, 화씨, 켈빈 등이 있습니다.

섭씨 攝氏 는 이 단위를 고안한 셀시우스^{Celsius}의 한자명이 섭이은(攝爾思)이라서 섭씨입니다. 김갑돌씨가 단위를 만들었다면 김씨 몇 도라고 했을 것입니다. 섭씨는 1기압에서 물이 어는 온도를 0℃, 물이 끓는 온도를 100℃로 한 온도의 단위입니다.

화씨는 한자명 화륜해 華倫海 인 다니엘 가브리엘 파렌하이트^{Daniel Gabriel Fahrenheit}에서 따온 것입니다. 파렌하이트가 살던 네덜란드의 경우 겨울철 가장 추울 때의 온도가 대략 -17.8℃이고 여름철 가장 더울 때의 온도가 대략 37.8℃입니다. 그래서 -17.8℃를 0℉, 37.8℃를 100℉로 정했다는 이야기가 있습니다.

실제로는 화씨 체계 이전에 사용하던 뢰머 온도^{Romer scale}을 개량한 것으로, 기존에는 소금물의 어는 온도를 기준점으로 0°R을 책정했기에 이런 문제가 발생했다고 합니다. 전 세계적으로 쓰는 국가가 열 곳도 되지 않지만, 미국이 이를 정식 온도체계로 사용하기에 아직 잊혀지지 못하고 있는 중입니다.

두 개의 유리관에 같은 무게의 공기를 채워넣습니다. 그리고 한 쪽 유리관에 뜨거운 물을 부어 가열합니다. 그리고 중간의 밸브를 열면 가열한 쪽의 기압이 높기 때문에 기압이 낮은 차가운 쪽으로 이동합니다.

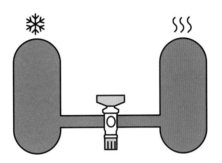

지구 표면에서 한 지역은 기온이 낮고 다른 지역은 기온이 높습니다. 지표면에서는 어느 쪽으로 바람이 불까요?

1. 이동하지 않는다.

2. 기온이 높은 지역에서 낮은 지역으로 바람이 분다.

3. 기온이 낮은 지역에서 높은 지역으로 바람이 분다.

4. 양쪽에서 바람이 불어 회오리가 만들어진다.

유리관 내에서와 지구 표면에서의 기압 문제는 서로 비슷한 것 같지만 결정적인 차이를 가지고 있습니다. 앞서 보았던 닫힌계 문제를 떠올려 볼 필요가 있습니다. 실제로 이번 문제에서는 닫힌계인 유리관 속과 다르게 공기가 대기 중에서 자유롭게 움직일 수 있기 때문에 따뜻한 지역의 공기 분자는 서로 간의 거리를 더 떨어트리게 되고 결과적으로 밀도가 줄어들어 기압도 낮아집니다.

열기구를 생각하면 쉽게 이해할 수 있습니다. 열기구의 버너가 공기를 가열하면 열기구는 팽팽하게 부풀어 오릅니다. 즉 부피가 늘어납니다. 그러면 기체의 밀도가 낮아져 공중으로 떠오를 수 있습니다.

그렇다면 상공에서는 어떻게 바람이 불게 될까요? 저기압 쪽에서 상승한 공기가 고기압으로 인해 하강한 공기의 빈자리를 메꾸어주게 됩니다. 즉 저기압에서 고기압으로 바람이 불게 됩니다. 전체적으로 보면 공기가 순환하게 되는데 이를 대류 현상이라고 하며, 대기권 중 이런 일이 일어나는 영역을 대류권이라 합니다(대류는 1파트 '열'에서 다루었습니다).

과학노트

금성에도 대기가 있습니다. 금성의 대기압은 9.3MPa(=930만 Pa)입니다. 즉 93기압 정도입니다. 지구에서 이 정도의 압력을 느끼려면 920m를 잠수하면 됩니다(수압 92기압 + 대기압 1기압 = 93기압).

대기압이 큰 만큼 바람 또한 무척 강해서 평균 풍속이 360m/s입니다. 그리고 두꺼운 대기층으로 인한 온실효과로 지표 부근의 기온은 459℃라고 합니다. 이 두꺼운 대기층 때문에 태양빛 반사율이 약 70%로 태양계 행성 중 가장 높아 해와 달의 뒤를 이어 지구에서 관측할 수 있는 천체 중에서 세 번째로 밝은 별이 되었습니다.

과학반 선생님이 과학반 학생을 위해서 재미있는 물리실험을 합니다.

생수통 속에 알코올을 분사한 후 라이터로 불을 붙입니다. 그러자 생수통 안은 불꽃으로 가득차더니 순식간에 알코올이 연소됩니다. 선생님이 종이컵으로 생수통 입구를 덮자 생수통이 쪼그라듭니다.

실험이 끝난 후 선생님이 설명합니다.

생수통 속에 뜨거운 공기가 있는 상태에서 공기가 나가지 못하게 막은 후 시간이 흐르면, 통 속의 공기가 식으면서 부피가 줄어들고 때문에 압력이 낮아져 찌그러든다.

그리고는 과학반 학생들에게 질문합니다.

드럼통에 뜨거운 공기를 가득 채운 후 뚜껑을 덮고 드럼통 주위에 찬물을 부으면 드럼통이 찌그러질까?

1. 찌그러진다.

2. 찌그러지지 않는다.

드럼통에 넣은 공기의 온도를 223℃라 하고 뚜껑을 덮을 때 드럼통 내부의 기압을 1기압이라고 하겠습니다.

드럼통 주위에 찬물을 부어 23℃까지 온도를 낮추었을 때 생수통 내부의 기압은 보일-샤를의 법칙으로 구할 수 있습니다.

$$P_1V_1/T_1 = P_2V_2/T_2 \ (P=기체의\ 압력,\ V=부피,\ T=온도)$$

여기서 부피는 그대로인데 온도는 500K에서 300K로 3/5 떨어졌으니 압력도 3/5 떨어져 0.6기압입니다. 외부는 1기압이니 0.4기압 차이가 납니다.

같은 조건이라면 드럼통 내부도 0.6기압이 됩니다. 불과 0.4기압 차이로 드럼통이 찌그러지겠냐고 생각하겠지만 실험 결과 여지없이 찌그러졌습니다. 사실 드럼통의 강판은 생각보다 얇습니다.

문제 5. 디젤 엔진엔 점화플러그가 없다?

철수는 아빠와 함께 자동차 정비소로 갑니다. 자동차에서 며칠 전부터 매연이 심하게 나오고 속도도 느려졌기 때문입니다. 정비소에서는 점화플러그에 문제가 생겼다며 점화플러그를 갈아줍니다.

차에 관심이 많은 철수는 점화플러그가 뭔지 물어봅니다. 정비사 아저씨는 엔진이 휘발유를 폭발시켜 움직이는데, 이때 전기 스파크를 일으켜 휘발유에 불을 붙이는 역할을 하는 것이 점화플러그라고 알려줍니다.

철수는 트럭같이 커다란 차는 점화플러그도 큰 것을 사용하는지 물어봅니다. 그러자 정비사 아저씨는 트럭같이 경유를 쓰는 차는 점화플러그가 없다고 합니다.

철수는 궁금증이 생겼습니다. 경유을 사용하는 엔진은 점화플러그도 없이 어떻게 점화를 시키는 것일까요?

1. 실린더와 피스톤의 마찰열로 점화한다.

2. 공기를 압축하여 생긴 열로 점화한다.

3. 경유는 휘발유 엔진과 다른 방식을 사용하기 때문에 점화플러그를 사용하지 않는다.

4. 철수가 정비사 아저씨의 말을 잘못 이해했다. 현재 정비소에 경유 엔진용 점화플러그가 없다는 소리였다.

경유(디젤)를 사용하는 엔진과 휘발유를 사용하는 엔진은 점화플러그의 유무 등 차이가 있지만 연료를 폭발시켜 움직인다는 공통점이 있습니다. 때문에 디젤엔진도 반드시 점화가 필요합니다.

실린더와 피스톤의 마찰열로 점화시킬 수도 있겠습니다만 폐차할 때까지 수백만 번이나 움직이는 실린더와 피스톤을 마찰로 혹사시키는 것은 그리 효율이 좋은 방법이 아닙니다.

디젤엔진의 작동 순서는 다음과 같습니다.

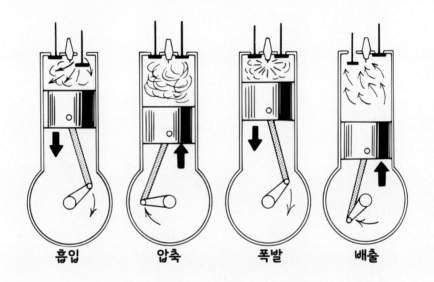

흡입　　　　압축　　　　폭발　　　　배출

휘발유(가솔린) 엔진은 흡입행정에서 휘발유를 빨아들입니다. 하지만 디젤엔진은 흡입행정에서 공기만 빨아들입니다. 다음 행정인 압축행정에서는 단열압축 과정으로 열이 발생합니다. 이때 공기의 온도는 약 400~500℃입니다. 이후 작동행정에서 실린더 내부에 경유를 주입하는데, 경유의 발화점은 220℃이기 때문에 폭발하게 됩니다. 때문에 디젤엔진은 점화플러그가 필요 없습니다.

철수는 점심시간에 학교에서 친구들과 축구를 합니다. 마침 공을 잡은 철수는 선수처럼 멋지게 전력질주하여 골을 넣으려고 했지만 현실은 발이 엇걸려 운동장에 나뒹굴고 맙니다. 친구의 부축을 받아 보건실로 가자 보건 선생님이 스프레이 파스를 발목에 뿌려줍니다. 철수는 발목이 시원해지는 것을 느낍니다.

스프레이는 실제로 차가운 것일까요 느낌만 그런 것일까요?

1. 실제로 온도가 떨어진다.

2. 느낌만 그런 것이다.

보일-샤를의 법칙에 따르면 PV/T는 일정하기 때문에 압력(P)이 높아지면 부피(V)는 작아집니다. 만약 압력이 2배가 되면 부피는 절반이 됩니다. 이때 주변과 열교환이 없는 상태라면 이를 '단열압축'이라고 합니다.

그런데 단열압축을 하면 열을 직접 받지 않아도 그 과정에서 힘이 작용하여 기체 분자의 운동이 활발해집니다. 기체 분자의 운동이 활발해진다는 것은 온도가 올라간다는 것을 의미합니다.

반대로 하늘 위로 올라가는 풍선은 어떻게 될까요? PV/T는 일정하기 때문에 압력(P)이 낮아지면 부피(V)는 커집니다. 만약 압력이 절반이 되면 부피는 2배가 됩니다. 공기가 팽창하기 위해 힘을 사용했기 때문에 기체분자의 운동이 줄어듭니다. 즉, 온도가 떨어집니다. 이를 단열팽창이라 합니다.

스프레이의 경우도 단열팽창이 일어나 온도가 떨어집니다. 스프레이를 흔들어보면 출렁거리는 소리가 납니다. 출렁거리는 액체의 정체는 뷰테인입니다. 뷰테인의 끓는점은 1기압일 때 -1℃이기 때문에 한겨울 야외가 아닌 이상 액체 상태로 존재하지 않습니다. 하지만 스프레이 속을 채울 때 3기압의 압력으로 채우기 때문에 강제로 액화가 되어 있습니다. 이때 노즐을 눌러 분사를 하면 순식간에 3기압에서 1기압으로 떨어지게 되고 단열팽창이 일어나 온도가 급속히 떨어집니다. 온도는 영하까지 떨어지고 금속인 가스통으로 열전달이 바로 이루어져 가스통도 손이 시릴 정도로 차가워집니다.

또 다른 예로 부탄(뷰테인)가스를 사용한 연료통이 있습니다. 부탄가스를 이용해 휴대용 버너로 삼겹살을 구울 때 부탄가스통은 오히려 차가워서 이슬이 맺히는 것을 볼 수 있습니다.

예전에 분사제로 흔히 사용되던 가스는 염화플루오린화탄소입니다. 흔히 듀폰DuPont사의 상표명인 프레온 가스freon gas로 불립니다.

염소, 불소, 탄소의 화합물인 염화플루오린화탄소는 극히 안정적인 분자라 다른 물질과 반응을 거의 하지 않습니다. 때문에 금속제품을 부식시키지도 않고 불도 붙지 않으며 인체에도 무해합니다. 때문에 냉장고, 에어컨 등의 냉매나 소화기 분무제, 스프레이 등으로 흔히 사용했습니다.

하지만 염화플루오린화탄소가 성층권으로 올라가면 자외선에 의해 염소 원자가 분리됩니다. 이 염소 원자는 성층권에 있는 오존과 반응하여 오존을 산소로 바꾸고는 다시 떨어져 나와 다른 오존 분자를 파괴하는 일을 반복하며 오존층을 파괴합니다. 한 개의 염소 원소는 무려 10만 개의 오존 분자를 파괴합니다.

오존층의 파괴는 환경에 심각한 해로운 영향을 미치기 때문에 현재는 국제적으로 사용을 금지하는 추세입니다.

한편 프레온 가스의 발명자 토머스 미즐리 Thomas Midgley 는 이전에 엔진의 효율을 높일 수 있는 납이 든 휘발유를 발명하기도 했습니다. 그런데 이 두 가지 발명으로 생전에는 인류에 크게 기여한 발명가로 칭송받았으나 사후에는 본의 아니게 환경오염의 주범으로 악명을 떨치게 됩니다.

5

빛의 파동

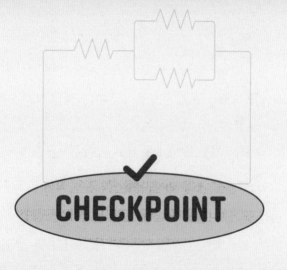

✔ CHECKPOINT

1 빛의 반사와 굴절의 원리를 이해하고, 물체를 보는 과정을 빛의 경로를 이용하여 표현할 수 있다.

2 평면거울에서 상이 생기는 원리를 설명하고, 일상생활에서 사용되는 거울과 렌즈의 종류를 분류하고 상의 특징을 비교할 수 있다.

3 물체의 색을 빛의 반사와 관련지어 설명하고, 영상 장치에서 빛의 합성을 이용하여 다양한 색이 표현되는 원리를 이해할 수 있다.

4 파동의 발생과 전달 과정을 이해하고, 소리의 특성을 진폭, 진동수, 파형 등의 과학적 용어로 표현할 수 있다.

1
거울과 반사

반사$^{反射, reflection}$는 직진하는 파동이 어떠한 벽에 부딪혀 다른 방향으로 방향을 바꾸는 물리적 현상입니다. 사실 파동이 아니라도 반사는 일어납니다. 단적인 예로 당구가 있습니다. 그래서 반사는 당구공이 쿠션을 치고 튕겨나오는 것으로 생각하면 쉽습니다.

벽과 들어가는 파동과의 각도는 입사각, 벽과 나오는 파동과의 각도는 반사각이라고 합니다. 벽이 파동의 파장보다 매끄러우면 입사각과 반사각은 항상 같습니다. 하지만 벽이 파동의 파장보다 거칠다면 반사된 파장은 엉뚱한 곳으로 튀게 되는데 이것은 난반사라고 합니다.

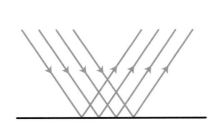 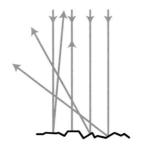

빛을 반사하는 대표적 물건은 거울입니다. 사실 빛은 검은색만 아니라면 어떤 표면에서도 반사합니다. 때문에 유리거울이 없었을 때도 청동을 반짝거리게 닦아서 사용하기도 하였고 잔잔한 물을 거울 대신 사용하기도 했습니다.

현재의 유리거울은 청동이나 물보다도 월등히 밝은데 이는 반사율이 다르기 때문입니다. 반사율은 입사되는 빛 중에서 반사되는 비율입니다. 유리의 뒷면에 수은이나 은, 알루미늄 등을 발라서 반사율을 높인 것이 현재 우리가 사용하는 거울입니다.

한여름 영희는 가족과 함께 해변으로 놀러왔습니다. 눈이 시릴 정도로 파란 바다가 모래사장에서 하얀 파도로 변하는 모습을 물끄러미 쳐다봅니다.

바닷물은 파란색인데 파도는 흰색입니다. 그 이유가 무엇일까요?

1. 바닷물 속의 흰 성분이 파도가 되기 때문이다.

2. 물은 원래 하얗다. 푸른 하늘이 반사되어 파랗게 보이는 것뿐이다.

3. 바다는 파란색만 반사시키고 파도는 모든 색깔을 반사시키기 때문이다.

4. 바닷가에서는 물리는 잠시 제쳐두고 여름을 즐겨야 한다.

물은 투명하기 때문에 얕은 바다는 투명합니다. 하지만 물의 깊이가 깊어지면 물 분자가 파란색을 제외한 모든 색은 흡수하고 파란색만 반사시킵니다. 때문에 파란색으로 보입니다.

파도의 경우는 물방울들에 부딪히는 다양한 색깔의 빛이 난반사하면서 다시 합쳐져 흰색이 됩니다.

조청은 갈색인데 조청으로 만든 엿이 하얀색인 것도 마찬가지 이유입니다. 엿은 조청이 굳기 전에 양쪽에서 잡아당겨 늘여서 만듭니다. 이 과정에서 공기가 들어가게 되고 기포에 의해 모든 색이 난반사되면서 하얗게 보이는 것입니다.

다음과 같이 공이 있습니다. 파란 공으로 빨간 공을 치고자 하는데 하얀 공이 방해가 됩니다. 그래서 쿠션을 이용하려 합니다. 아직 초보인 철수는 쿠션에 평행으로 거울을 세우고 거울 안에 보이는 빨간 공을 치려고 합니다. 과연 철수는 파란 공을 맞출 수 있을까요?

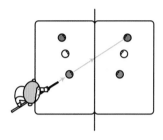

1. 맞출 수 있다.

2. 맞출 수 없다.

실제로 당구장에서 가르치는 방법이기도 합니다. 입사각과 반사각이 같기 때문에 파란 공은 쿠션을 맞고는 반사되어 빨간 공을 때립니다. 철수의 입장에서는 마치 파란 당구공이 거울을 통과하여 빨간 당구공을 때리는 것으로 보입니다.

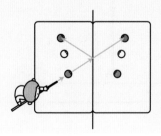

영희는 머리 뒤의 리본을 보려고 합니다. 그런데 거리가 너무 멀어 잘 보이지 않습니다.

어떻게 해야 될까요?

1. 머리를 앞쪽(→)으로 움직인다.

2. 머리를 뒤쪽(←)으로 움직인다.

3. 특정한 위치에 머리를 두어야 한다.

4. 머리 위치와 관계 없이 느끼는 거리는 일정하다.

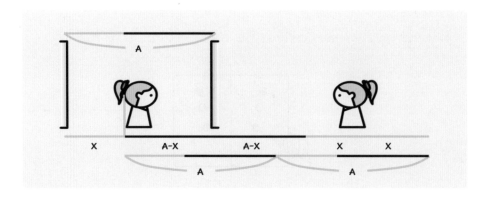

뒷 거울과 리본까지의 거리를 X, 거울 사이의 거리를 A라고 하면 실제 리본과 거울에 비친 리본의 거리는 다음과 같습니다.

2X+2(A-X)

계산하면 2A로 머리의 위치와 관계 없이 거리는 항상 같습니다.

과학노트

이성질체^{isomer}란 원소 배합은 같은데 그 배치가 다른 물질입니다. 광학 이성질체, 기하 이성질체, 구조 이성질체가 있습니다.

광학 이성질체$^{optical isomer, enantiomer}$는 서로의 모양이 자기가 거울을 봤을 때의 모양으로 나타나는 이성질체입니다.

이성질체는 성질이 각각 다릅니다.

예를 들어 약물 탈리도마이드^{thalidomide}는 입덧을 진정시키는 작용이 있습니다. 때문에 1950년대 유럽에서 임산부들이 많이 복용했습니다. 그런데 이 탈리도마이드를 복용한 임산부들이 사지가 없거나 짧은 신생아를 출산하면서 엄청난 사회문제를 일으킵니다. 이는 탈리도마이드의 광학 이성질체가 혈관의 생성을 억제하는 부작용이 있기 때문입니다. 탈리도마이드의 방해로 혈관이 자라지를 못 해 기형으로 태어난게 된 것입니다.

탈리도마이드는 동물실험에서는 아무런 문제가 없었습니다. 그래서 오히려 동물실험 실효성에 대한 한계를 생각해 보게 하는 사건이었다고도 할 수 있습니다. 결국 탈리도마이드는 생산이 중지됩니다.

그런데 탈리도마이드는 현재 다시 생산되고 있습니다. 1960년대에 우연히 한센병 치료에 매우 탁월한 효능이 있다는 것이 밝혀졌기 때문입니다. 2000년대에는 탈리도마이드의 부작용인 혈관 생성 억제 효과가 암세포를 굶겨 죽인다는 것을 발견하여 암 치료제로도 사용되고 있습니다.

문제 4. 거울로 전신을 보려면?

거울을 이용해 전신을 보려고 합니다.
거울의 크기가 얼마가 되어야 전신이 보일까요?

1. 거울을 보는 사람의 신장과 같아야 한다.
2. 거울을 보는 사람의 신장의 1/2
3. 거울을 보는 사람의 신장의 1/3
4. 멀리서 보면 작은 거울이라도 전신이 다 보인다.

거울을 창문이라고 생각하고 자신과 창문 사이만큼 상대방도 떨어져 있다고 생각하면 금세 이해할 수 있습니다.

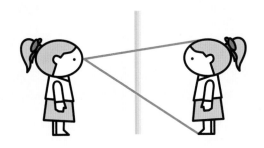

과학노트

<탑건>이라는 미 해군항공대 홍보영화가 있습니다. 아주 크게 성공해서 이 영화의 주인공이던 탐 크루즈는 세계적인 스타가 되었습니다. 36년 만인 2022년 속편이 개봉되었습니다. 숫고양이$^{F-14 \ Tomcat}$를 타던 매버릭이 이제는 말벌$^{F-18 \ hornet}$을 조종합니다(성능은 숫고양이가 우월합니다만 워낙에 유지비가 많이 드는지라 미국에서도 포기했습니다).

항공모함 함재기 조종사들은 공군 전투기 조종사보다도 대체로 실력이 더 좋습니다. 좁은 활주로에서 이륙하는 것이 어렵기 때문입니다. 사출기의 도움을 받지만 여전히 숙련된 기술이 필요합니다.

그런데 항공모함 함재기 조종사들을 가장 괴롭히는 임무는 이륙도 아니고 전투도 아닙니다. 가장 어려운 임무는 착함(비행기가 항공 모함의 갑판에 내려앉는 것)입니다. 아무리 커다란 항공모함이라도 하늘에서 보면 조그마하게 보입니다. 그리고 육지라면 활주로를 벗어나더라도 전투기의 파손 위험이 적지만 항공모함에서는 바로 바다로 추락하게 됩니다. 게다가 제트기의 경우는 착함의 속도도 어마어마하기 때문에 난이도가 상당히 높습니다. 때문에 항공모함 초기에는 함재기를 정확하게 활주로로 유도하는 것이 중요한 과제였습니다.

처음에는 착함 통제장교^{deck landing control officer}가 눈으로 함재기를 보고 수신호로 함재기를 유도했습니다. 이 방법은 조종사와 착함 통제장교 둘 다에게 무척이나 위험한 방법이었습니다.

그런데 영국 해군의 항공대장 굿하트^{N. Goodhart}가 아주 간단한 방법으로 안전하게 착함하는 방법을 고안합니다. 거울을 보고 화장을 고치던 여비서를 보던 굿하트는 갑자기 기발한 생각을 떠올립니다. 그는 여비서의 손거울을 빼앗아 모형 항모에 부착하고 비서에게 거울에 얼굴이 보이는 방향으로만 다가와서 거울을 가져가라고 명령합니다. 여비서는 시키는 대로 거울을 보며 자신의 위치를 조정하며 움직여 거울을 가져옵니다. 이 모습을 본 굿하트는 너무나 기뻐서 탄성을 지릅니다.

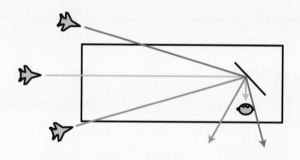

그는 착함용 반사경^{mirror landing sight}를 만듭니다. 착함 통제장교는 착함하려는 함재기가 거울에 보이면 착함신호를 보내고 그렇지 않으면 위험신호를 보내게 됩니다. 함재기가 위험신호를 받으면 함재기는 착함을 포기하고 재착함을 시도합니다. 현재는 사람 대신 전자식 감응체계를 사용하지만 전 세계의 모든 항모가 거울에 의한 빛의 반사라는 이 원리를 이용하여 착함을 합니다.

좌우가 뒤집힌 상(像)을 거울상이라고 합니다. 그런데 왜 위와 아래는 바뀌지 않을까요? 사실 거울은 좌우를 뒤집는 것이 아닙니다. 앞과 뒤를 뒤집은 것입니다. 투명한 유리에 글을 적어놓고 반대쪽에서 바라본다면 그것이 정확한 거울상입니다. 하지만 인간은 중력에 의해 위아래가 고정된 세계에서 살고 있기 때문에 좌우가 뒤바뀌었다고 생각하게 됩니다.

그렇다면 좌우가 뒤집히지 않고 보이는 거울도 있을까요?

1. 없다.

2. 있다.

거울을 직각으로 지그재그로 놓으면 입사와 평행으로 반사됩니다. 때문에 입사한 빛은 다시 되돌아옵니다. 그리고 보이는 사물은 좌우가 바뀌지 않습니다.

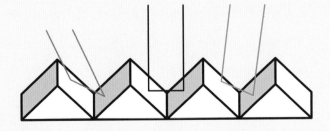

다음 페이지의 거울은 빛이 들어간 방향과 똑같은 방향으로 나오게 제작된 거울입니다. 아폴로 11호와 14호가 달에 이 거울을 설치했는데, 보름달이 되는 시기에 달의 적도로 레이저를 쏘면 빛이 반사되어 돌아옵니다.

이 실험은 전 세계 어디서든 어느 정도 규모의 천문대만 있다면 누구나 할 수 있는 실험입니다. 이 덕분에 과학자들은 달이 1년에 몇 cm씩 멀어진다는 사실을 알아낼 수 있었습니다.

과학노트

닐 암스트롱Neil Armstrong이 1969년 7월 20일, 20:17:40 UTC에 아폴로 11호를 이용해 달에 있는 '고요의 바다'에 착륙한 것이 인류 최초의 달 착륙입니다. 그 후로도 사고가 났던 아폴로 13호를 제외하면 17호까지 진행된 계획에서 달 착륙에 성공하여 암스트롱과 올드린Buzz Aldrin 외에도 달 착륙 경험자가 10명이나 더 있습니다.

그런데 '달 착륙이 거짓'이라는 주장이 있습니다. 달에서 찍은 영상이 사실은 헐리우드의 영화 촬영용 세트에서 제작되었다는 것입니다.

이러한 음모론을 최초로 주장한 사람들은 '편평한 지구 학회'의 회원들입니다. 이들의 주장으로는 지구는 원반 모양이므로 달 착륙은커녕 지구 저궤도에서의 비행도 불가능하다고 합니다.

아무튼 이 음모론은 점점 커져서 '아서 클라크Arthur C. Clarke'가 시나리오를 짜고 '스탠리 큐브릭Stanley Kubrick'이 감독을 했다는 지경에까지 이릅니다. 이 말을 전해 들은 아서 클라크는 "원고료도 못 받았는데? 나사에 청구해야겠군."이라고 비꼬았다고 합니다.

달 착륙이 사실이라는 근거는 차고 넘치지만 저는 그중 앞에 설명한 '반사경'을 증거로 들겠습니다. 그럼에도 계속 음모론을 주장한다면 도리가 없습니다. 그런 사람들이라면 실제로 우주비행선에 태워서 달 착륙을 시켜줘도 조작이라고 할 것입니다. 합리적인 의심은 과학을 발전시키지만 불합리적인 의심은 아무 가치가 없습니다.

문제 6. 취조실의 유리

소매치기가 어떤 사람의 핸드백을 들고 도망을 칩니다. 영희는 급히 핸드폰을 꺼내 사진을 찍고는 경찰에 신고합니다. 며칠 후 용의자가 잡혔으니 확인을 해달라고 경찰에게 연락이 왔습니다. 경찰서에 도착한 영희에게 경찰들은 유리 건너편 취조실로 사람들이 들어올테니 범인을 지목해달라고 합니다.

영희는 범인이 자기를 알아볼까봐 겁이 나서 못 하겠다고 합니다. 그러자 경찰은 영희는 용의자를 볼 수 있지만 용의자는 영희를 볼 수 없도록 할 테니 안심하라고 합니다. 어떤 방식을 사용하길래 이것이 가능한 걸까요??

1. 영희에게 가면을 씌운다.
2. 용의자의 눈을 가리기 때문에 용의자가 영희를 보지 못한다.
3. 참관실에서는 취조실이 보이나 취조실에서는 참관실이 보이지 않는 특수 유리를 이용한다.
4. 관찰실의 유리는 사실 커다란 모니터이다. 다른 곳에서 찍은 용의자의 모습을 보여주는 것이다.

다른 방법도 가능하지만 대체로 단방향 투과성 거울^{one way mirror}을 취조실과 관찰실 사이에 설치합니다.

보통의 거울은 유리의 한 면에 실버링^{silvering}(은이나 알루미늄 등을 얇게 바르는 것)을 하고 불투명 페인트로 덧칠을 합니다. 실버링만 하면 일부의 빛이 유리를 통과하여 거울에 맺히는 상이 어두워집니다.

단방향 투과성 거울은 실버링을 일반 거울보다 얇게 하고 불투명 페인트를 덧칠하지 않은 거울입니다. 그러면 빛이 절반은 반사되고 절반은 통과합니다.

그리고 취조실은 밝게, 관찰실은 어둡게 합니다. 그러면 취조실에서는 반사되는 빛 때문에 거울이지만 관찰실에서는 통과하는 빛 때문에 유리가 됩니다.

굳이 단방향 투과성 거울을 이용하지 않아도 자동차 유리에 선팅을 하거나 선글라스를 끼어도 비슷한 효과를 볼 수 있습니다. 자동차 유리에 선팅을 하면 차 내부는 어둡고 외부는 밝습니다. 때문에 차 내부에서 외부는 잘 보이지만, 외부에서 내부는 보이지 않습니다. 선글라스도 마찬가지입니다.

과학노트

거울을 만들 때 골딩^{golding}이 아니고 실버링^{silvering}을 하는 이유는 물체가 파장에 따라 반사율이 다르기 때문입니다. 금은 노란빛을 다른 빛보다 더 잘 반사하기 때문에 색의 왜곡이 일어납니다. 반면에 은은 가시광선을 비슷한 정도로 반사하기 때문에 색의 왜곡이 적습니다. 다만 반사율이 100%는 아니기 때문에 명도가 떨어집니다.

문제 7. 접시가 달린 안테나

안테나antenna(더듬이)는 곤충이 살아가는 데 필수적인 기관입니다. 촉각뿐 아니라 후각, 청각, 미각의 기능도 안테나가 수행합니다.

나방의 수컷은 수 킬로미터 밖에 있는 암컷을 찾아오는데 이는 안테나로 암컷의 냄새를 맡기 때문입니다. 페로몬 한두 분자만 있어도 이를 느낄 수 있다고 합니다. 제왕나비는 안테나로 태양광선을 보고는 방위를 찾아냅니다. 곤충의 안테나를 떼어내는 짓은 사람으로 치면 눈, 귀, 혀를 떼내는 것과 같으니 절대로 하지 마시기 바랍니다.

전파를 송, 수신하는 장치를 안테나라고 부르는 이유도 통신에 있어서도 안테나가 동물의 더듬이만큼이나 중요한 장치이기 때문일 것입니다.

안테나 중 접시가 달린 종류도 있습니다. 이는 접시 모양의 반사면에 의해 전파를 앞면의 초점에 모이도록 하여 수신 전파의 강도를 높이기 위해서입니다.

그런데 이때 접시의 모양은 어떤 모양일까요?

1. 반구형

2. 원뿔형

3. 구의 일부

4. 포물면

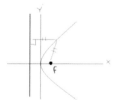

포물면에 입사한 전파는 모두 포물면의 초점으로 집중됩니다. 때문에 접시형 안테나는 모두 포물면 접시를 사용합니다.

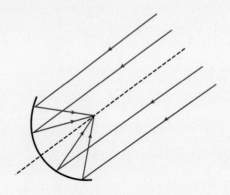

반대로 초점에서 사방으로 방사하는 빛은 반사 위치에 상관없이 모두 나란하게 이동합니다. 이 때문에 손전등의 반사면도 포물면을 이용합니다.

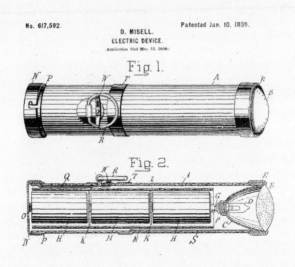

거울을 구형으로 만들었을 때 안쪽은 오목거울, 바깥쪽은 볼록거울이 됩니다.

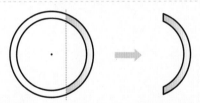

오목거울에서는 모든 광선이 한 점에 모이고, 볼록거울에서는 거울 속 한 점에서 광선이 나온 것처럼 나아갑니다.* 이 점을 초점이라 하고 초점에서 거울 중심 (구형의 중심)까지의 거리를 초점거리라 합니다.

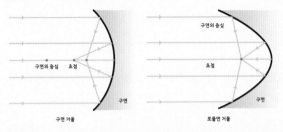

오목거울은 물체와 거울의 거리에 따라 거울 안쪽에 커다란 허상이 만들어지기도 하고, 거울 앞쪽에 거꾸로 선 작은 실상이 만들어지기도 합니다.

오목거울 상의 작도

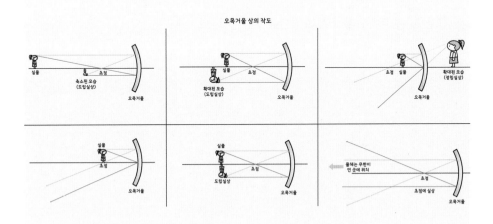

* 사실은 초점이 맞지 않습니다. 초점이 맞는 거울은 포물면 거울입니다. 그럼에도 중고등학교에서는 쉽게 설명하기 위해 구면거울로 설명합니다.

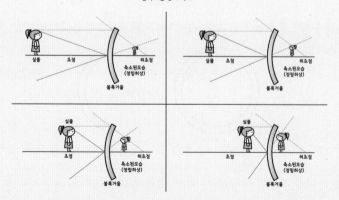

볼록거울 상의 작도

볼록거울은 거울 안쪽에 작은 허상이 만들어집니다. 허상은 눈에만 보이지 실제가 아닙니다. 실상은 실제로 광선이 모여 이루어집니다. 때문에 스크린에 상이 맺힙니다. 이를 이용해 사진을 찍을 수 있습니다. 마술사들은 오목거울을 이용해 이용해 눈에는 보이지만 절대로 잡을 수 없는 반지 같은 트릭을 쓰기도 합니다.

상의 크기는 초점거리와 물체와 초점의 거리로 구할 수 있습니다만, 복잡하니 고등학교에서 배우시기 바랍니다.

오목거울은 볼록렌즈와, 볼록거울은 오목렌즈와 같은 기능을 합니다. 때문에 포물면거울과 렌즈를 조합해 망원경을 만들기도 합니다.

2
렌즈와 굴절

굴절屈折, refraction이란 파동이 매질에서 다른 매질로 들어갈 때 경계면에서 그 진행 방향이 바뀌는 현상을 말합니다.

굴절이 생기는 이유는 매질에서의 속도 차이 때문입니다. 빛은 진공에서는 약 30만km/s이지만 유리에서는 약 20만km/s입니다. 이 차이를 굴절률屈折率, refractive index이라고 합니다. 유리의 굴절률은 30만/20만=1.5입니다.

또한 굴절률은 파장에 따라서도 달라집니다. 파장이 길수록 굴절률은 낮아집니다.

어느 정도 굴절하는지를 알아내는 공식은 다음과 같습니다.

굴절률이 n_1과 n_2인 두 매질이 맞닿아 있을 때 매질을 통과하는 빛의 경로는 굴절하는데, 그 정도를 빛의 입사 평면 상에서 각도로 θ_1과 θ_2로 표시하면 다음과 같은 식이 성립합니다.

$$\sin\theta_1/\sin\theta_2 = n_2/n_1$$

이를 굴절의 법칙 the laws of refraction 또는 발견자의 이름을 따 스넬의 법칙 Snell's law이라 합니다 (스넬의 법칙은 $n_1\sin\theta_1 = n_2\sin\theta_2$).

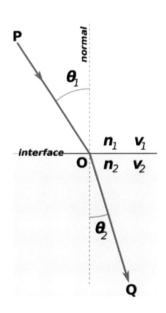

하늘에서 돈가방이 해안가에 떨어졌습니다.

이를 본 세 사람이 돈가방을 잡기 위해 바다로 뛰어듭니다.

다음 중 가장 먼저 돈가방에 도달하는 사람은 누구일까요?

(세 사람의 달리기와 수영 속도는 같다고 가정합니다)

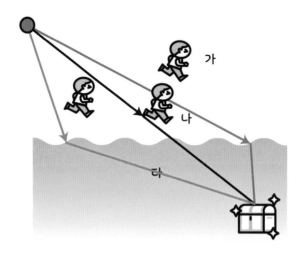

1. 가

2. 나

3. 다

4. 가, 나, 다 모두 같다.

사람이라면 모래 위를 달리는 속도가 바다를 수영하는 속도보다 훨씬 빠릅니다. 때문에 총 거리가 지나치게 늘어나지 않는 범위 안에서 가급적 수영을 적게 하는 '가'가 가장 빠른 시간에 도달할 수 있습니다.

반대로 세 사람이 바다에 있는데 모래사장으로 돈이 떨어졌다면 어떻게 될까요? 여전히 1이 정답이라는 것을 알 수 있습니다. 물론 헤엄치는 속도가 기어가는 속도보다 빠른 망둥어라면 '다'가 가장 빠른 시간에 도달할 수 있습니다.

앞의 문제와 같은 상황을 개미에게 적용한 실험이 있습니다. 개미가 빠르게 이동할 수 있는 표면과 천천히 이동해야 하는 표면 두 가지를 나란히 놓은 다음, 표면 중 한쪽에는 개미 반대편에 먹이를 놓고 개미의 이동경로를 추적했더니 굴절해서 이동한다는 것이 밝혀졌습니다. 굴절의 법칙은 빛뿐 아니라 동물에도 적용이 됩니다.

문제 2. 반짝반짝 작은 별

천문학 시간에는 별에 관한 이야기를 합니다. 별은 항성, 행성, 위성, 혜성 등으로 나뉘는데, 그중에서도 특히 천문학 시간에 이야기하는 별star은 항성恒星입니다. 우리말로는 붙박이별이라고 합니다. 행성이나 위성과 구별하기 위해 'fixed star'라고도 합니다.

항성을 쉽게 설명하면 다음과 같습니다. 우주를 검은 종이라고 하면, 항성은 그곳에 찍어 놓은 점과 같아서 위치가 변하지 않습니다. 그리고 항성들은 태양처럼 빛을 냅니다. 때문에 몇백 광년 떨어진 지구에서도 보이는 것이지요.

항성 주위를 도는 별이 행성行星, planet입니다. 항성과 달리 자리가 변하기 때문에 행성이라고 불립니다. 전통적으로 목, 화, 토, 금, 수의 오행五行을 의

미합니다. 자리가 변하는 이유는 행성이 항성 주위를 돌기 때문입니다. 현재는 지구도 행성이라는 것이 알려졌고 관측을 통해 토성 바깥에도 행성이 있다는 것이 밝혀졌기 때문에 수, 금, 지, 화, 목, 토, 천왕, 해왕을 행성이라고 합니다(명왕성은 2006년 행성에서 왜행성으로 재분류됩니다).

외계의 항성들도 자신을 돌고 있는 행성이 있을 것이고 또 그 행성들이 위성을 가지고 있는 항성계를 만들고 있을 것입니다. 하지만 맨눈으로 다른 항성계의 행성은 도저히 관측을 할 수 없으니 우리가 밤하늘에서 볼 수 있는 별은 달과 태양계 행성을 제외하고는 전부 항성입니다.

행성 주위를 도는 별이 위성衛星, satellite입니다. 외계의 행성들도 위성을 가지고 있겠지만 아직까지는 발견되지 않았습니다. 사실 달을 제외한 다른 위성이 처음 발견된 것도 인류가 망원경을 사용하고 나서입니다. 아직 태양계 안에 있는 위성도 다 찾아내지를 못했는데 다른 항성계의 행성이 가지고 있는 위성을 찾아내기는 현재로서는 무리인 듯합니다.

문학적인 표현에서는 별들이 반짝인다고 합니다. 실제로 별들은 반짝일까요?

1. 모든 별이 반짝거리는 것이 아니다. 변광성(밝기가 변하는 별)만 반짝거린다.

2. 대기가 요동하기 때문이다. 지구 밖 우주에서 보면 별은 반짝이지 않는다.

3. 눈의 착시 현상이다. 눈이 빛에 적응하는 과정에서 생기는 현상이다.

4. 별들은 반짝이지 않는다. 단지 문학적 표현일 뿐이다.

망원경으로 멀리 떨어진 물체를 볼 때도 윤곽선이 일렁이는 것을 볼 수 있습니다. 대기의 밀도가 일정하지 않고 계속 요동치기 때문에 대기를 통과하는 별빛도 계속 다른 방향으로 굴절합니다. 때문에 별이 반짝이는 것으로 보입니다. 아무리 배율이 높은 천체망원경을 사용한다고 해도 지구에서는 행성의 정확한 모습을 볼 수 없습니다.

지구 밖 우주에서 보면 별은 반짝이지 않습니다. 그래서 천문학자들은 보다 정확한 관측을 위해 대기에 의한 왜곡이 없는 우주로 망원경을 쏘아 보냅니다.

과학노트

빛의 굴절은 고체, 액체, 기체를 가리지 않고 일어나는 현상입니다.

신기루는 공기 중에서 빛의 굴절로 일어나는 현상입니다. 빛은 밀도가 높은 기체에서는 속도가 느려집니다. 사막은 표면이 뜨거워 표면 바로 위의 공기가 덮혀져 기체가 활발히 운동하게 되고 때문에 밀도가 낮아집니다. 반면에 상공의 공기는 차가운 상태이기 때문에 밀도가 높습니다. 그래서 빛이 표면에서 위로 굴절이 일어나는데 이것이 신기루입니다. 봄의 아지랑이나 여름의 도로에 마치 물이 있는 것처럼 보이는 현상도 공기에 의한 빛의 굴절로 일어납니다.

복굴절은 고체 속에서의 굴절로 일어나는 현상입니다.

빛은 한 방향이 아니라 모든 방향으로 진동하면서 이동합니다. 일부 물질에서는 편광의 방향에 따라서 굴절률이 달라지기도 하는데 이 때문에 복굴절이 일어납니다.

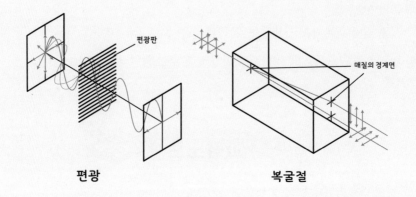

편광　　　　　　**복굴절**

한편, 한 방향으로만 진동하는 빛은 편광이라고 합니다. 편광에 대한 설명까지 하려면 책이 두꺼워지니 이런 것도 있다는 정도만 알아두시기 바랍니다.

문제 3. 물속에서 레이저를 쏘면?

물속에서 물 바깥으로 레이저를 쏜다면 레이저는 어떻게 굴절될까요?

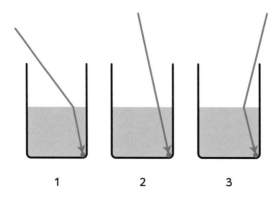

1　　　　　2　　　　　3

굴절이 생기는 이유는 빛의 움직이는 속도가 공기, 물, 유리 등에서 차이가 나기 때문입니다. 빛이 어느 쪽으로 굴절되는지는 앞의 '최단거리' 문제와 본질적으로 동일합니다.

공기 중에서 빛의 속도는 진공에서와 거의 같습니다. 물속에서는 공기 중에서보다 1.33배 느린 초속 22만 ㎞입니다.

빛이 한 지점에서 다른 지점으로 이동할 때 가장 짧은 시간의 경로를 따라 진행하는 것을 '페르마의 법칙 Fermat's principle'이라 합니다.

과학노트

레이저 LASER는 '복사 유도 방출에 의한 광증폭 Light Amplification by Stimulated Emission of Radiation'의 줄임말입니다.

레이저의 원리는 중학교 수준에서 설명할 수 없으니 생략하지만, 레이저에 대해 간단히만 설명을 해보겠습니다. 레이저는 파장과 위상, 진행 방향이 동일한 빛입니다. 때문에 보통의 빛처럼 주위로 퍼지지 않고 앞으로 나아갑니다.

레이저를 렌즈로 모으면 뜨거운 열광선이 됩니다. 때문에 군사용으로 사용하려고 연구 중입니다. 원리는 고대 그리스의 천재 발명가 아르키메데스가 로마군을 격퇴하는 데에 사용한 '아르키메데스의 불'과 유사하지 않을까 합니다. 아르키데메스의 불은 고대 로마 수군을 격퇴하는 데에 사용한 거대 거울이라는 전설인데, 만약 아르키데메스가 좀 더 연구를 해서 레이저를 만들었다면 로마의 함선을 정말로 불태웠을 것입니다.

구형의 어항에 든 물고기와 직육면체 어항에 든 물고기를 본다면 어떻게 보일까요?

1. 둘 다 커 보인다.

2. 둘 다 실제 크기로 보인다.

3. 구형 어항 속 물고기는 크게 보이고, 직육면체 어항 속 물고기는 실제 크기로 보인다.

4. 구형 어항 속 물고기는 실제 크기로 보이고, 직육면체 어항 속 물고기는 크게 보인다.

구형의 어항은 볼록렌즈 작용을 하기 때문에 실제 물체보다 크게 보입니다. 직육면체의 어항은 어떨까요? 앞에 나왔던 '최단거리' 문제를 다시 떠올려보십시오. 눈의 위치를 돈가방, 세 부분에서 나오는 빛을 수영하는 사람이라고 생각하면 빛이 굴절한다는 것을 알 수 있습니다. 다만 굴절의 정도가 작기 때문에 구형 어항보다는 크게 보이지 않습니다.

그렇다면 어항 속의 물고기에게는 세상이 어떻게 보일까요?

빛의 굴절로 인해 마치 오목렌즈와 같은 효과가 납니다. 때문에 실물보다 더 작게 보이고 더 넓은 범위를 볼 수 있습니다. 이러한 물고기의 시야를 흉내낸 렌즈를 어안렌즈라고 합니다.

과학노트

소리도 파동입니다. 따라서 음파도 반사와 굴절이 일어납니다.

그래서 다음과 같은 실험을 해 볼 수 있습니다.

풍선 안에 드라이아이스 조각을 넣습니다. 시간이 지나면 드라이아이스가 승화하여 이산화탄소가 발생하고 풍선 안은 이산화탄소로 채워져 부풀어 오릅니다. 스피커 앞에 이산화탄소 풍선을 대고 소리를 들어보면 풍선이 없을 때보다 소리가 훨씬 커집니다.

이유는 이산화탄소 풍선이 볼록렌즈와 같은 작용을 했기 때문입니다. 소리의 속도는 공기를 지날 때보다 이산화탄소를 지날 때 느려집니다. 마치 빛이 볼록렌즈를 지나갈 때 느려지는 것과 마찬가지입니다. 그래서 소리의 굴절이 일어나 소리가 모이게 되고 소리가 더 커집니다. 하지만 소리의 반사를 이용한 깔때기보다는 효율이 나쁩니다.

문제 5. 공기 방울 렌즈

바닷속에서 신나게 잠수를 하던 철수 앞에 커다란 공기 방울이 떠오릅니다. 마침 공기 방울 너머로 물고기가 보입니다.

공기 방울을 통해서 본 물고기를 본다면 커 보일까요, 작아 보일까요?

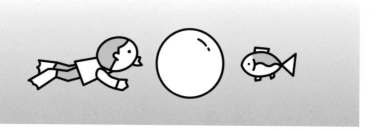

1. 실물과 같은 크기이다.

2. 실물보다 작아 보인다.

3. 실물보다 커 보인다.

어항이 볼록렌즈와 같은 역할을 하는 이유는 빛이 공기에서보다 물속에서 더 느리게 움직이기 때문입니다.

문제의 그림에서 부분만 따로 떼서 보겠습니다. 오목렌즈 한 쌍과 같은 역할을 한다는 것을 알 수 있습니다. 때문에 공기 방울을 통해서 본다면 실물보다 작아 보입니다.

물, 공기 방울뿐 아니라 중력이 렌즈의 역할을 하기도 합니다.

아인슈타인의 일반 상대성 이론에 의해 중력이 빛을 굴절시킨다는 것이 예측되고 에딩턴^{Arthur Eddington}이 1919년 개기일식 때 태양 뒤편에 있어 보이지 않아야 하는 별을 관측하면서 이를 증명합니다.

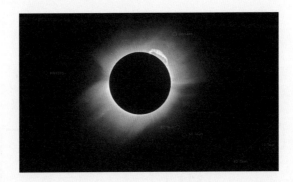

에딩턴이 아인슈타인을 위해 보이지도 않는 별을 보인다고 거짓말했다는 음모론도 있었지만 1979년 재관측이 이루어졌고 에딩턴의 관측이 옳았음이 증명됩니다. 중력렌즈 효과는 특히 블랙홀 주위에서 크게 나타납니다. 그래서 우주 여행을 다룬 영화에서는 블랙홀의 중력렌즈 효과를 자주 써먹습니다.

제주도로 놀러간 철수는 방수카메라로 바닷속 풍경을 열심히 찍어댑니다. 그런데 문득 렌즈를 보니 렌즈의 절반이 해초에 가려져 있는 것입니다. 렌즈에 붙은 해초를 떼어내면서 철수는 걱정을 합니다.

렌즈의 절반이나 가려진 상태로 사진을 찍었는데 과연 사진이 제대로 나올까요?

1. 절반만 나타난다.

2. 똑바로 선 상이 나타난다.

3. 가리기 전보다 크기가 1/2로 줄어들어 나타난다.

4. 가리기 전보다 어두운 상이 나타난다.

렌즈의 일부분을 가리더라도 아래의 그림처럼 렌즈의 가리지 않은 부분으로 빛이 들어가 상을 만들 수 있습니다.

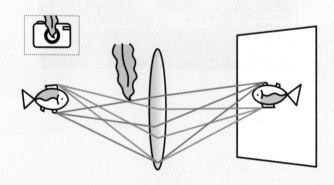

다만 들어오는 빛의 양은 줄어들기 때문에 가리지 않을 때보다 어두워집니다.

볼록렌즈로 빛을 모으려고 합니다.

어떤 렌즈가 더 효율적일까요? (모두 고르세요.)

  1. 두꺼운 렌즈

  2. 직경이 큰 렌즈

  3. 렌즈의 크기와 두께는 관계가 없다.

렌즈가 두꺼우면 더욱 더 한 점에 집중됩니다. 렌즈가 크면 훨씬 많은 양의 빛을 받아들일 수 있습니다. 따라서 두껍고 직경이 큰 렌즈가 효율적입니다.

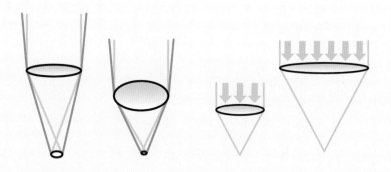

하지만 무한정 렌즈를 두껍게 할 수는 없습니다. 그럴 경우는 어떻게 해야 할까요? 렌즈를 여러 개 쓰면 됩니다. 가운데 부분과 가장자리 부분의 두께 차이만 같다면 렌즈의 개수와 상관없이 같은 배율이 됩니다. 실제로 카메라의 경우 여러 개의 렌즈를 겹쳐서 만듭니다.

평면이면서도 축소나 확대된 상을 얻을 수 있는 렌즈가 있습니다.

빛의 굴절은 렌즈의 곡면(구부러진 부분)에 의해 일어납니다. 때문에 곡면이

아닌 부분을 잘라내어도 굴절은 일어납니다. 오히려 렌즈가 얇기 때문에 더 많은

빛이 통과를 하게 되고 그만큼 밝아지는 이점도 있습니다.

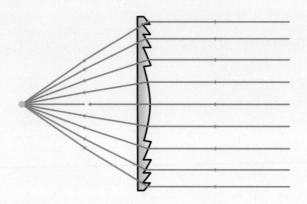

이러한 렌즈를 프레넬 렌즈^{Fresnel lens}라고 하는데, 오귀스탱장 프레넬^{Augustin-}

^{Jean Fresnel}이 처음으로 등대에 사용하였기 때문에 붙여진 이름입니다. 요즘은 플

라스틱으로 싼값에 만들 수 있기 때문에 조명시스템, 확대경 등으로 많이 사용됩

니다.

그러나 프레넬 렌즈는 상(像)에 줄무늬가 생기는 단점이 있습니다. 때문에 확

대경보다는 조명시스템으로 많이 사용합니다.

문제 8. 파리대왕

『파리대왕Lord of the Flies』은 1954년에 발표된 윌리엄 골딩William Golding의 소설입니다.

사실 일반적인 의미의 '파리대왕'은 바알세불입니다. 고대 가나안의 신인 바알을 유대인들이 비하해서 부르던 멸칭입니다. '바알'에 '세불'을 붙이면 히브리어 발음으로는 파리대왕이라는 의미가 됩니다. 구약에서는 하느님에 대적하는 우상이며 신약에서는 악마들의 왕으로 묘사됩니다. 소설에서는 '야만인들의 왕'이라는 의미로 사용됩니다.

책은 미래의 어느 때 핵전쟁이 일어나고 영국 소년들이 전쟁을 피해 비행기로 피난가던 중 비행기가 추락하면서 무인도에 어른 없이 아이들만이 남게 되면서 시작됩니다. 처음에는 문명의 상징이라 할 수 있는 랄프를 중심으로 무인도에서 생활하지만, 날이 갈수록 점점 야만스럽게 변하더니 급기야 야만의 상징인 잭을 중심으로 뭉치게 됩니다. 잭 일행은 랄프를 죽이려 듭니다. 랄프는 잭 일행을 피해 도망을 치게 되는데...(이 이후의 얘기는 책으로 읽으시기 바랍니다.)

이 소설에서 랄프는 자신을 따르던 피기의 근시용 안경을 이용해 불을 피우는 장면이 있습니다. 이는 완전히 잘못된 묘사입니다. 근시용 안경은 오목렌즈이니 초점을 잡을 수 없습니다.

그렇다면 피기를 원시용 안경을 쓴 캐릭터로 수정해야 할까요?

1. 그렇다. 원시용 안경은 볼록렌즈라 불이 붙는다.
2. 아니다. 원작자가 아닌 한 소설의 오류를 고쳐서는 안 된다.
3. 수정해도 소용없다. 원시용 안경으로도 불이 붙지 않는다.
4. 모르겠다. 물리 문제를 가장한 문학 문제는 풀 필요가 없다.

안경은 초점이 맺히는 거리를 조정해 시력을 교정해줍니다.

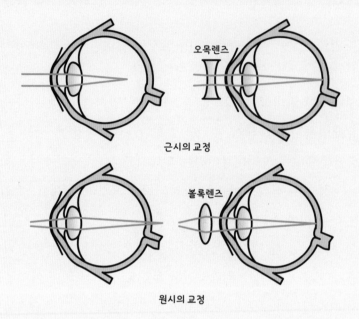

근시의 교정

원시의 교정

근시의 경우는 오목렌즈를 이용해 초점이 맺히는 거리를 늘려주고, 원시는 볼록렌즈를 이용해 초점이 맺히는 거리를 줄여줍니다.

그런데 볼록렌즈를 이용한 돋보기안경은 눈의 초점을 맞히게 해주지만 정작 스스로는 초점을 맺지 못합니다. 만약 태양빛을 받아 초점에 빛이 모이면 불이 붙어 화재가 나거나 눈에 화상을 입혀 실명할 수도 있기 때문에 일부러 초점이 없도록 제작됩니다. 그래서 원시용 안경으로도 불을 붙일 수 없습니다.

과학노트

눈의 구조는 다음과 같습니다.

멀고 가까운 것을 보려면 섬모체가 수정체를 잡아당겨 초점거리를 조정해줍니다. 눈으로 들어오는 빛의 밝기는 홍채가 조절해줍니다. 홍채의 색깔은 다양한데 우리나라 사람들은 갈색입니다. 그래서 영어로는 'Brown Eyes'입니다. 절대로

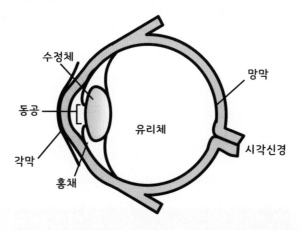

수정체
망막
동공
유리체
시각신경
각막
홍채

'Black Eyes'가 아닙니다. Black Eyes는 맞아서 눈에 멍이 들었다는 의미입니다.

시각신경을 이루는 신경섬유들은 망막의 한 곳으로 모여 빠져나와 뇌로 연결됩니다. 이곳은 시각세포가 없기 때문에 빛에 대한 반응이 없습니다. 그래서 이곳을 맹점blind spot이라고 합니다.

맹점은 눈이라는 기관의 설계상 매우 심각한 오류입니다. 굳이 신경섬유를 눈안에서 바깥으로 빼낼 이유가 전혀 없습니다. 실제로 오징어의 경우는 신경섬유가 처음부터 바깥쪽으로 되어 있기 때문에 맹점이라는 것이 없습니다.

사람의 몸을 기계라 하고 누군가가 이런 식으로 설계를 했다면 설계사는 정말 무지한 사람임에 틀림없습니다. 설계사의 설계가 잘못되었는데도 엔지니어들이 그대로 제작했다면 엔지니어들이 무능한 사람일 것입니다. 그리고 이런 결함이 발생했는데도 설계와 제작을 감독해야 할 감독관이 그대로 두었다면 무책임한 사람임에 틀림없습니다.

사실 우리 몸에는 이 외에도 수많은 결함이 있습니다. 어떤 존재가 우리 몸을 설계하고 제작하고 감독했는지는 몰라도, 무지하고 무능하고 무책임한 존재라고 할 수 있겠네요.

문제 9. 무지개 만들기

스펙트럼spectrum이라는 단어를 처음 사용한 사람은 아이작 뉴턴입니다.

그는 1666년 흑사병이 창궐하고 런던이 불타고 있는 와중에도 케임브리지대학교의 한 연구실에서 햇빛을 프리즘에 통과시키는 실험을 합니다. 가시광선이 프리즘에서 굴절되면서 무지개빛이 나타났고 이를 스펙트럼이라 이름 붙입니다.

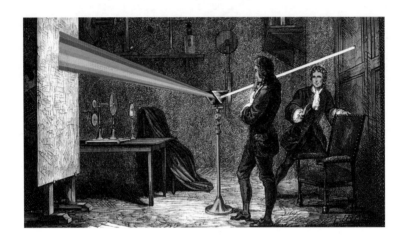

그런데 거울을 이용해서도 빛을 분리할 수 있을까요?

1. 가능하다.

2. 불가능하다.

백색광을 무지개색으로 분리할 수 있는 이유는 빛의 파장이 다르기 때문입니다. 빛의 색은 파장의 길이에 따라 결정됩니다. 가시광선 중에는 빨간색의 파장이 제일 길고 보라색이 가장 짧습니다.

파장이 길수록 굴절률이 낮습니다. 때문에 백색광이 무지개색으로 분리됩니다. 하지만 반사는 파장의 길이와 관계없이 같습니다. 때문에 거울을 이용해서는 백색광을 무지개색으로 분리할 수 없습니다.

그런데 앞의 그림은 잘못되었습니다. 실제로는 색깔이 저런 식으로 불연속적으로(디지털적으로) 나뉘지 않고 연속적(아날로그적으로)으로 변합니다. 무지개가 7색이라고 알려지게 된 건 뉴턴이 스펙트럼을 '도레미파솔라시'의 7음계에 맞추어 나누었기 때문입니다. 뉴턴 이전 유럽에서는 빨간색, 노란색, 초록색, 파란색, 보라색의 5색으로 나누었다고 합니다. 과거 우리나라의 경우는 다음번 문제를 참고하시기 바랍니다.

싸구려 카메라로 찍으면 윤곽이 무지개색으로 나오는 경우가 있는데 이 또한 빛의 굴절률 차이(색수차) 때문입니다.

3
빛과 색

빛光, light은 가시광선 영역의 전자기파입니다. 전자기파電磁氣波, electromagnetic wave란 전기와 자기라는 에너지를 전달하는 파동입니다. 전자기파가 에너지를 전달하는 속도는 빛의 속도와 같습니다. 빛도 전자기파의 일종이니 당연한 말이네요.

전자기파는 파장의 길이에 따라 분류할 수 있습니다. 파장이 1mm 이상이면 전파라 합니다. 파장이 10~0.01nm(nm은 나노미터로 1/1,000,000mm입니다)면 X-선입니다. 파장이 400nm에서 700nm사이일 때는 눈으로 감지할 수 있는데 이를 '눈으로 볼 수 있다'라는 의미로 가시광선可視光線이라 하고 더 간단하게는 '빛'이라고 합니다.

빛을 이루는 파장은 모든 방향으로 진동하면서 이동합니다. 파장이 다른 빛이 물체의 표면에 반사되면 우리의 눈은 그 차이를 감지할 수 있는데 이것이 색입니다.

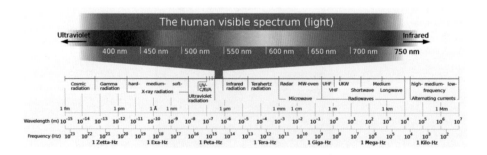

빛은 실재로 존재하는 물체 고유의 성질이지만 색은 눈과 뇌에서 느끼는 감각입니다. 때문에 아리스토텔레스가 주장한 '물체 고유의 색'이란 없습니다. 색이란 사람에 따라서 환경에 따라서 다르게 느껴집니다.

색은 검정, 회색, 흰색의 무채색과 빨강, 노랑, 파랑 등의 유채색으로 나뉩니다. 그런데 채彩와 색色은 같은 뜻이니 무채색無彩色은 '색깔 없는 색'이라는 의미입니다. 실제로도 무채색은 구별되는 색깔이 없고 밝기만을 나타내기 때문에 색으로 취급하지 않는 사람들도 있습니다.

색의 선명도는 채도彩度이고 밝기의 정도는 명도明度라고 합니다.

아래 그림에서 사용된 원근법의 종류는 무엇일까요?

1. 투시원근법

2. 공기원근법

3. 역원근법

4. 원근법을 사용하지 않았다.

투시원근법은 앞의 물체는 크게, 뒤의 물체는 작게 나타내는 방식입니다. 화가의 눈을 한 점에 고정시키고, 그 시점을 기준으로 그리는 방식입니다. 카메라로 보는 것과 똑같은 상을 그릴 수 있습니다. 실제로 원시적인 카메라로 상을 맺게 한 다음 이를 따라 그리기도 했습니다.

투시 원근법은 15세기 초 이탈리아에서 발명된 후 19세기 말 폴 세잔과 같이 사실보다는 화가의 주관적 표현을 중시하는 화가들이 등장할 때까지 서양 회화의 특징으로 자리잡기도 했습니다.

역원근법은 반대로 앞의 물체는 작게, 뒤의 물체는 크게 나타내는 방식입니다. 투시원근법이 앞의 사물에 의해 뒤의 사물이 가려지는 데 비해 역원근법은 귀의 사물이 가려지지 않고 모두 보이게 됩니다. 눈에 보이는 실상보다는 사물 본래의 이상적인 모습을 강조하던 동양에서 주로 사용하던 방식입니다.

이에 비해 공기원근법은 앞의 물체는 어둡고 뚜렷하게, 뒤의 물체는 밝고 희미하고 푸르게 그리는 방식입니다. 실제로 뒤에 있는 물체일수록 공기에 의한 빛의 산란 때문에 밝고 희미하고 푸르게 보입니다.

어린 왕자는 노을을 보는 것을 좋아합니다. 다만 어린 왕자가 노을을 보는 때는 주로 우울하거나 슬플 때이지요. 왠지 결말에 대한 복선 같아서 읽고 있는 독자들도 우울해집니다.

어린 왕자가 사는 별은 작기 때문에 의자를 조금만 움직여도 노을이 지는 모습을 볼 수 있습니다. 하루에 43번이나 본 적도 있다고 합니다.

그런데 어린 왕자의 행성 B-612에서도 노을은 빨간색일까요?

지구에서 노을이 빨간 이유는 무엇 때문일까요?

1. 해가 뜨거나 넘어갈 때 빛의 양이 줄어서이다.

2. 해가 뜨거나 넘어갈 때 더 많은 대기를 통과해야 하는데 이때 태양의 노란색과 대기의 푸른색이 합쳐져서 빨간색이 된다.

3. 대지의 붉은색이 태양빛에 의해 반사되기 때문이다.

4. 빛의 산란 때문이다.

산란scattering은 파동(빛)이 매질(대기)을 지나갈 때 매질의 불균일성 때문에 경로를 벗어나는 것입니다.

산란은 파장이 짧을수록 잘 일어납니다. 저녁이나 아침이 되면 태양빛이 훨씬 많은 대기층을 통과하게 됩니다. 이때 파장이 짧은 파란색은 산란이 되고 파장이 긴 붉은색은 대기를 통과하여 우리 눈에 들어오기 때문에 붉은 노을이 지게 됩니다. 대기 중에 미세 먼지가 많으면 이들 입자로 인해 빛의 산란이 더 많이 일어나기 때문에 노을이 지는 범위는 훨씬 넓어집니다.

그런데 화성에서는 붉은 노을을 볼 수 없습니다. 대기가 희박하여 파란색의 산란이 잘 일어나지 않기 때문에 푸른색입니다. 때문에 영화 <마션>에서 화성에 혼자 남은 마크가 붉은 노을을 보며 한숨을 쉬는 장면은 잘못된 것입니다.

소행성 B-612는 크기가 작고 그만큼 대기의 두께도 얇기 때문에 붉은 노을이 아니라 파란 노을이 집니다. 아마도 어린 왕자는 지구에 와서 처음으로 붉은 노을을 보았을 것입니다.

문제 3. 리버서블 외투

속과 겉 양면을 바꿔 입을 수 있는 외투가 있습니다.
한 면은 흰색, 한 면은 검정색입니다.
어느 쪽을 안쪽으로 해서 입을 때 따뜻할까요?

1. 흰색이 바깥쪽으로 나오는 것이 따뜻하다.

2. 검은색이 바깥쪽으로 나오는 것이 따뜻하다.

3. 색깔과는 관계가 없다. 어느 쪽이나 마찬가지다.

모든 빛을 반사하면 흰색이 되고 모든 빛을 흡수하면 검은색이 됩니다.

바깥쪽이 검은색이면 모든 빛을 흡수하고 흡수한 빛은 열을 발생시키기 때문에 검은색이 바깥쪽으로 나오는 것이 따뜻합니다.

또한 안쪽이 흰색이면 빛을 반사하여 밖으로 나가지 못하게 하기 때문에 더욱 효과적입니다. 효과를 극적으로 높이려면 은박지처럼 빛을 반사하는 재질로 몸을 싸는 것이 좋습니다. 실재로 조난을 당해 저체온증에 걸린 사람을 은박지로 감싸서 체온을 보호합니다.

그러면 북극곰은 왜 하얀색일까요? 물리학 시간에 공부를 하지 않아서일까요? 그렇지는 않습니다. 주변의 색과 같은 색일 때 위장하기가 쉽기 때문입니다.

문제 4. 식물을 잘 자라게 하는 색?

식물을 기를 땅이나 물, 비료가 부족하다 보니 '식물공장'이라는 것이 각광을 받고있습니다. 식물공장이란 농작물에 대하여 온도와 습도를 제어하고 인공 광원으로 농작물을 재배하는 시설을 말합니다. 이로 인해 날씨나 계절에 관계없이 농작물을 연중 안정적으로 생산 공급할 수 있습니다.

식물공장은 딕슨 데스포미어 Dickson Despommier 컬럼비아대학교 교수가 1999년 제시한 아이디어로, 그는 "30층 규모의 빌딩농장에서 5만 명의 먹을거리를 해결할 수 있다"고 주장합니다. 또한 식물공장은 같은 장소에서 닭, 오리, 거위 등의 조류와 물고기, 새우, 조개 등도 키울 수 있어 인류의 먹거리를 해결할 수 있습니다.

또한 식물공장은 우주 개발에도 필수적인 요소인데, 식물공장만 있었다면 <마션>에서 화성 탐험 중 홀로 남게 된 식물학자 마크가 동료들이 남긴 대변을 거름 삼아 농사지은 감자만 먹으며 살지 않아도 되었을 것입니다.

화성에 고립되었다가 간신히 지구로 돌아온 마크는 식물공장 고문으로 취직했습니다. 사장이 마크에게 인공광원으로 사용할 LED에 대한 조언을 부탁합니다. 초록색과 보라색 LED 중 어느 색 전등을 이용하는 것이 식물을 잘 자라게 할 수 있을까요?

1. 보라색
2. 초록색
3. 어느 쪽이나 상관없이 잘 자란다.
4. 어느 쪽이나 상관없이 자라지 못한다.

식물은 잎에서 광합성을 하여 양분을 만들어 냅니다.

식물의 잎이 녹색인 이유는 다른 빛은 흡수하지만 녹색만 반사하기 때문입니다. 반사된 빛을 우리 눈이 감지하기에 녹색으로 보입니다. 즉 녹색은 광합성에 전혀 도움이 되지 않습니다. 때문에 실내에서 식물을 키우려면 녹색의 보색인 보라색 빛을 사용해야 합니다.

보라색 LED를 켠 상태에서 식물을 보면 무슨 색으로 보일까요?

보라색은 녹색의 보색입니다. 보색은 서로 반대되는 색입니다. 보색은 반사가 일어나지 않으므로 까맣게 보입니다. 때문에 보라색 조명을 켜고 식물의 잎을 보면 까맣게 보입니다.

한편 바닷속에서 사는 김이나 우뭇가사리는 파란색 빛으로 광합성을 합니다. 그래서 우리 눈에는 빨간색으로 보이기 때문에 홍조류라고 불립니다.

광합성이란 빛, 이산화탄소, 물을 이용해 산소와 포도당을 만드는 작용입니다. 광합성에 관여하는 효소는 단백질로 만들어져 있기 때문에 온도는 40℃ 이하여야 합니다. 40℃가 넘어가면 효소가 변성되기 때문에 기능을 상실합니다.

그런데 열대지방은 여름에 기온이 40℃를 넘어가는 일이 다반사입니다. 도대체 이런 곳에서는 어떻게 광합성을 할 수 있을까요?

사탕수수나 옥수수는 세포들이 광합성의 과정을 분담합니다. 온도가 높은 환경에 노출된 바깥쪽 세포는 이산화탄소를 흡수하는 일만 합니다. 온도가 낮은 안쪽 세포에서 포도당을 만듭니다.

건조한 사막에 사는 선인장의 경우 낮에 기공을 열었다가는 수분이 모조리 빠져나갈 수 있기 때문에, 밤에만 기공을 열어 이산화탄소를 흡수, 변형하여 저장합니다. 그리고 낮에 기공을 열지 않고 저장해둔 이산화탄소를 이용하여 포도당을 만듭니다.

한 가지 더, 식물의 광합성만 강조하다 보니 식물도 호흡을 한다는 사실을 종종 잊어버리는 사람들이 있습니다. 해가 쨍쨍할 적에는 호흡량보다 광합성량이 많아 산소를 많이 배출하지만 밤에는 호흡만 하기 때문에 이산화탄소를 배출합니다.

다음 그림과 같이 흰색 바닥에 빨간색, 파란색, 초록색 조명을 비추었을 때 바닥의 가, 나, 다, 라에는 어떤 색이 나타날까요?

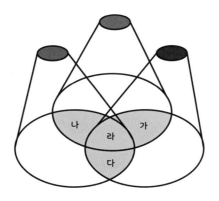

1. 하늘색　　　노란색　　　자홍색　　　흰 색
2. 검은색　　　청록색　　　노란색　　　자홍색
3. 흰 색　　　자홍색　　　하늘색　　　노란색
4. 자홍색　　　노란색　　　청록색　　　흰 색
5. 노란색　　　청록색　　　자홍색　　　검은색

　　빛의 삼원색과 보색은 외워두는 것이 좋습니다. 내친김에 색의 삼원색도 알아보겠습니다.

　　흔히 빛의 삼원색은 빨강, 파랑, 녹색, 색의 삼원색은 빨강, 파랑, 노랑이라고 외우는데 이것은 잘못된 것입니다.

빛의 삼원색은 Red(빨간색), Green(초록색), Blue(파란색) 즉 RGB이고, 색의 삼원색은 Cyan(청록색), Magenta(자홍색), Yellow(노란색) 즉 CMY입니다.

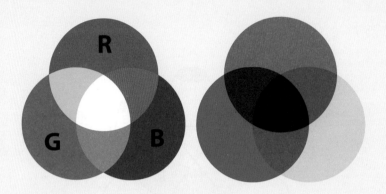

이렇게 자세히 구별을 하면 외워야 하는 양이 많아지니 빨강 파랑, 노랑이라고 하는 것입니다. 위의 두 그림으로 그 차이를 알 수 있을 것입니다.

빛은 섞일수록 밝아집니다. 그래서 낮에 프로젝터로 영화를 보면 색의 대비가 낮아져 심각한 영화가 심심해 집니다.

색은 섞일수록 어두워집니다. 때문에 화가가 열심히 그린다고 계속 색을 칠하면 밝은 그림도 어둡고 무거워집니다.

클로드 모네Claude Monet는 인상주의의 창시자입니다. 인상주의자들은 시간
의 흐름에 따라 변하지 않는 이상적인 형태와 색을 표현해야 한다는 전통 회
화의 통념에 반하여 빛에 따라 변화하는 대상의 색과 형태를 그리고자 하였
습니다. 그래서 빛이 변하기 전에 그리려다 보니 빠르게 그리고 묘사가 거칠
고 대담해집니다.

때문에 1874년 르누아르Pierre-Auguste Renoir, 드가Edgar Degas 등과 함께 개최했
던 '앙데팡당Indépendants 전'에서 인상만 대충 그린 그림이라는 비판을 받기도
합니다. 하지만 오히려 모네, 르누아르, 드가 등은 이 말을 자랑스럽게 받아
들였고 이에 따라 이들의 그림에는 인상주의라는 이름이 붙여집니다.

다음 그림은 모네의 <눈 쌓인 아침의 건초더미>(1891)라는 작품입니다.

그런데 그림자가 파란색입니다. 이유가 무엇일까요?

1. 모네가 색맹이었다.

2. 마침 검은 물감이 떨어졌다.

3. 자신의 감정을 그림자의 색으로 표현한 것이다.

4. 원래 그림자가 파랗다.

모네는 말년에 백내장에 걸려 다시는 그림을 그릴 수 없다는 선고를 받습니다. 하지만 불굴의 의지로 죽는 순간까지 그림을 그렸습니다. 비록 이 당시의 그림을 보면 구체물을 그린 것인지 추상화인지 구별이 안 갈 정도 이지만 그 열정만은 고스란히 느껴집니다. 하지만 모네가 앞의 그림을 그릴 때는 정상이었고 색맹도 아니었습니다.

그러면 검은 물감이 떨어졌을까요? 검은색은 자홍, 청록, 노랑을 섞으면 만들어집니다. 검은 물감이 떨어졌다고 해도 얼마든지 만들 수 있습니다.

그러면 자신의 감정을 그림자의 색으로 표현한 것일까요?

확실히 후기 인상파인 고흐는 색깔과 형태를 통해서 자신의 감정을 표현합니다. 때문에 고흐가 정신이 불안정했을 때 그린 후기의 그림을 보자면 감상자의 마음도 같이 불안정해집니다. 하지만 모네는 감정을 최대한 억제하고 눈에 보이는 대로 표현하려고 노력한 사람입니다.

모네는 실제로 눈 쌓인 건초더미를 관찰하고 그림을 그렸고 때문에 실제 그림자 색깔인 파란색으로 그림을 그렸습니다.

그림자는 광원의 색깔과 보색관계입니다. 때문에 노란색 태양이 비추게 되면 파란색 그림자가 생깁니다. 다만 바닥이 흰색이 아니거나 빛이 너무 강한 한낮에는 제대로 관찰하기 어렵습니다. 눈으로 바닥이 하얗게 되고 아침이라 빛이 강하지 않은 때였기에 모네는 정확한 관찰을 할 수 있었습니다.

한편 칸딘스키^{Wassily Kandinsky}는 위의 그림을 보고는 깊은 감동을 받습니다. 그리고 그 밑에 적힌 <건초더미>라는 제목을 보고는 충격을 받습니다. 왜냐하면 자기가 보고 있던 것이 건초더미인 줄 몰랐기 때문입니다. 그러나 그때 칸딘스키는 큰 깨달음을 얻습니다.

"미술에서 중요한 것은 대상이 아니라 감동이다."

오히려 객관적 대상 묘사는 장애일 뿐이라고 생각한 그는 추상미술로 나아가게 됩니다.

문제 7. 보이지 않는 적외선

철수는 휴대폰으로 집안 사람의 모습을 촬영합니다. 그런데 동생이 리모컨 버튼을 누르자 휴대폰 영상에 리모컨 앞 부분이 반짝거리는 것이 보입니다. 이를 이상하게 여긴 철수는 동생에게 휴대폰 카메라 정면에서 리모컨 버튼을 누르게 합니다. 그러자 눈에는 보이지 않지만 휴대폰 화면에서는 빛이 반짝거립니다. 어떻게 된 것일까요?

1. 리모컨에 귀신이 들렸다.

2. 휴대폰에 귀신이 들렸다.

3. 철수의 눈이 나쁜 것이다.

4. 리모컨, 휴대폰, 철수의 눈은 전부 정상이다. 누가 실험해도 같은 결과가 나온다.

우리가 흔히 사용하는 리모콘은 적외선 방식입니다. 적외선은 가시광선보다 파장이 길어서 우리의 눈이 감지할 수 없습니다. 적색^{赤色, Red}의 바깥^{外, Infra}에 있다고 해서 적외선^{赤外線, Infrared}입니다.

카메라에 들어가는 이미지센서(CMOS 센서)는 빛 감지 범위가 눈보다 넓기 때문에 적외선도 감지가 됩니다. 그러나 이는 오히려 우리가 느끼는 실제 색과 다른 왜곡된 색을 보여줍니다. 그래서 고가의 미러리스 카메라나 DSLR 카메라는 우리 눈으로 보이는 가시광선 영역만 최대한 수용하도록 적외선과 자외선을 걸러주는 필터를 이미지센서 앞에 장착합니다. 하지만 핸드폰 카메라의 경우 필터를 달 공간이 좁다보니 필터의 성능이 떨어져서 리모컨 불빛이 보이는 것입니다.

리모컨에 적외선을 사용하는 이유는 파장이 길어 에너지가 낮기 때문입니다. 그래서 건전지 두 개 정도의 낮은 전압으로도 거뜬히 구동이 가능합니다.

파장이 길면 산란이 쉽게 일어나지 않습니다. 때문에 안개가 끼면 가시광선은 산란하여 안개를 통과하지 못하지만 적외선은 통과할 수 있습니다. 때문에 안개가 낀 도로라도 적외선을 감지하는 카메라를 이용하면 훤히 보입니다. 그래서 관측용으로 많이 사용합니다.

열을 내는 물체는 적외선도 같이 방출합니다. 때문에 적외선을 이용하면 열영상을 얻을 수 있어 야간에도 관측이 가능하고 온도도 측정할 수 있습니다.

적외선을 흡수한 물체는 열이 발생합니다. 이를 이용해 물리치료에도 사용합니다. 재활의학과 혹은 통증의학과에서 볼 수 있는 빨간 불빛이 나는 스탠드가 적외선 조사기입니다. 피부 안쪽 깊은 곳까지 열을 전달해 혈액을 잘 돌게하여 세포재생을 촉진하고 몸의 저항력을 키우는 데 사용합니다.

과학노트

적외선보다 파장이 긴 것은 전파라고 합니다. 전파는 통신, 방송, 레이더 등 여러 용도로 사용됩니다. 눈에 보이는 가시광선과 통신에 이용되는 전파가 같은 전자기파라는 것은 참으로 흥미롭습니다.

전파를 이용한 무선통신을 최초로 한 사람은 마르코니$^{Guglielmo\ Marconi}$로 알려졌습니다. 그는 이 공로로 1909년에는 노벨 물리학상을 수상합니다.

하지만 무선통신을 최초로 발명한 사람은 니콜라 테슬라$^{Nikola\ Tesla}$이고 마르코니는 무선통신을 상용화시킨 사람입니다. 테슬라가 직류, 교류전기로 에디슨과 싸우는 동안 마르코니는 미국 특허청을 이용해 테슬라의 특허를 강제로 빼앗기도 했습니다.

블랙라이트라는 등이 있습니다. 이름 그대로 하면 검은 빛^{Black Light}이 나오는 등입니다. 블랙라이트는 어디에 사용하는 것일까요?

1. 그냥 평범한 등이다. 검은 빛이 나오는 등은 없다. 블랙라이트은 '어둠을 밝히는 등'이라는 의미이다.
2. 블랙라이트는 빛을 흡수하여 비추는 곳을 어둡게 만든다. 때문에 밤의 분위기를 연출할 때 사용한다.
3. 블랙라이트는 자외선등이다. 살균할 때 사용한다.
4. 블랙라이트는 상표명이다. 여기에 광고하지 말라.

검은 빛이란 존재하지 않습니다. 빛이 없는 상태가 '검은 것'입니다.

블랙라이트는 '불가시광선^{不可視光線}', 즉 가시광선의 반대개념으로 가시광선을 제외한 모든 전자기파를 부르는 이름입니다.

실제로 시중에서 구할 수 있는 블랙라이트는 자외선등입니다. 형광등처럼 생겼고 원리도 형광등과 같습니다. 다만 내부에 형광물질 대신 가시광선을 차단하고 자외선을 투과시키는 물질이 발려 있어 자외선이 나오는 등입니다.

자외선은 가시광선보다 파장이 짧고 X선보다 파장이 긴 전자기파입니다. 보라색^{紫,violet} 바깥^{外, ultra}에 있기 때문에 자외선^{紫外線, ultraviolet}이라고 불립니다. 파장이 짧기 때문에 태양으로부터 지구로 쏟아지는 자외선의 97~99%는 지구의 대기와 오존층에 흡수됩니다.

자외선은 파장이 짧은 대신 에너지는 높습니다. 이 에너지는 세포에 침투해 DNA의 염기 사슬을 끊어버리고 그 결과 세포가 파괴됩니다. 이 때문에 살균의 효과가 있어 블랙라이트는 살균할 때 사용합니다. 또 형광물질이 이 램프 근처에 있으면 자외선의 에너지를 받아 빛을 내기 때문에 놀이공원의 다크라이드 등에서도 사용합니다.

문제 9.　우주의 X선은 왜 지상에 오지 못할까?

자외선보다 파장이 더 짧으면 X선입니다. 1895년 뢴트겐Wilhelm Röntgen이 기체의 방전 현상을 연구하다가 우연히 발견합니다. 음극선관에서 나오는 미지의 광선(X선)에 책을 든 손을 대었더니 책 안에 책갈피로 끼워놓은 열쇠와 책을 든 자기 손뼈가 보이는 바람에 경악했다고 합니다. 이 충격으로 조수들도 다 내보내고 혼자 남아 혹시 자신이 연구에 너무 집중하다가 미쳐서 환상을 보는 것이 아닌가를 1주일 넘게 고민했다고 합니다.

하지만 과학자답게 실험을 통해 이 현상을 검증하려고 부인을 불러 음극선 앞에 손을 대도록 합니다. 그러자 손 안에 있는 뼈와 손가락에 끼고 있던 반지까지 선명하게 찍혔고 그제서야 이 새로운 방사선 현상을 발표했다고 합니다. 그런데 부인 안나는 이 X선 사진을 자신의 죽음을 예고하는 사진으로 생각해 다시는 연구실에 오지 않았다고 합니다.

뢴트겐선이라고도 불리는 이 전자기파는 투과율이 높아 인체 내부를 투사할 수 있어 의료용으로 사용합니다. 그리고 뢴트겐은 X선의 발견으로 최초의 노벨물리학상 수상자가 됩니다.

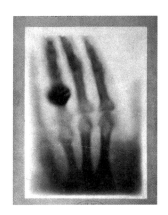

그런데 말입니다. 우주에서 지구로 어마어마한 양의 X선이 쏟아지는데도 불구하고 지상까지 도달하는 X선은 거의 없습니다. 투과율이 높은데 왜 지상까지 도달하지 못하는 것일까요?

1. X선이 대기에 산란되어서
2. X선이 대기에 반사되어서
3. X선이 대기에 굴절되어서
4. X선이 다른 전자기파로 변해버려서

파장이 짧으면 투과율은 높지만 산란이 잘 일어납니다. 때문에 대기를 통과하는 동안 산란되기 때문에 지상까지 도달하지 못합니다.

X선은 의학용 이외에도 다양한 부분에서 사용합니다. 쌀알 속에서 좁쌀을 뽑아내려면 쪽집게가 가늘어야 합니다. 마찬가지로 전자기파의 파장이 짧을수록 정밀한 검사가 가능하기 때문에 원자를 분석할 때에도 X선을 사용합니다.

감마선은 X선보다 파장이 짧은 전자기파입니다. 만화 <헐크>에서는 브루스 배너 박사가 감마선을 맞고 헐크가 되지만 현실에서는 감마선을 맞으면 죽습니다. 감마선, X선 등은 방사선입니다. 많이 맞으면 몸에 해롭습니다. 심지어 X선보다 파장이 긴 자외선도 많이 쬐면 피부암을 유발합니다. 혹시라도 헐크가 되겠다고 감마선을 맞지 않기를 바랍니다. 만화는 만화일 뿐 현실이 아닙니다.

더 나아가 보겠습니다. 슈퍼맨처럼 눈에서 나오는 X선으로 투시를 할 수 있을까요? 완전히 오류입니다. X선 검사를 받아보신 분들은 아시겠지만 X선이 몸을 통과해 뒤쪽 사진 건판에 상이 맺힙니다. 눈에서 X선을 쏠 수 있다고 해도 투시는 불가능합니다.

4
파동

파동^{波動, wave}은 물질 혹은 공간의 한 곳에서 시작된 진동이 퍼져나가는 현 상입니다. 진동은 에너지를 전달합니다.

파동은 종파와 횡파가 있습니다. 종파는 파동의 진행방향과 매질의 진동 방향이 같은 파동입니다. 대표적으로 음파가 있습니다.

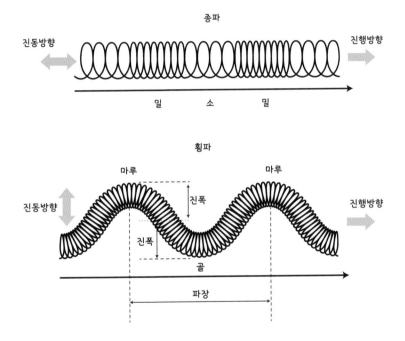

횡파는 파동의 진행방향과 매질*의 진동방향이 서로 수직인 파동입니다. 파도를 생각하면 됩니다.

---

* 매질^{媒質, transmission medium}은 어떤 움직임 또는 물리적 작용을 한 곳에서 다른 곳으로 옮 겨 주는 매개물입니다. 예를 들어, 소리는 공기를 통해 전달되므로 음파의 매질은 공기입니 다.

파동을 설명하는 주요 용어는 다음과 같습니다.

- 마루: 파동의 가장 높은 부분

- 골: 파동의 가장 낮은 부분

- 파장波長, wavelength, λ: 이웃한 마루(골)와 마루(골) 사이의 거리

- 진폭振幅, amplitutde, A: 진동 중심으로부터 마루 또는 골까지의 수직 거리

- 주기週期, period: 매질의 한 점이 한 번 진동하는 데 걸리는 시간

- 진동수振動數, frequency, f 혹은 v: 매질의 한 점이 1초 동안 진동하는 횟수(단위 Hz)

- 파형波形, waveform: 파동의 모양과 형태

문제1. 파동의 전달

인간들이 쓰레기를 해양에 무단으로 투기하는 일이 계속 되자 화가 난 아쿠아맨은 모든 쓰레기를 인간에게 돌려주기로 결심합니다. 아쿠아맨은 태평양 중심의 깊은 바다 바닥에 포세이돈의 삼지창을 꽂아 초거대 화산 폭발을 일으킵니다. 화산 폭발의 여파로 아메리카 대륙의 서부 해안에는 어마어마한 쓰나미가 밀어닥쳤습니다.

이 쓰나미와 함께 무단 투기된 해양쓰레기가 전부 미국의 서부 해안으로 밀려갔을까요?

1. 그렇다. 해안가는 거대한 쓰레기장이 되어버렸다.

2. 아니다. 화산들을 일렬로 폭발시켜 원형파가 아닌 직선파를 만들어야 한다.

3. 아니다. 어떤 파동을 일으켜도 쓰레기는 제자리에 있다.

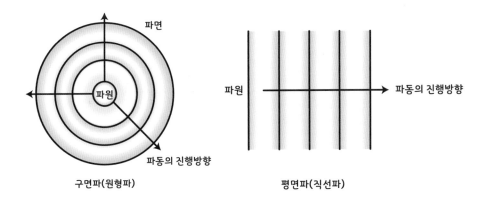

구면파(원형파)   평면파(직선파)

파동은 에너지를 전달합니다. 파동은 에너지를 전달하는 매질은 이동시키지 않습니다. 때문에 쓰레기들은 위아래로 흔들릴 뿐 해변가로 이동하지 않습니다. 가끔씩 공놀이를 하다가 공이 호수에 빠지면 돌멩이를 던져서 파동을 만드는 사람들이 있는데, 아쉽지만 전혀 효과가 없으니 다른 방법을 찾아 봅시다.

문제 2. 파장과 진폭

보편적으로 파동 그래프는 가로축이 시간인 경우와 파동의 진행 방향으로 매질의 위치인 경우로 나뉩니다.

지진은 가로축이 파동의 진행 방향으로 매질의 위치인 경우이고, 음파는 가로축이 시간인 경우입니다.

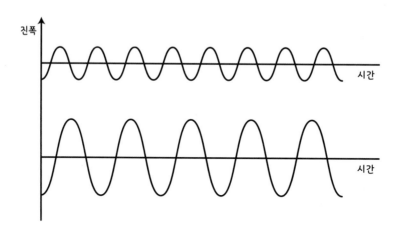

위에 있는 음파의 그래프는 가로 방향은 시간, 세로 방향은 힘의 크기를 나타냅니다.

그래프를 제대로 설명한 것을 고르시오.

1. 위의 음파는 아래의 음파보다 소리가 높고 아래 음파는 위의 음파보다 소리가 크다.

2. 위의 음파는 아래의 음파보다 소리가 크고 아래 음파는 위의 음파보다 소리가 높다.

3. 위의 음파가 아래의 음파보다 소리가 높고 크다.

4. 아래의 음파가 위의 음파보다 소리가 높고 크다.

소리는 공기 속을 전해오는 파동입니다. 소리를 구분하는 기준은 세기, 높낮이, 음색입니다.

소리의 세기는 매질인 공기 분자가 얼마나 크게 흔들렸는지에 따라 정해집니다. 이는 음파의 진폭을 의미합니다. 에너지가 크면 크게 진동하게 되고 따라서 진폭도 커집니다. 이를 소리가 크다고 표현합니다. 반대로 에너지가 작으면 음파의 진폭이 작아지는데 이를 소리가 작다고 합니다.

소리의 높낮이는 매질인 공기가 얼마나 빠르게 흔들렸는지로 정해집니다. 이는 음파의 진동수를 의미합니다. 파동의 속력이 같을 때 진동수가 적으면 파장은 길고 진동수가 많으면 파장은 짧아집니다. 진동수가 높으면 높은 소리, 낮으면 낮은 소리입니다. 흔히 남자보다 여자가 더 높은 소리를 내는 것은 남자보다 여자의 목소리가 진동수가 크기 때문입니다.

음색은 파동의 생긴 모양을 의미합니다. 같은 높이와 같은 크기를 가진 피아노의 소리와 리코더의 소리를 구별할 수 있는 것은 두 소리의 파동의 모양이 다르기 때문입니다.

우주 공간에서는 소리가 들리지 않습니다. 소리를 전달하는 매질이 없기 때문입니다. 지구에는 대기가 있기 때문에 소리가 우리의 귀로 전달됩니다.

만약 헬륨으로 가득 찬 공간에서 트럼펫을 분다면 소리가 날까요? 소리가 난다면 어떤 소리가 날까요?

1. 소리가 나지 않는다.

2. 공기 중에서와 같은 소리가 난다.

3. 공기 중에서 나는 소리보다 높은 소리가 난다.

4. 공기 중에서 나는 소리보다 낮은 소리가 난다.

소리의 속도는 매질에 따라 다릅니다.

온도가 0℃, 1기압일 때 공기는 약 29g/cm³의 밀도를 가지고 있으며, 이때 소리의 속도는 331m/s입니다. 동일한 온도와 기압에서 헬륨의 밀도는 약 4g/cm³이며, 이때 소리의 속도는 891m/s입니다.

소리의 속도가 빨라지면 진폭은 그대로이지만 진동수도 비례해서 많아집니다. 그래서 소리의 크기는 그대로지만 진동수가 높은 음이 납니다. 이론적으로는 2.7배~3배까지 높은 음이 나와야 하지만 허파 속을 100% 헬륨으로 채울 수는 없기 때문에(100% 헬륨으로 채우면 숨을 못 쉽니다) 일반 상태보다 1.5배~2배정도 높은 소리가 납니다. 즉 '도' 음이 '솔'에서 한 옥타브 높은 '도' 사이의 음으로 나오게 됩니다.

실생활에서도 쉽게 실험할 수 있습니다. 풍선 속에 든 헬륨을 마시고 소리를 내면 마치 소리를 두 배 빠르기로 재생한 것 같은 고음이 나옵니다. 단, 풍선에 든 기체가 헬륨인지 확인하고 하기 바랍니다. 헬륨이 수소보다 10배 정도 비싸기 때문에 풍선에 헬륨 대신 수소를 넣는 악덕업자들이 있습니다. 헬륨은 안정된 물질이라 불이 붙지 않지만 수소는 불이 붙으면 폭발합니다. 자칫하면 실험하려다가 머리를 태워 먹을 수도 있습니다.

문제 4. 가시광선 파장의 크기

영희는 등교하기 전에 거울을 보고 매무새를 다듬습니다. 거울로 얼굴을 볼 수 있는 이유는 거울이 가시광선을 정반사시키기 때문입니다. 집을 나서 인도를 걷다 보면 자동차의 백미러라든지 도로의 볼록거울이라든지 거울은 어디에서나 볼 수 있습니다. 학교에 도착한 영희는 문득 다음과 같은 의문이 들었습니다.

거울을 구성하는 입자들의 크기와 가시광선의 파장 중 어느 쪽이 더 클까요?

1. 거울을 구성하는 입자들의 크기가 더 크다.

2. 가시광선의 파장 길이가 더 크다.

3. 거울마다 다르다.

탁구공 크기의 입자로 만들어진 바닥에 농구공을 튀기면 입사각과 반사각은 같습니다. 하지만 탁구공을 튀기면 반드시 난반사합니다. 이유가 무엇일까요? 공의 크기가 다르기 때문입니다. 탁구공 크기의 입자라도 고르게 분포되어 있다면 커다란 농구공에게는 매끈한 바닥과 같습니다. 하지만 탁구공에게는 울퉁불퉁한 표면이고 결국 난반사를 할 수밖에 없습니다.

가시광선과 거울의 관계도 마찬가지입니다. 가시광선의 파장이 거울의 입자보다 작으면 난반사를 일으켜 제대로 얼굴을 볼 수 없습니다. 때문에 얼굴이 비쳐 보인다면 표면은 가시광선의 파장보다 매끄럽습니다.

레이더나 통신위성에 사용되는 전파의 파장의 길이는 1cm에서 10cm입니다. 이 정도의 파장이라면 철망으로도 반사가 되기 때문에 레이더는 철망으로 만듭니다.

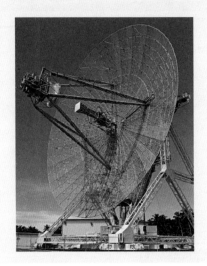

전파는 직진성이 있기 때문에 가까운 거리만 전달할 수 있습니다. 그런데 주파수가 3MHz부터 30MHz 대역대의 전파인 단파shortwave, high frequency는 지구 반대편까지도 통신이 가능합니다.

원거리 통신이 가능한 이유는 전리층 덕분입니다. 전리층이란 지표에서 약 50km 이상인 상공에서 약 1,000km 고도의 대기로 태양에너지에 의해 공기 분자가 이온화, 즉 플라스마 상태로 되어 있습니다. 이 플라스마가 반사판 역할을 하여 전파를 반사시키기 때문에 멀리까지 전파가 전달됩니다. 단파는 전리층과 지구 표면 사이를 계속 반사하며 나아가기 때문에 지구 반대편까지도 도달할 수 있습니다.

이런 특성 때문에 단파 라디오는 전쟁 시기에는 상대국에 선전 수단으로도 많이 이용되며 독재 국가에서는 외부 소식을 들을 수 있는 중요한 수단으로 지금도 사용 중입니다.

문제 5. 소리의 중첩과 상쇄

철수네 가족은 한여름 숲에서 텐트를 치고 즐거운 한때를 보내고 있습니다. 숲속은 온갖 벌레들의 소리로 시끄럽습니다. 철수 엄마는 헤드폰을 끼고는 음악 감상을 합니다. 철수가 엄마의 어깨를 두드리며 벌레 소리가 이렇게 시끄러운데 음악 소리가 들리느냐고 묻습니다.

그러자 엄마가 헤드폰을 철수에게 씌워줍니다. 놀랍게도 풀벌레 소리가 전혀 나지 않습니다. 어떻게 된 일일까요?

1. 헤드폰이 귀를 막아 외부 소리가 전달되지 않는다.

2. 음악 소리가 커서 풀벌레 소리가 들리지 않는다.

3. 외부의 소리를 상쇄시키는 기술을 사용한다.

파동의 모양(위상)과 크기가 같은 두개의 파동이 중첩重疊되면 어떻게 될까요? 진폭이 두 배인 파동이 됩니다. 보강간섭constructive interference이라고 합니다.

이번에는 파동의 위상이 정반대이고 크기가 같은 두 개의 파동을 겹치면 어떻게 될까요? 마루와 골이 만나서 합성파의 진폭이 0이 됩니다. 이를 상쇄간섭destructive interference이라고 합니다.

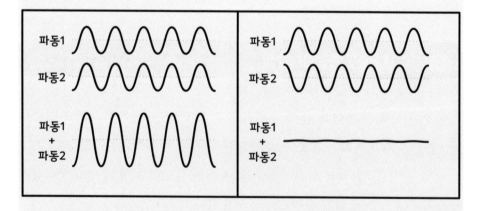

이 원리를 이용하여 외부의 소리와 역위상의 소리를 만들어 들려줌으로써 외부 소음을 차단하는 기술을 노이즈 캔슬링이라 합니다. 철수 엄마는 노이즈 캔슬링 헤드폰을 사용한 것입니다.

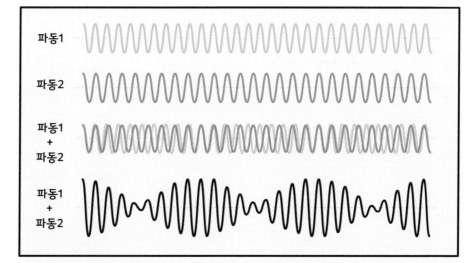

위의 그림의 파동1과 파동2처럼 서로 다른 진동수의 음파가 동시에 울리면 인간의 귀에는 어떻게 들릴까요?

맨 아래 그림과 같이 소리가 커졌다가 작아졌다를 반복합니다. 이러한 현상을 맥脈놀이beat 현상이라고 합니다.

문제 6. 녹음한 목소리

영희는 가수가 꿈입니다. 마침 한 연예기획사에서 걸그룹을 모집한다는 소식이 들립니다. 영희는 오디션에 제출할 노래 샘플을 만드려고 자신의 목소리로 노래를 불러 녹음했습니다. 그런데 녹음된 자신의 목소리를 들어보니 평상시 자기가 듣던 목소리와 너무나 달라서 깜짝 놀랍니다. 도대체 어떻게 된 일일까요?

1. 싸구려 음향장치를 사용해서 그렇다.

2. 연습을 너무 해서 목이 쉬었다.

3. 원래 남이 듣는 목소리와 자신이 듣는 목소리는 다르다.

4. 오디션에 참가하지 말라는 신의 뜻이다.

외부의 소리는 공기를 통해 전달되어 귀에 도달하지만 자신의 목소리는 공기를 통한 전달 외에도 얼굴에 있는 뼈를 진동시키고 이 진동이 귀로 전달됩니다. 뼈를 통해 전달되는 소리는 고음이기 때문에 본인의 소리를 본인이 들을 때는 맑고 청아하지만 녹음해서 들으면 낮고 탁한 소리가 납니다(이 외에도 평소와 다름에 대한 생경함, 녹음과 재생 장치의 한계, 골전도가 안 되는 것에 따른 빈약한 주파수 특성 등도 원인이 됩니다).

뼈를 통해 소리가 전달되는 것을 이용한 골전도 이어폰이라는 것이 있습니다. 이마, 머리, 턱, 뺨 등에 수화기를 가져다 대면 뼈의 진동이 달팽이관으로 직접 전달되기 때문에 소리를 들을 수 있습니다. 오히려 주위가 시끄러운 환경에서도 전화기 속의 소리는 선명하게 들리는 장점도 있습니다.

원래 골전도 기술은 전투의 소음 속에서도 원활하게 통신하기 위해 만든 장치입니다. 지금은 외이^{外耳}에 이상이 있는 청각장애인들을 위해서 사용되기도 합니다. 다만 청신경은 내이^{內耳}에 존재하므로 내이에 이상이 있는 청각장애인은 안타깝게도 사용할 수 없습니다.

사람은 성대를 통해 소리를 냅니다. 성대가 길게 늘어나면 텐션(긴장)이 증가하면서 고음이 납니다. 성대도 근육이기 때문에 훈련을 통해서 길게 늘릴 수 있습니다. 그런데 성대는 늘어나기만 할 뿐 줄어들지는 않습니다. 그래서 아무리 연습을 해도 원래 목소리보다 더 낮은 저음은 낼 수 없습니다.

고음이 특기인 가수는 대단히 많은 연습을 한 노력파 가수이고 저음이 특기인 가수는 천부적으로 타고난 가수라고 할 수 있습니다. 고음과 저음이 다 잘나오는 가수가 있다면? 노력하는 천재입니다.

문제7. 쓰나미의 힘

태평양 중심 깊은 바닷속에서 거대한 화산폭발이 일어나 쓰나미가 발생하였습니다. 화산이 폭발할 때 바로 위에서 조업하던 배가 있었습니다.

이 배의 운명은 어떻게 될까요?

1. 쓰나미의 힘에 의해 배가 두 동강이 나고 침몰한다.
2. 쓰나미의 힘에 의해 하늘 높이 튕겨 올라갔다가 추락하면서 파손된다.
3. 쓰나미를 타고 근처 육지나 섬까지 밀려가서 좌초된다.
4. 정작 배의 선원들은 쓰나미가 일어난 것도 모른다.

2009년 개봉한 <해운대>는 일본 대마도 근처에서 해저지진이 일어나고 이 때문에 부산 해운대를 향해 초대형 쓰나미가 밀려오는 가운데 생존을 위해 고군분투하는 사람들의 이야기를 다룬 영화입니다. 하지만 다큐멘터리 영화가 아니라 재난 영화인지라 곳곳에 과학적 오류가 눈에 띕니다. 특히 바다 한가운데 있던 거대한 유조선이 쓰나미를 맞고 허공을 가로질러 날아오는 장면은 절대로 불가능합니다.

쓰나미의 속도는 매우 빠릅니다. 수심 4,000m에서는 시속 700km의 속도입니다. 하지만 이때 움직이는 것은 바닷물이 아니라 에너지입니다. 때문에 배는 위아래로 흔들릴 뿐 육지로 밀려가는 일은 없습니다.

그렇다면 진폭은 어떨까요? 원양에서 쓰나미의 파장은 200km에 달하지만 진폭은 고작 0.3~1m에 불과합니다. 때문에 쓰나미가 바로 자기 아래에서 시작된다고 하더라도 정작 배의 선원들은 쓰나미가 일어난 것도 모릅니다.

쓰나미가 무서운 것은 해안에 다다랐을 때입니다. 파도의 파장은 수심이 얕을수록 짧아집니다. 그런데 파도의 에너지는 그대로이기 때문에 파장이 짧아진 만큼 파고(진폭)는 높아집니다. 물이 10여 m 높이로 들렸다가 낙하하는 위력은 상상을 초월합니다. 2004년 12월 동남아시아 쓰나미의 위력은 $1m^2$의 면적당 5톤 전후의 압력이었다고 합니다. 만약 배가 해안가에 있었다면 쓰나미의 힘에 의해 하늘 높이 올라갔다가 추락하면서 파손되었을 것입니다.

지진은 지각을 이루는 판의 움직임 때문에 발생합니다. 판을 움직이는 힘은 지구 내부의 에너지입니다. 에너지원으로 가장 유력한 것은 맨틀의 대류입니다. 대류란 가열된 액체가 팽창하여 가벼워져서 위로 올라가고, 반대로 위에 있는 식은 액체가 아래로 내려오는 현상입니다(자세한 내용은 1파트 '열'에서 다룹니다). 이로 인해 상승하는 맨틀 위의 판이 따라서 상승하기도 하고 판의 경계에서는 판이 아래로 끌려 내려가기도 하는데 이 때문에 화산이 생기고 지진이 일어납니다.

당연하게도 지진은 판의 경계 부분에서 집중적으로 발생하는데 지역이 기다란 끈과 같은 모양이라 지진대地震帶라고 부릅니다. 옆나라인 일본이 바로 이 지진대 위에 있다 보니 지진이 자주 일어납니다. 하지만 지진대가 아닌 지역에서도 지진이 발생하고 더구나 우리나라는 지진대에 가까우니 안심해서는 안 됩니다.

지진파에는 종파인 P파와 횡파인 S파가 있습니다. 에너지가 같다면 P파와 S파 중 어느 것이 더 많은 피해를 줄까요?

1. P파

2. S파

3. 둘 다 같다.

4. 상황에 따라 다르다.

P파는 종파입니다. 고체, 액체, 기체를 모두 통과하며 진폭이 짧습니다. 속도는 5~8km/s로 S파보다 빠르기 때문에 지진 관측소에 가장 먼저 도달하며 이 때문에 P파primary wave라고 합니다.

S파는 횡파입니다. 고체는 통과 가능하나 액체, 기체를 통과하지 못합니다. 속도는 3~4km/s로 S파보다 느리기 때문에 P파가 지진 관측소에 도달한 이후 두 번째로 관측되며 때문에 S파secondary wave라고 합니다.

그림을 보면 알 수 있듯이 P파는 전후좌우로 진동하지만, S파는 상하로 진동합니다. 때문에 대체로 S파가 큰 피해를 주게 됩니다.

한편 지진파에는 실체파body wave인 P파와 S파 외에도 표면파long wave(L파)인 러브파love wave와 레일리파Releigh wave도 있습니다. 표면파는 보통 전파 속도가 2~3km/s로 지표면의 고체를 따라 전파됩니다. 러브파는 특별한 지층 구조에서만 존재하고 레일리파는 항상 존재합니다. 지표면을 위아래뿐 아니라 좌우로도 흔들기 때문에 실체파보다도 더 큰 피해를 가져다줍니다.

러브파는 낭만적인 이름과 달리 전혀 사랑스럽지 않습니다. 이름이 러브파인 이유는 발견자인 A. E. H. 러브A. E. H. Love의 이름을 땄기 때문입니다. 레일리파 역시 발견자인 존 레일리John William Strutt Rayleigh의 이름에서 유래합니다.

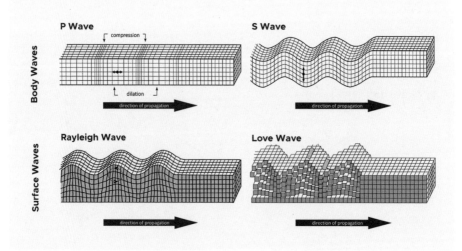

6

전기와 자기

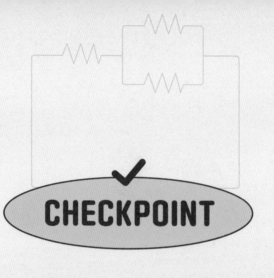

CHECKPOINT

1 마찰전기, 정전기 유도 현상을 관찰하고, 이를 전기력과 원자 모형을 이용하여 설명할 수 있다.

2 전기 회로에서 전류를 모형으로 설명하고, 실험을 통해 저항, 전류, 전압 사이의 관계를 이끌어낼 수 있다.

3 저항의 직렬연결과 병렬연결의 특징을 비교하고, 일상생활에서 전기에너지가 다양한 형태의 에너지로 전환됨을 소비 전력과 관련지어 설명할 수 있다.

4 자기장 안에 놓인 전류가 흐르는 코일이 받는 힘의 특성을 추리하고, 전동기 등 일상생활에서 활용한 예를 찾을 수 있다.

1
전기력

건조한 날 플라스틱 빗으로 머리를 빗으면 머리카락이 빗에 달라붙습니다. 이는 플라스틱 빗과 머리카락 사이에 전기력이 있기 때문입니다.

전기력은 전하량에 의해 생기고, 전하량은 물질의 '(전하량과 관련된) 고유한 성질'인 전하電荷, electric charge가 원인입니다. 마치 중력은 질량에 의해 생기고, 질량은 물질의 '(질량과 관련된) 고유한 성질'이 원인인 것과 같습니다.

그런데 질량은 항상 양의 값을 가지고 중력은 인력만 존재하지만, 전하량은 0 또는 양 혹은 음의 값을 가지고 전기력은 인력과 척력이 존재합니다.

원자 내의 양성자와 전자는 각각 양전하(+)와 음전하(-)를 갖는데, 같은 전하를 가진 물체는 서로 밀어내고(척력), 다른 전하를 가진 물체는 서로 끌어당깁니다(인력).

전하의 단위는 쿨롱coulomb, C을 사용합니다. 전자 6.25×10^{18}개의 전하를 합치면 –1C입니다. 마이너스인 이유는 전자가 음전하이기 때문입니다.

물체는 일반적으로 (+)전하의 양과 (-)전하의 양이 같아 전기를 띠지 않습니다. 그러나 건조한 날 플라스틱 빗으로 머리를 빗으면 머리카락에 있던 (-)전하를 띤 전자가 빗으로 이동해서 머리카락은 양전기를, 빗은 음전기를 띠게 됩니다. 이처럼 물체가 전기를 띠는 현상을 대전帶電이라 하고 대전된 물체는 대전체라 합니다. 대전체에 있는 전하는 흐르지 않고 머무르기 때문에 정전기靜電氣, static electricity라고 합니다. 머리카락은 (+)전하로 대전되고 빗은 (-)전하로 대전되었기에 인력이 생겨 머리카락이 빗에 달라붙습니다.

그런데 대전체를 대전되지 않은 물체에 가까이하면 물체의 전자(-)가 이동하여 대전체와 가까운 쪽에는 대전체와 다른 전하, 먼 쪽에는 같은 전하가 유도됩니다.

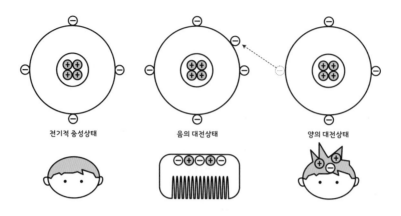

전기적 충성상태   음의 대전상태   양의 대전상태

이 현상은 정전기 유도^{靜電氣 誘導, electrostatic induction}입니다.

아래 그림은 금박 검전기가 정전기 유도된 모습입니다. 마찰에 의한 대전으로 대전체가 형성되고, 대전체의 전기력으로 정전기 유도가 발생하면, 유도된 같은 전하끼리 척력이 발생하여 금박이 벌어지게 됩니다.

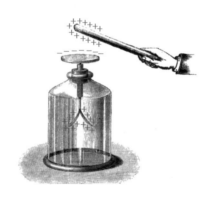

중력이 질량을 가진 물체 간의 거리의 제곱에 반비례하여 약해지듯이 전기력도 전하 사이의 거리의 제곱에 반비례하여 약해집니다.

두 전하 사이에 작용하는 힘의 크기는 쿨롱의 법칙^{Coulomb's law}으로 구할 수 있습니다(만유인력의 법칙과 판박이입니다).

왼쪽은 만유인력의 법칙 공식이고, 오른쪽은 쿨롱의 법칙 공식입니다. 상당 부분이 닮아 있다는 것을 알 수 있습니다.

$$F = G\frac{Mm}{r^2} \qquad\qquad F = k\frac{Qq}{r^2}$$

만유인력의 법칙에서 G가 중력상수이듯, 쿨롱의 법칙에서는 k가 쿨롱상수입니다. 값은 $8.9875517873681764 \times 10^9 \mathrm{N \cdot m^2/C^2}$입니다. 쿨롱의 힘 F의 값은 전하량 Q와 q의 곱에 따라 양수가 되기도 하고 음수가 되기도 하는데, 둘의 부호가 같을 경우에는 양수, 둘의 부호가 다른 경우에는 음수가 됩니다. 같은 부호의 전하 사이에서는 서로 미는 힘(척력)이 되며, 다른 부호의 전하 사이에서는 서로 당기는 힘(인력)이 됩니다.

양전하로 대전된 추 6개를 다음과 같이 두었습니다.

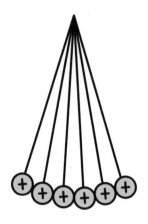

각각의 추는 서로를 밀어낼 수 있을 정도의 충분한 힘을 가지고 있습니다.

충분한 시간이 지난 후 아래에서 본다면 추는 어떤 배열을 하고 있을까요?

1.

2.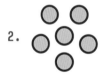

3.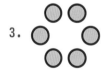

4. 불규칙적으로 계속 요동한다.

전부 양전하로 대전되어 있기 때문에 서로 간의 척력이 작용하면서 서로 간에 가장 멀리 떨어지는 배치를 취하게 되는데 그 형태는 2차원 도체에서는 원입니다. 때문에 각각의 추는 정육각형의 꼭지점에 있는 배치가 됩니다.

이는 전선 안에 있는 전자도 마찬가지입니다. 때문에 전자(-)는 전선의 표면에 존재하게 됩니다. 그래서 고압선은 무게를 줄이고 비용을 아끼기 위해 전선 가운데를 텅 비워 놓습니다.

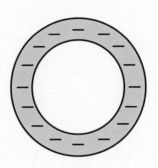

문제 2. 도마뱀붙이의 접착

흔히 '게코도마뱀'이라고 알려진 도마뱀붙이는 수직으로 세워진 벽에도 붙어있을 수 있습니다.

어떤 힘으로 가능할까요?

1. 마찰력

2. 발가락에서 나오는 끈끈이

3. 발가락 돌기에서 발생하는 진공 흡착력

4. 전기력

수직일 경우 마찰력은 0이므로 마찰력에 의해 붙어 있는 것은 아닙니다. 우둘투둘한 표면에도 붙어 있으니 진공 흡착력도 아닙니다. 도마뱀붙이가 돌아다닌 곳에도 끈끈이의 흔적은 없으니 발가락에서 나오는 끈끈이도 아닙니다.

도마뱀붙이가 붙어 있을 수 있게 하는 힘은 판데르발스 힘^{van der Waals force}입니다. 판데르발스 힘은 가까운 거리에 있는 입자에 의한 편극^{polarization}에 의해 발생합니다. 편극이란 원자나 분자의 양 끝이 음과 양으로 서로 다른 전기를 띠게 되는 것을 말합니다.

물 분자를 예로 들겠습니다. 물 분자는 다음처럼 생겼습니다. 생겨먹은 모습 때문에 수소 원자가 있는 곳은 +, 산소 원자가 있는 곳은 -가 됩니다.

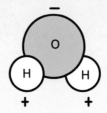

도마뱀붙이의 경우 물체와 도마뱀붙이의 발에서 편극이 생기고 다른 극끼리 끌어당기는 힘에 의해 붙어 있을 수 있는 것입니다.

판데르발스 힘

그런데 판데르발스 힘은 그리 크지 않습니다. 흑연의 층과 층 사이는 판데르발스 힘으로 묶여있는데 힘의 크기가 작아서 쉽게 떨어져 나갑니다. 그 때문에 흑연의 표면이 미끄러운 것입니다.

게코도마뱀이 벽에 붙어 있는 모습을 보고 있으면 스파이더맨이 떠오릅니다. 스파이더맨이 벽에 붙어 있을 수 있는 이유는 무엇일까요?토비 맥과이어^{Tobey Maguire}가 등장하는 샘 레이미^{Sam Raimi} 감독의 영화 <스파이더맨>에서는 피터 파커의 손가락에서 미세한 털 같은 것이 나오는 묘사가 있습니다. 아마도 털에서 끈끈이 같은 것이 나와 벽에 붙어 있다는 설정인 듯합니다. 그런데 만약 그렇다고 한다면 스파이더맨은 장갑을 껴서는 안됩니다.

스파이더맨이 벽을 타고 다닐 수 있는 이유로 또 다른 가능성을 생각해 보자면, 이과 출신인 스파이더맨이 판데르발스 힘을 발생시키는 장갑을 발명해서 끼고 있을 수도 있습니다. 그러나 판데르발스 힘은 사람의 몸을 붙일 정도로 강하지 않습니다. 그리고 설사 가능하다고 하더라도 재빠르게 이동하기는 무척 힘이 들 것입니다. 마치 찍찍이 위를 기어가는 것과 같을 것입니다.

그렇게 생각하면 두 가지 모두 스파이더맨이 벽을 탈 수 있는 이유가 아닌 것 같습니다. <스파이더맨>의 만화 원작에는 방사능에 노출된 거미에게 물려 생긴 초능력으로 나옵니다. 즉, 과학으로 설명할 수 없는 미지의 힘이 정답입니다.

그런데 만화판의 피터 파커 역시 이상한 점이 있습니다. 거미에 물렸는데 정작 거미줄은 나오지 않습니다. 그래서 자신이 직접 개발한 웹슈터를 손목에 차고 다닙니다. 물론 거미에게 물려서 벽을 기어갈 수 있다고는 하지만 작은 곤충들은 거의 대부분이 벽을 기어다닙니다. 도대체 왜 스파이더맨인지 알 수가 없습니다.

문제 3. 정전기로 스마트폰 충전하기

정전기는 쉽게 만들 수 있습니다. 자신의 머리를 빗으로 빗을 때, 머리카락이 적절하게 건조하다면 따닥따닥하는 소리를 들을 수가 있는데, 이 소리는 빗과 머리카락에서 유도된 정전기가 공기 중으로 방전되면서 나는 소리입니다.

한밤에 거울 앞에 가서 불을 끄고 머리를 빗으면 소리와 함께 불꽃이 튀기는 것도 볼 수 있습니다. 그런데 이때 발생하는 정전기를 이용하여 스마트폰을 충전시킬 수 있을까요?

1. 가능하다.
2. 불가능하다.

유튜브에는 스마트폰 충전 코드를 변형해 플라스틱 막대기에 연결한 후 털가죽으로 문질러 충전하는 영상도 있습니다. 마찰이라는 운동에너지를 이용해 전기를 생산하는 아이디어는 이미 현실화되고 있습니다.

사람이 옷을 입고 활동하는 동안 옷의 섬유끼리의 마찰은 항상 발생합니다. 팔과 몸통을 서로 다른 소재로 옷을 만들어 마찰에 의한 정전기를 유도하고 이 정전기를 이용하여 몸에 휴대하는 전자기기를 충전하는 기술이 개발 중입니다.

그런데 여러분들은 앞에서 설명한 마찰전기로 핸드폰을 충전하려는 시도를 하지 않기 바랍니다. 효율이 극도로 떨어집니다. 차라리 핸들을 돌려 발전을 하는 수동발전기가 훨씬 유용합니다.

과학노트

레이저 프린터는 정전기를 이용하여 인쇄를 합니다.

우선 대전기를 통해 드럼 표면이 음전기를 띠게 합니다. 다음으로 인쇄하고자 하는 상을 레이저 빔으로 드럼에 주사합니다. 레이저 빔이 닿은 곳은 음전기가 사라집니다.

이제 현상기에 붙어 있는 토너 가루를 드럼 표면으로 이동시킵니다. 그런데 토너 가루도 음극이기 때문에 드럼 표면의 음극과 반발하여 토너 가루가 묻지 않고 레이저 주사로 음극이 없는 부분에만 토너가 묻게 됩니다.

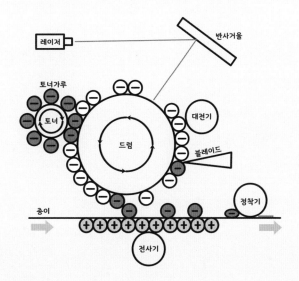

다음으로 전사기를 통해 양극을 띤 종이를 드럼에 붙입니다. 그러면 드럼 표면에 붙어 있는 음극의 토너가루가 종이 쪽으로 달라붙게 됩니다.

그 후 종이는 정착기의 롤러를 지납니다. 정착기는 열과 압력으로 토너 가루가 종이에 완전히 압착되도록 합니다.

마지막으로 블레이드 날로 드럼 표면을 긁어 드럼에 남아 있는 토너를 제거해 주면 처음 단계로 돌아가게 됩니다.

'세인트 엘모의 불Saint Elmo's fire'이라는 기상 현상이 있습니다. 세인트 엘모는 포르미아Formia의 성인 에라스무스Erasmus를 뜻하는데, 선원들의 수호성인인 그가 항해 중인 선원들을 살펴보고 있다는 증거로 선박의 돛대 등에 작은 불꽃이 나타나는 현상을 말합니다. 설교 중이던 성 에라스무스의 앞에 낙뢰가 떨어졌을 때에도 그가 괘념치 않고 설교를 계속 했다는 것에서 비롯된 이름이라고 합니다.

크루즈를 타던 중 배에서 세인트 엘모의 불을 보게 되었습니다. 어떻게 해야 할까요?

1. 선원들의 수호성인인 성 에라스무스의 기적이 일어났으니 불꽃 가까이 모여서 무릎을 꿇고 기도를 올려야 한다.
2. 곧 벼락이 떨어질 것이니 되도록 먼 곳으로 도망쳐야 한다.
3. 세인트 엘모의 불은 도시 전설이다. 애초에 있을 수 없는 일이다.

벼락을 만들 수 있는 구름이 일어날 때 지상의 뾰족한 물체의 끝 부분에 대기 전기가 방전되면서 나타나는 불꽃이 세인트 엘모의 불입니다. 현대에는 비행기에서도 일어납니다.

이 방전이 일어나면 '쉭'하는 소리와 함께 불꽃이 나타나는데, 이 불꽃이 양극에서 나올 때는 붉은색 빛이 5cm 이상이나 뻗어나가고, 음극에서 나올 때는 파란색 빛이 1cm 정도 뻗어나갑니다.

지중해 선원들은 이 불꽃을 성인 에라스무스가 자신들에게 내린 길조라고 생각했습니다. 하지만 실제로는 그 부분에 얼마 안 있어 벼락이 떨어지게 됩니다.

전기는 뾰족한 곳에 모이는 특징이 있습니다. 뾰족하기 때문에 세인트 엘모의 불이 일어나는 것이고 번개가 내려치기도 합니다. 피뢰침이 뾰족한 것도 이 때문입니다. 그러니 되도록 그곳에서 먼 곳으로 도망쳐야 합니다.

물론 성인 에라스무스의 가호로 이 괴로운 세상을 벗어나 천국으로 가려는 사람은 그 자리에 있어도 됩니다.

문제 5. 안전한(?) 정전기

건조한 날에 금속 문고리를 잡으면 정전기에 감전되어 깜짝 놀라게 됩니다. 하지만 정전기 때문에 사망하는 경우는 거의 없습니다.

무엇 때문일까요?

1. 정전기의 전압이 낮아서이다.

2. 정전기의 전류가 낮아서이다.

3. 정전기의 전하량이 작아서이다.

4. 위의 세 가지 모두 해당된다.

정전기 방전은 벼락의 축소판이라 할 수 있습니다. 벼락이 발생하는 이유는 아직 정확히 알려지지 않았습니다. 구름 속에서 어떤 과정을 통해 구름 윗부분에는 양(+)전하를 띤 가벼운 입자가 모이고, 아랫부분에는 음(-)전하를 띤 물방울 등의 무거운 입자가 모이게 됩니다. 그리고 물방울이 비가 되어 내리면 지상의 음전하를 척력으로 밀어내 버립니다. 그러면 지상에 양전하를 띤 원자들만 남는 지점이 생기고 구름 속의 음전하가 그 지점으로 내려가게 되는데 이를 벼락이라고 합니다.

벼락의 전압은 10억 볼트에 전류는 5만 암페어입니다. 벼락이 치면 벼락 주변의 공기는 온도가 3만 ℃까지 올라갑니다. 이 온도에 의해 공기는 급팽창하고 그 충격 때문에 굉음이 울리는데 이것이 우레입니다.

벼락의 축소판이라 할 수 있는 정전기 방전의 전압은 1만 볼트이고, 순간 전류는 수 암페어입니다. 건조한 날 밤에 거울을 보면서 머리를 빗으로 빗으면 머리에서 벼락이 치는 것을 볼 수 있습니다. 타닥타닥하는 소리도 나는데 이는 우레와 같습니다.

정전기는 고전압이기 때문에 높은 온도를 만들 수 있습니다. 실제로 정전기로 인해 유류나 가스에 불이 붙어 폭발하는 사례는 매우 많습니다. 때문에 주유소에서는 방전放電(정전기를 다른 곳으로 흘러나가게 하는 것) 패드에 접촉한 후 주유를 하도록 합니다.

전류 또한 작은 것이 아닙니다. 15~50mA의 전류가 인체에 흐르면 근육이 수축되어 스스로 전원으로부터 떨어지지 못하고(이탈불능 전류), 50~100mA의 전류가 흐르면 심장이 정지하며 전원에서 떨어져도 수분 내에 사망합니다(심실세동 전류). 자료에 의하면 100mA(0.1A)의 전류가 2초만 흘러도 심장이 멈출 확률은 50% 이상입니다.

하지만 정전기의 전하량은 작아서 실제로 전기가 흐르는 건 0.000002초 정도밖에 되지 않습니다. 때문에 정전기에 깜짝 놀라기는 하지만 사망하지는 않습니다.

정전기를 예방하는 방법은 벼락을 예방하는 방법과 같습니다. 벼락은 피뢰침으로 예방할 수 있습니다. 벼락이 전기라는 것을 밝혀낸 미국의 벤저민 프랭클린 Benjamin Franklin은 1749년에 피뢰침도 발명합니다. 피뢰침은 전선에 의해 지상으로 연결되어 있습니다. 피뢰침에 번개가 떨어지면 전기가 피뢰침과 연결된 전선을 타고 땅으로 들어가 분산되어 건물에 가는 피해가 줄어듭니다.

정전기는 동전, 열쇠 등 전기가 잘 통하는 전도체를 가지고 금속 문고리나 난간에 접촉시켜 방전시키면 됩니다.

과학노트

번개가 전기라는 것을 발견한 사람은 미국 건국의 아버지 벤저민 프랭클린입니다. 원래 프랭클린은 필라델피아의 크라이스트 교회 첨탑 꼭대기에 금속막대를 세워 번개가 전기인지를 확인하려고 했습니다.

하지만 교회의 첨탑 건축이 예상보다 늦어지자 견디지 못한 프랭클린은 1752년 6월, 21세의 아들 윌리엄과 함께(!!!) 실험을 시도합니다. 위쪽 끝에 날카로운 쇠 철사를 단 연을 띄우고 연줄 끝에는 구리 열쇠를 매달았습니다. 한참을 연을 날린 후 연줄의 보푸라기들이 갑자기 일어서는 것을 본 플랭클린은 자신의 손가락을 구리 열쇠에 갖다 댑니다. 그러자 열쇠에서 퍽하는 소리와 함께 불꽃이 일어났고 플랭클린은 강한 전기 충격을 받습니다.

하지만 여러분은 절대로 시도조차 하지 마십시오. 1753년 7월 물리학자 게오르크 빌헬름 리히만 Georg Wilhelm Richmann은 번개의 세기를 재어 보려다 벼락을 맞아 즉사합니다. 과학도 중요하지만 목숨보다 소중한 것은 없습니다.

번개는 구름이 모일 때만 아니라 화산이 분출할 때도 볼 수 있습니다. 이때는 수증기와 화산재가 번개를 만들게 됩니다. 번개는 하늘에서 땅으로 떨어질 뿐 아니라 하늘에서 하늘로 치기도 하고, 땅에서 하늘로도 올라갑니다. 80% 이상의 번개는 구름에서 다른 구름으로 칩니다. 전자는 가장 가까운 길을 선호하기 때문에 구태여 멀리 있는 땅바닥으로 내려오려고 하지 않습니다. 남은 20% 정도의 번개가 이런 짧은 거리를 놔두고 굳이 머나먼 지상까지 내려오는 이유는 아직까지도 밝혀지지 않았습니다.

땅에서 하늘로 올라가는 번개는 되돌이 뇌격$^{return\ stroke}$이라고 합니다. 하늘에서 땅으로 전자가 떨어지면 1/1,000초 후에 그 길을 따라 땅에 있던 양전하를 띤 입자가 하늘로 올라가기 때문에 일어나는 현상입니다.

번개는 여전히 밝혀내지 못한 수수께끼가 많습니다. 유도작용이 없는 저항이나 전기 발생은 불가능한데 번개는 실제로 무유도 저항 충전을 합니다. 또한 인공으로 번개를 발생시킬 때는 구름에 스파크를 줘야 하는데, 실제 자연에서 스파크의 역할을 하는 것이 무엇인지도 아직은 모릅니다. 이 책을 보시는 여러분이 꼭 밝혀주시기 바랍니다.

2
원자의 구성

우주에 있는 모든 물질은 더 이상 다른 물질로 분해되지 않는 물질, 즉 원소로 되어 있습니다. 예를 들어 물은 두 가지 원소인 수소와 산소로 이루어져있는데 수소와 산소는 더 이상 다른 물질로 분해되지 않습니다.

원소element는 원자atom라는 입자로 되어 있습니다. 뭔지 헷갈립니다. 찬찬히 설명하겠습니다. 원소는 종류를 나타내고, 원자는 개수를 나타냅니다.

예를 들겠습니다. 철수 엄마가 과일 가게에서 수박 1통, 참외 2개, 딸기 100개를 사서 바구니에 담고 집으로 돌아왔습니다. 바구니에 담긴 과일은 총 3종류입니다. 각 과일별로 개수는 다릅니다. 바구니에 담긴 과일의 종류는 원소에 비유할 수 있습니다. 과일의 개수는 원자에 비유할 수 있습니다.

원자는 핵과 전자로 구성되어 있습니다. 전자는 음전하를 가진 입자이고, 핵은 양전하를 가진 양성자와 전하를 가지지 않은 중성자로 구성됩니다.

핵은 전자에 비해 1,800배나 무겁습니다. 그래서 과학자들은 핵 또한 더욱 작은 입자로 구성되지 않았을까 하는 의심을 하였고, 핵이 결국 양성자와 중성자로 구성되었으며 이 양성자와 중성자는 다시 쿼크라는 것으로 구성되어 있다는 사실을 밝혀냅니다. 쿼크에 관한 설명은 중학교 범위를 넘어가니 이 책에서는 하지 않겠습니다.

원자는 독립적으로 존재하거나 전자들의 전기력에 의해 결합하여 분자가 되기도 합니다. 이때 분자는 물질의 성질이 나타나는 최소단위입니다. 결합하는 방법으로는 공유결합, 이온결합, 금속결합이 있습니다.

문제1. 원자핵의 결합

원자핵은 양성자와 중성자로 이루어져 있습니다.

양성자는 (+)전하를 가지고 있기 때문에 서로 간의 척력이 발생합니다. 그럼에도 불구하고 서로 결합할 수 있는 이유는 무엇일까요?

1. 전기력보다 강한 중력이 서로를 끌어당기기 때문이다.

2. 중성자가 접착제 역할을 하기 때문이다.

3. 원자 영역에서는 전기력이 사라지기 때문이다.

원자 영역에서도 전기력, 중력 등은 엄연히 존재합니다. 그렇다면 중력에 의해 결합될 수도 있을 것 같습니다. 하지만 중력은 전기력에 비하면 턱없이 약한 힘입니다. 때문에 중력으로는 양성자 간의 척력을 이겨낼 수 없습니다.

원자핵이 결합할 수 있는 이유는 중성자와 양성자 사이에서 생기는 강력 때문입니다. 강력은 전자기력보다 137배나 강력하기 때문에 전자기력을 누르고 핵을 붙어 있게 할 수 있습니다.

대체로 원자핵에는 양성자 수만큼의 중성자가 있습니다. 하지만 양성자 수가 많은 무거운 원소의 경우 전자기력이 강해지기 때문에 중성자가 더 많이 필요합니다. 헬륨의 핵은 양성자 2개와 중성자 2개로 구성되지만 우라늄의 경우 양성자 92개와 중성자 146개로 구성됩니다.

우주에 존재하는 힘은 중력, 전자기력, 약력, 강력의 네 가지밖에 없습니다.

네 가지 힘 중 가장 약한 것은 뉴턴이 발견한 중력입니다. 가장 강한 강력과 비교하면 6×10^{-39}배밖에 되지 않습니다. 나머지 세 가지 기본 힘들이 인력과 척력이 모두 있다는 것에 비해 중력은 인력만 있습니다. 서로를 끌어당기기 때문에 만유인력이라는 표현도 사용합니다.

전자기력은 예전에 전기력과 자기력이라는 서로 다른 힘으로 여겼습니다. 제임스 클러크 맥스웰 James Clerk Maxwell이 통합시켜 현재는 전자기력이라고 합니다. 네 가지 힘 중 두번째로 강한 힘입니다. 강력의 1/137입니다.

약력과 강력은 원자 내부에서만 작용합니다. 약한 핵력, 즉 약력의 힘은 강력의 1/1,000,000입니다. 약력은 베타붕괴에 관여합니다(베타붕괴가 뭔지는 다음 문제에 나옵니다). 강한 핵력, 즉 강력은 양성자와 중성자를 한데 묶어두는 힘입니다. 전자기력보다 137배나 강력하기 때문에 전자기력을 누르고 핵을 붙어 있게 할 수 있습니다. 그리고 다른 세가지 힘은 거리가 멀어지면 힘이 약해지는 반면 강력은 거리가 멀어지면 오히려 더 강력해집니다.

과학자들은 이 네 가지 힘이 사실은 한 가지 힘을 다르게 표현한 것이 아닐까 의심하고 있습니다. 우주가 막 탄생했을 때는 우주의 에너지가 너무 높아 약력과 전자기력을 구분할 수 없는데, 이 때의 힘을 '전자기약력'이라 하고 이 이론을 '전약 통일 이론'이라고 합니다. 그렇다면 '그 이전에는 다른 힘도 통합되어 있지 않았을까?'라는 생각에서 만들어진 이론이 전자기와 핵력이 통합된 '대통일 이론'입니다. 이보다 더 이전이라면 중력까지도 통일되어 있을 것이고 이런 생각에서 만들어진 이론이 '모든 것의 이론'이며 이때의 힘은 초힘 superforce이라고 합니다.

하지만 전약 통일 이론과 모든 것의 이론은 아직 증명되지 않았습니다. 자연계의 힘들을 하나로 설명할 수 있다면 세상이 조금 덜 복잡하게 느껴질까요?

문제 2. 양성자 + 전자 = 중성자?

중성자와 양성자는 무게가 비슷한데 중성자는 전기적으로 중성이고 양성자는 전기적으로 양성입니다.

그런데 문득 의문이 듭니다. 전하는 +거나 −입니다. 그렇다면 중성자는 양성자와 전자가 결합한 것일까요? 중성자를 양성자와 전자로 분리할 수 있을까요?

1. 그렇다. 중성자는 양성자와 전자의 결합이다.

2. 아니다. 산은 산이요 물은 물이다. 양성자는 양성자고 중성자는 중성자다. 중성자를 분리할 수 없다.

3. 강한 힘을 이용하여 중성자에서 전자를 떼어낼 수는 있지만, 전자가 떨어진 중성자는 양성자가 아닌 다른 입자가 된다.

4. 조건만 만족하면 중성자는 전자와 양성자로 분리된다.

중성자 1개의 무게는 양성자 1개와 전자 1개의 무게를 합친 것보다 약간 무겁습니다. 하지만 양성자와 전자의 결합은 아닙니다. 무척 어렵긴 하지만 설명하자면 양성자와 중성자는 쿼크라는 입자로 구성되어 있는데 양성자는 업쿼크 2개와 다운쿼크 1개로 구성되어 있고, 중성자는 업쿼크 1개와 다운쿼크 2개로 구성되어있습니다.

그런데 조건만 만족하면 중성자는 전자와 양성자로 분리됩니다. 중성자가 핵 내부에 있을 때는 안정하게 존재하지만 핵에서 벗어나면 양성자와 전자, 전자 반중성미자로 분리됩니다(이 과정을 베타붕괴라고 합니다. 전자 반중성미자가 뭔지에 대한 설명은 생략하겠습니다). 이 때의 반감기(반감기는 전체 입자의 절반이 붕괴하는 시간입니다. 1억 개의 중성자가 있다면 609.5±0.4 동안 5,000만 개의 중성자가 붕괴합니다)는 609.5±0.4초이고 평균 수명은 879.4±0.6초입니다.

그러면 양성자도 붕괴할 수 있을까요? 이론상으로는 양성자가 파이온과 양전자로 붕괴될 것으로 예측됩니다. 하지만 예측에 따르면 양성자의 최소 수명은 $1.29×10^{34}$년이라 아직까지 관측된 사례는 없습니다. 저자의 개인적 견해로는 세상에 영원한 것은 없으니 양성자도 붕괴될 것으로 짐작합니다.

과학노트

양성자와 전자, 전자 반중성미자를 가지고 중성자를 만들 수 있을까요?

가능합니다. 거대한 항성 중 일부는 폭발과 함께 생을 마감합니다. 지구에서 보기에는 폭발이 마치 새로운 별이 탄생하는 것으로 보이기에 신성 혹은 규모가 크면 초신성이라고 합니다. 초신성 폭발 후 남은 별의 핵(평균 지름은 8~12km, 질량은 1.44배에서 2.17배)은 중력이 어마어마하기 때문에 원자 내부의 원자핵과 전자가 합쳐져 중성자로 변하는데, 이 별을 중성자별이라고 합니다.

문제 3.　원자의 구성

　원자는 양성자와 중성자로 이루어진 원자핵과 전자로 이루어져 있습니다. 양성자와 전자 사이에는 분명히 인력이 작용할 텐데, 서로 떨어져 있는 이유는 무엇일까요?

1. 원자핵과 전자는 만날 확률이 매우 적기 때문이다.

2. 전자가 원자핵 주위를 도는 원심력이 인력을 상쇄하기 때문이다.

3. 전자와 원자는 떨어져 있지 않다. 서로 붙어 있다.

　우리가 아는 원자의 구조 모형은 시간이 지나면서 조금씩 발전해 왔습니다. 대략적으로 나타내자면 아래 그림과 같습니다.

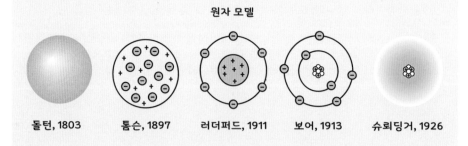

원자 모델

돌턴, 1803　　톰슨, 1897　　러더퍼드, 1911　　보어, 1913　　슈뢰딩거, 1926

　톰슨William Thomson(여담이지만, 톰슨은 '켈빈' 남작으로 절대영도의 단위 K의 주인공입니다) 시절에는 원자핵이라는 개념이 없었기 때문에 원자가 푸딩 모양이라 생각했습니다. 하지만 나중에 원자 대부분의 질량이 중심에 모여있다는 것을 발견하고는 태양 주위를 도는 행성과 같은 모형으로 원자를 설명합니다.

다음으로 대두된 러더포드^{Ernest Rutherford} 모형에서는 원자핵이 추가되었지만, 이 모형을 따르자니 전자가 전자기력을 이겨내려면 초속 1,000km라는 속력으로 움직여야 하는데다 언젠가는 이 힘이 사라지고 전자가 핵으로 추락할 수밖에 없다는 약점이 있어 밀려났습니다.

현재는 전자구름모형으로 원자를 설명합니다. 우리는 전자의 정확한 위치를 알 수 없으며, 전자가 어딘가 존재할 확률만 알 수 있습니다. 전자가 원자핵 근처에 있을 확률이 매우 낮기 때문에 원자핵에서 떨어져 있는 것입니다. 전자가 위치할 확률이 높은 곳을 연결하면 마치 여러 개의 껍질같이 나타납니다. 이를 '전자껍질'이라 합니다.

전자껍질에 들어갈 수 있는 전자의 숫자는 정해져 있습니다. 평상시에는 핵에 가까운 껍질부터 전자로 채워집니다. 가장 안쪽 껍질에 2개 채워지면 다음 껍질에 8개 하는 식으로 채워집니다. 단, 채울 수 있는 숫자보다 더 많이 들어가지는 못 합니다. 예를 들어 가장 안쪽 껍질에 전자 3개가 들어가는 것은 불가능합니다. 이 상태를 바닥상태^{ground state}라고 합니다.

전자가 에너지를 얻으면 들뜬상태^{Excited state}입니다. 들뜬상태가 되면 전자는 더 높은 곳에 있는 껍질로 이동합니다. 한 번에 한 층만 이동하는 것이 아니라 여러 층을 이동할 수도 있습니다.

전자가 더 많은 에너지를 얻으면 아예 원자의 바깥으로 나가 자유전자가 되기도 합니다. 그러면 원자는 양이온이 됩니다. 반대로 원자가 자유전자를 하나 얻으면 음이온이 됩니다.

원자핵을 둘러싸는 전자들 가운데 가장 바깥쪽에 있는 전자껍질에 있는 전자를 '최외각전자'라고 합니다. 원자의 특징은 바로 이 최외각전자에 의해서 나타납니다. 그래서 최외각전자의 수가 같은 원소는 원자의 특징도 비슷합니다. 이를 표로 나타낸 것이 주기율표입니다. 주기율표에서 세로 방향은 최외각전자의 수가 같은 원소들이고 같은 '족'을 이룹니다.

Group →	1	2	3	4	5	6	7	8	9	10	11	12	13	14	15	16	17	18
Period ↓																		
1	1 H																	2 He
2	3 Li	4 Be											5 B	6 C	7 N	8 O	9 F	10 Ne
3	11 Na	12 Mg											13 Al	14 Si	15 P	16 S	17 Cl	18 Ar
4	19 K	20 Ca	21 Sc	22 Ti	23 V	24 Cr	25 Mn	26 Fe	27 Co	28 Ni	29 Cu	30 Zn	31 Ga	32 Ge	33 As	34 Se	35 Br	36 Kr
5	37 Rb	38 Sr	39 Y	40 Zr	41 Nb	42 Mo	43 Tc	44 Ru	45 Rh	46 Pd	47 Ag	48 Cd	49 In	50 Sn	51 Sb	52 Te	53 I	54 Xe
6	55 Cs	56 Ba	* 71 Lu	72 Hf	73 Ta	74 W	75 Re	76 Os	77 Ir	78 Pt	79 Au	80 Hg	81 Tl	82 Pb	83 Bi	84 Po	85 At	86 Rn
7	87 Fr	88 Ra	* 103 Lr	104 Rf	105 Db	106 Sg	107 Bh	108 Hs	109 Mt	110 Ds	111 Rg	112 Cn	113 Nh	114 Fl	115 Mc	116 Lv	117 Ts	118 Og

| * | 57 La | 58 Ce | 59 Pr | 60 Nd | 61 Pm | 62 Sm | 63 Eu | 64 Gd | 65 Tb | 66 Dy | 67 Ho | 68 Er | 69 Tm | 70 Yb |
| * | 89 Ac | 90 Th | 91 Pa | 92 U | 93 Np | 94 Pu | 95 Am | 96 Cm | 97 Bk | 98 Cf | 99 Es | 100 Fm | 101 Md | 102 No |

문제 4. 플라스마의 이용

태양과 같은 항성은 고온 플라스마 상태인 수소와 헬륨으로 이루어져 있습니다. 또 오로라, 번개 등 자연 현상도 플라스마에 의해 일어납니다. 그리고 일상생활 속의 물건도 플라스마를 이용한 제품이 많습니다. 형광등도 속을 플라스마로 채우고 있습니다.

그 이유는 무엇일까요?

1. 플라스마가 자체 발광하기 때문이다.

2. 플라스마는 전기가 통하기 때문이다.

3. 플라스마가 필라멘트의 부식을 막아주기 때문이다.

백열등의 경우 전구 내부의 필라멘트를 가열해 빛을 냅니다. 이 필라멘트의 부식을 막기 위해 아르곤 가스를 넣습니다.

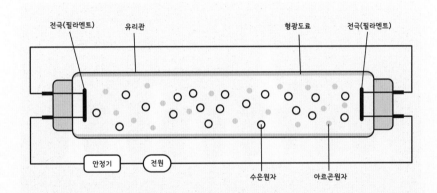

하지만 형광등은 필라멘트를 가열해 빛을 내는 방식이 아닙니다. 관 양쪽에 필라멘트 전극을 연결하고 관 속에는 아르곤 가스와 수은 가스를 집어넣습니다. 그리고 관의 내부 표면에는 형광 물질이 발려 있습니다.

형광등에 높은 전압을 걸면 전기장에 의해 수은 가스가 플라스마 상태가 됩니다. 플라스마는 원자에서 전자가 분리된 상태입니다. 때문에 마이너스 전하를 가진 전자는 플러스 극으로, 플러스 전하를 가진 이온(전자가 분리된 원자)은 마이너스 극으로 이동하는데 이동 도중 입자와 전자가 부딪히고 이때 자외선을 방출합니다. 이 자외선이 관의 내부 표면에 바른 형광 물질에 닿으면 눈에 보이는 광선으로 변하는 원리입니다.

원자에 열을 가하면 원자 내부의 전자가 에너지를 얻어 들뜬상태가 되고 바닥 상태에서 외각으로 이동합니다. 하지만 전자는 곧 진정하고는 외각에서 바닥상태로 다시 돌아갑니다. 이때 빛을 방출합니다.

껍질 사이의 거리가 제각각이고 또 전자는 한 번에 여러 개의 껍질을 뛰어넘기도 합니다. 그래서 원자에서 나오는 빛을 프리즘으로 분리하면 여러 개의 다양한 색깔의 선으로 나타납니다. 이를 선 스펙트럼이라 합니다. 원소의 종류에 따라 색과 굵기, 위치, 수 등이 달라지기 때문에 물질을 구성하는 원소를 분석할 때 사용됩니다.

한편 불꽃반응의 색도 선 스펙트럼에 따라 달라집니다.

소금은 염소 원자와 나트륨 원자로 되어 있습니다.

이 둘을 묶어주는 힘은 무엇일까요?

1. 전기력

2. 자기력

3. 중력

4. 마찰력

화학 결합은 크게 이온결합, 공유결합, 금속결합이 있습니다. 화학결합은 최외각전자를 가득 채우는 방식을 사용합니다. 이온결합은 비금속 원소와 금속 원소의 결합입니다.

소금 속의 나트륨 원자는 최외각에 있던 전자를 하나 내주고 Na^+ 이온의 상태입니다. 그러면 안쪽 껍질이 최외각이 되고 전자로 꽉 차 있는 상태가 됩니다. 반면에 염소 원자는 전자를 하나 받아서 최외각을 가득 채우고 Cl^- 이온이 됩니다. 이 두 원자는 전기적인 인력에 의해 결합하고 있습니다.

3
전류, 전압, 저항

물의 경우 높은 곳에 있는 물과 낮은 곳에 있는 물은 중력에 의해 에너지의 차이가 납니다. 이 에너지의 차이 때문에 높은 곳에 있는 물이 낮은 곳으로 흐르게 됩니다.

물의 높이 차이(수위차)는 수압이고 물이 흐르는 것은 수류입니다.

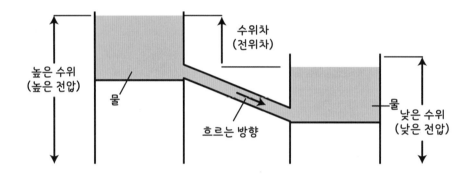

전류$^{電流, electric current}$란 전하가 흐르는 것이고, 단위 시간 동안 어떤 단면적을 통과한 전하의 양을 뜻합니다. 전류는 I로 표시하고 단위는 A(암페어)입니다. 1A는 1초 동안 1C의 전하가 통과할 때의 값입니다(전자 6.24×10^{18}개의 전하를 합치면 1C입니다).

전압$^{電壓, voltage}$은 전위차에 의해 생기는 것으로 V로 표시하고 단위는 V(볼트)입니다. 1V는 1A의 전류가 1W의 일을 할 때의 전압입니다('일'은 7파트 '운동과 에너지'에서 설명합니다).

전기저항$^{電氣抵抗, electrical resistance}$은 도체에서 전류의 흐름을 방해하는 정도를 나타내는 물리량입니다. 물로 비유하자면 개천에서 물의 흐름을 방해하는 바위 등과 같습니다.

저항이 너무 강해 전류가 흐를 수 없는 물건은 부도체$^{不導體, nonconductor}$이고 전류가 흐르는 물건은 전도체$^{傳導體, conductor}$입니다. 그런데 도체와 부도체는 상대적입니다. 물살이 너무 강하면 바위를 굴리고 흐르듯이, 약한 전류에서는 부도체이지만 강한 전류에서는 도체가 되기도 합니다. 저항은 R로 나타내며 단위는 Ω(옴)입니다.

전류, 전압, 저항 사이의 관계는 옴의 법칙으로 나타낼 수 있습니다.

$$I=V/R$$

(I는 전류의 세기, V는 전압의 세기, R은 저항의 크기)

다음과 같은 전기회로를 만들었습니다.

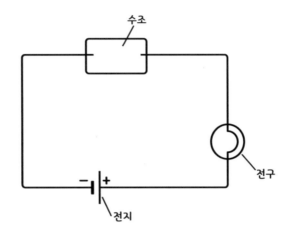

통 속에 물을 가득 채워도 전구에 불이 들어오지 않습니다. 물을 모두 빼고 소금을 가득 채워도 불이 들어오지 않습니다. 그런데 여기에 물을 부어 소금물을 만들었더니 전기가 흐르고 불이 들어옵니다.

소금과 물에는 전기가 흐르지 않는데 소금물에는 전기가 흐르는 이유는 무엇일까요?

1. 소금이 물에 녹으면 전자가 자유로이 돌아다닐 수 있기 때문이다.

2. 소금은 물속에서 염소(Cl^-) 이온과 나트륨(Na^+) 이온으로 분해되는데 이 이온들이 양, 음극으로 흐른다.

3. 소금은 염소와 나트륨으로 분해되고, 물은 H와 OH로 분리가 되어 각각 염산(HCl)과 수산화나트륨($NaOH$)으로 변한다. 이 두 가지 물질이 양극의 역할을 하여 전류를 흐르게 한다.

소금은 이온결합을 하고 있습니다. 고체 상태에서는 Na^+과 Cl^-이 3차원적인 배열을 이루며 강한 결합을 이루고 있기 때문에 자유롭게 이동할 수 없습니다. 그러나 물속에서는 Na^+과 Cl^-가 서로 떨어져 물속에서 자유롭게 이동할 수 있으므로 전기 전도성을 갖게 됩니다.

소금물에 매우 강한 전압을 걸어주면 어떻게 될까요?

염소, 수소, 산소 그리고 나트륨으로 분해됩니다. 분해되자마자 염소와 수소가 만나 염산이 되고, 산소와 수소가 만나 물이 되고, 물과 나트륨이 만나 수산화나트륨이 됩니다. 그런데 염산과 수산화나트륨이 다시 반응을 하면 소금물이 됩니다(무한반복). 이 과정에서 열이 발생하고 수증기가 빠져나가면서 결국은 소금만 남게 됩니다.

과학노트

소금물과 알루미늄판, 구리판이 있으면 전기를 만들 수 있습니다.

소금물 속에서 알루미늄판이 녹으면서 이온이 되고 전자를 내어놓습니다. 이 전자는 소금물 속을 이동하여 구리판으로 이동합니다. 전자가 이동하는 것이 전류입니다. 이 전류로 꼬마 전구에 불이 들어오게 할 수 있습니다. 좀 더 많은 전류를 흐르게 하려면 황산과 아연판, 구리판을 이용하면 됩니다.

V(볼트)라는 전압의 단위는 알렉산드로 볼타[Alessandro Volta]라는, 최초의 전지를 개발한 과학자의 이름에서 딴 것입니다. 그런데 볼타가 개발한 전지는 액체를 사용하기 때문에 휴대가 불편하다는 단점이 있었습니다.

1870년 프랑스 화학자 르클랑셰[Georges Leclanche]는 액체를 섬유질에 흡수시켜 흐르지 않게 한, 마른(건乾) 전지를 만듭니다. 그가 만든 건전지(乾電池)는 1.5V를 냅니다. 현대의 건전지가 주로 1.5V인 것도 이 때문인 것 같습니다.

전류, 열, 파동 등의 에너지를 전해주는 물체를 전도체라 하고, 에너지를 전달하지 못하는 물체는 부도체라 부릅니다.

파동을 전달하는 전도체는 이미 앞에서 배웠습니다. '매질'이라고 합니다. 소금물과 같이 전기가 통하는 물체는 전기 전도체라 하고, 물과 같이 전기가 통하지 않는 물체를 전기 부도체라 합니다. 공기는 전기가 통하지 않기 때문에 부도체입니다.

그런데 번개는 어떻게 부도체인 공기를 통과해 지상까지 내려올 수 있을까요?

1. 공기가 아니라 공기 중에 있는 수분을 타고 내려오는 것이다.

2. 번개가 아니라 번개로 인해 생긴 플라스마가 내려오는 것이다.

3. 지구의 자기가 번개를 지상까지 유도한 것이다.

4. 공기를 통해 번개는 전달될 수 있다.

번개와 같은 초고전압 상태가 되면 부도체라도 전기가 흐르게 됩니다. 이를 '절연파괴'라 합니다. 때문에 전기가 전혀 통하지 않는 완전 부도체는 실제로 존재하지 않습니다. 만약 완전 부도체가 존재한다고 하더라도 두께를 원자 여러 개 정도로 줄여버리면 전기가 통하게 됩니다. 이를 '터널링tunneling'이라 합니다.

그러나 이런 극단적인 경우가 아니라면 건전지 정도의 전압으로 전류가 흐르면 도체, 아니면 부도체라고 해도 될 것 같습니다.

금속결합을 하고 있는 물체, 즉 금속은 전도체입니다. 금속결합이라는 것이 전자가 자유롭게 돌아다닐 수 있는 결합이니 당연히 전기가 흐릅니다.

이온결합한 고체는 부도체이지만 이온결합한 물질이 용액인 경우는 전기가 흐릅니다. 이런 용액은 전해질electrolyte이라고 합니다.

공유결합을 하는 물질들은 대부분 부도체입니다. 다만 흑연 같은 경우는 전기가 통합니다. 이는 흑연이 공유결합 할 때 전자 하나가 남게 되는데 이 전자가 전기를 전달해주기 때문입니다.

화석fossil이라 하면 대체로 고대에 살았던 생물의 뼈 등 신체 부위가 보존되어 돌이 된 것이라고 생각합니다. 물론 실제로 뼈가 돌로 변한 것은 아닙니다. 뼈가 있던 곳에 광물질이 스며들어 형태가 보존되는 것입니다. 생물의 발자국 등 다양한 흔적이 돌로 변한 것도 화석입니다.

그런데 생물이 아닌 무생물, 그것도 번개의 화석이 있습니다. 물론 번개는 무생물인 관계로 화석이라고 부르기는 어렵습니다.

번개가 사막에 떨어지면 온도가 10,000℃ 이상 올라가면서 모래가 녹아서 유리가 됩니다. 이를 섬전암fulgurite이라고 하는데 '번개의 화석'이라고 할 수 있습니다. 섬전암은 화석과 마찬가지로 고대를 연구하는 주요 자료입니다. 섬전암 속에는 섬전암이 만들어질 때의 공기가 갇혀 있습니다. 이는 당대의 사막기후를 연구할 수 있는 좋은 소재가 됩니다.

반도체를 '산업의 쌀'로 비유합니다. 스마트폰, 컴퓨터, TV, 자동차 등 우리 생활에 필수적인 전자기기에는 반도체가 들어가지 않는 것이 없습니다. 우리나라는 세계 반도체 시장의 1/5을 차지하는 반도체 강국이기도 합니다. 또한 우리 수출의 1/5이 반도체이기도 합니다. 정말로 우리나라 사람을 먹여 살리는 '산업의 쌀'이 아닐 수 없습니다.

그런데 반도체는 도대체 어떤 물질일까요? 도체와 부도체 사이의 중간이라고 하는데 이것이 무슨 뜻일까요?

1. 전기가 전도체의 절반만 흐른다.

2. 조건에 따라 전도체가 되기도 하고, 부도체가 되기도 한다.

3. 도체를 반으로 잘라 만들기 때문에 반도체라 한다.

4. 도체도 부도체도 아니다. 도체나 부도체의 반대라서 반도체이다.

반도체半導體, semiconductor이지 반도체反導體, anticonductor가 아닙니다. 논리적으로 모든 물체나 사상은 A거나, A가 아닌 거나 둘 중 하나입니다. A도 아니고 A가 아닌 것도 아닌 것은 없습니다. 전기가 조금이라도 흐르면 전도체입니다. 때문에 '전기가 전도체의 절반만 흐른다'는 정답도 아니며 제대로 된 표현도 아닙니다. 기준이 없는 모호한 표현입니다.

논리적으로 반도체란 존재할 수 없습니다. 조건에 따라 전도체가 되기도 하고, 부도체가 되기도 하는 물질에 편의상 붙인 이름입니다. 반도체로 만든 다이오드의 경우 전류의 방향에 따라 전류가 흐르기도 하고 흐르지 않기도 합니다.

　이러한 반도체의 특성 때문에 전기를 이용해 0과 1을 나타낼 수 있습니다. 컴퓨터의 연산이 0과 1만을 이용한 이진법을 사용하는데 반도체를 이용하면 전기 장치로 이를 구현할 수 있습니다.

　연산을 물리적 장치로 구현한 것을 논리회로라고 합니다. 이진법을 이용하는 이유는 전기가 흐르면 1, 흐르지 않으면 0이라는 아주 명확한 판단이 가능하기 때문입니다.

　논리회로를 구현할 물리적 장치로 처음 사용된 것은 릴레이relay입니다. 전자석으로 스위치를 잡아당기는 방식이었습니다. 1940년대의 성능이 좋은 릴레이는 1초에 50번 정도 왔다갔다 할 수 있었다고 합니다. 하지만 릴레이는 기계식이라 쉽게 마모가 되고 속도도 느립니다. 그래서 곧 진공관으로 논리회로를 구현하게 됩니다.

　진공관은 전극을 가열하여 전기를 흐르거나 끊는 방식입니다. 1초에 수천 번을 전환할 수 있습니다. 펜실베이나 대학교의 모클리John Mauchly와 에커트 J. Presper Eckert는 진공관을 18,000여 개 그리고 릴레이를 1,500여 개 사용해서 최초의 컴퓨터인 에니악ENIAC, Electronic Numerical Integrator And Computer(전자식 숫자 적분 및 계산기)을 만들어 1947년 7월 29일에 시운전합니다.

　에니악은 폭 1m, 높이 2.5m, 길이 25m, 총 중량 30여 톤에 150kw의 전기를 먹는 괴물입니다. 이렇게 거대하고 전기를 많이쓰는 이유는 진공관이 부피도 큰데다가 열을 이용하기 때문입니다. 18,000여 개의 전구를 켜놓은 것과 마찬가지입니다.

1947년 미국 물리학자 존 바딘John Bardeen, 월터 브래튼Walter Brattain, 윌리엄 쇼클리William Shockley는 반도체를 이용해 진공관을 대체할 트랜지스터를 만듭니다. 진공관보다 훨씬 작고 전기도 적게 먹는데다가 전환속도도 1초에 만 번이나 되는 트랜지스터는 전자공학의 혁명을 가져다 줍니다. 트랜지스터의 출현으로 라디오나 계산기 등의 가격이 엄청나게 싸졌고 휴대하고 다닐 수 있을 정도로 크기와 무게도 작아졌습니다. 이 공로로 트랜지스터 개발자들은 1956년 노벨 물리학상을 수상했습니다.

2020년 현재 컴퓨터 등의 전자 제품들은 트랜지스터를 1,000억 개 정도 모아놓은 직접회로Integrated Circuit, IC를 사용합니다. 성능 또한 이전 세대와 비교도 할 수 없이 빨라져 1초에 수백만 번의 전환이 가능합니다.

문제 4. 전자의 속도

아래 회로의 스위치를 닫는 순간 전지 속에서 출발한 전자가 전구에 닿을 때까지 걸리는 시간은 어느 정도일까요?

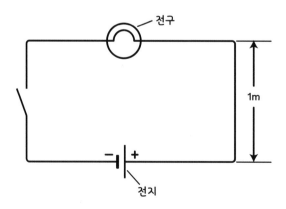

전구

1m

전지

1. 1/1,000초보다 빠르다.

2. 1~10 초 사이

3. 수십 초

4. 수십 분

혹시 전자의 속력을 '30만 km/초'라고 생각하신 분 있습니까?

전자는 입자이고 전자기파는 전자의 움직임으로 일어난 파동입니다. 예를 들자면 연못에 돌멩이를 던져서 물결이 일어난다고 했을 때, 돌멩이는 전자, 던지는 것은 전자의 운동, 물결은 전자기파, 물결의 움직임은 전자기파의 움직임입니다.

전기 신호는 파동을 통해서 전달됩니다. 때문에 전기 신호의 속도는 빛의 속도입니다. 동축케이블에서 신호가 전달되는 속도는 초속 19만 2천 km 정도라고 합니다(광속은 매질에 따라 속도가 달라집니다).

전자는 입자이기 때문에 빛의 속도로 움직이지는 않습니다. 전자의 속력은 저항이 없다고 가정할 때 수천 km/초입니다. 하지만 전선 속의 원자들 또는 전자들끼리 계속 충돌하면서 움직이기 때문에 속도가 매우 느립니다.

도선을 통과하는 전자의 유동 속력을 계산하는 공식은 다음과 같습니다.

$$v=I/(nqA)$$

(I:전류, v:유동속도, n:갯수밀도, q:전하량, A:단면적)

만약 단면적이 $0.5mm^2$인 실린더 모양의 구리 전선에, 5A의 전류가 흐르고, $1m^3$당 8.5×10^{28}개의 전하들이 존재한다고 가정하면 유동속도는 $0.735mm/s$입니다.

때문에 수 미터를 통과하려면 수십 분이 걸립니다. 원자들 또는 전자들끼리의 충돌을 전기저항이라고 합니다. 이 때문에 전기에너지의 손실이 생기는데 손실된 에너지는 열로 바뀝니다.

문제 5. 연필심 전구

지금은 보기가 힘들어졌지만 예전에는 백열등을 조명으로 사용했습니다. 백열등은 에디슨의 대표적인 발명품으로 알려졌지만 실제로 이를 처음 발명한 사람은 스코틀랜드 발명가인 제임스 보우먼 린제이James Bowman Lindsay입니다. 1835년 발명하였는데 수명이 너무 짧아 상품화하지는 못했습니다. 영국 화학자인 조셉 조지프 스완Joseph Wilson Swan 경이 1860년에 스스로 백열등을 만들었고 개량을 거듭하여 1875년 특허를 신청합니다.

그런데 에디슨이 스완의 아이디어를 훔쳐서 특허를 신청하고는 오히려 스완을 고소하기까지 합니다. 하지만 소송에서 패배하고는 장사꾼의 수완을 발휘하여 스완과 합작으로 업체를 만들어 백열 전구를 판매합니다.

에디슨은 발명가라기보다는 사업가입니다. 현대로 따지자면 애플 시리즈를 만든 '스티브 워즈니악Steve Wozniak'이 아니라 이를 사업화한 '스티브 잡스' 같은 인물입니다(성격도 비슷합니다. 안 좋은 쪽으로...).

전구의 구조는 진공 혹은 아르곤 등으로 채운 유리공 속에 전극을 넣고 필라멘트라 불리는 가느다란 금속선을 양쪽 전극에 연결한 것입니다. 전류가 필라멘트에 흐르면 필라멘트의 저항으로 열과 빛이 나는 구조입니다. '연필심'은 도체이기 때문에 필라멘트 대신 사용할 수 있습니다. 연필심 양쪽에 전극을 연결하면 열과 빛이 납니다.

같은 굵기의 연필심을 필라멘트로 이용해 회로를 만들었습니다.

다음 중 어느 쪽이 밝은 빛이 날까요?

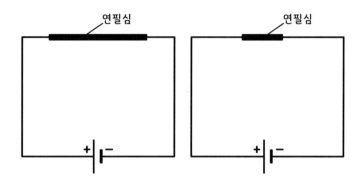

1. 긴 쪽
2. 짧은 쪽
3. 같다.

전류(I)=전압(V)/저항(R)입니다. 저항이 크면 전류가 적게 흐르므로 불빛도 약하고 저항이 작으면 전류가 많이 흐르므로 불빛도 강합니다. 연필심이 길면 저항이 크기 때문에 불빛도 약해집니다. 같은 이유로 저항이 큰 가는 심이 저항이 작은 굵은 심보다 불빛이 약합니다.

어린이 과학책에 보면 전구에 빛이 나는 이유를 전자가 저항이 심한 필라멘트를 통과하며 일을 하기 때문이라고 설명합니다. 만약 그렇다면 저항이 큰 전구가 더 밝은 빛이 나야 합니다. 하지만 실제로는 저항이 작을수록 더 밝은 빛을 냅니다. 어린이 과학책의 설명이 틀린 것일까요? 그렇지는 않습니다. 전류의 양을 고려하지 않은 것뿐입니다.

비유하자면 자갈이 많아 흐르는 속도가 느려진 개울에서 자갈이 받는 충격보다 자갈이 적어 흐르는 속도가 빠른 개울에서 자갈이 받는 충격이 훨씬 큰 것과 같습니다.

과학노트

전기저항이 전혀 없는 물체도 있습니다. 초전도체superconductor라고 합니다. 일부 물질들이 일정 온도나 압력 등 특정한 조건이 만족되는 경우 전기저항이 갑자기 0이 됩니다. 더불어 자석의 N극과 S극에 상관없이 척력이 발생하는 완전 반자성이 됩니다.

아직까지는 왜 이런 현상이 일어나는지 모릅니다. 초전도 현상도 네덜란드의 과학자 헤이커 카메를링 오너스Heike Kamerlingh Onnes가 1911년 액체 헬륨을 이용해 극저온을 만들고 이 속에서 여러 가지 금속의 전기저항을 측정하다가 우연히 수은의 전기저항이 0이 되는 것을 발견하면서 비로소 알려진 것입니다.

원리는 모르지만 실생활에서는 유용하게 사용하고 있습니다. 저항이 없으면 전류는 무한대이기에 전류를 많이 흘려 더욱 강한 자기장을 얻을 수 있습니다. 때문에 자기장이 강할수록 선명한 상을 얻을 수 있는 자기공명영상장치MRI라던가 자기장을 이용해 입자를 가속시키는 입자가속기 등에 사용됩니다.

또한 초전도체는 저항이 전혀 없어 전선으로 사용할 경우 에너지 손실이 발생하지 않는다는 점을 이용해 전력 수송용 전선을 만들려는 시도도 하고 있습니다.

문제 6. 무저항 연결

1.5V 전지에 전선만 연결했습니다.

어떤 일이 일어날까요?

1. 전선에서 빛과 열이 난다.

2. 전지에서 열이 난다.

3. 아무 일도 일어나지 않는다.

1.5V 전지가 아니라 가정용 220V 전기를 연결하면 어떻게 될까요?

1. 전선에서 빛과 열이 난다.

2. 플러그에서 열이 난다.

3. 아무 일도 일어나지 않는다.

전기란 저항을 통과하면서 일을 하게 되어 있습니다. 전지에 전선만 연결한 경우 저항은 어디 있을까요? 건전지 내부에 있습니다.

외부에 더 큰 저항이 있을 때는 대부분의 전압이 외부 저항에 걸리기 때문에 내부의 작은 저항은 무시해도 될 정도입니다. 하지만 외부에 저항이 없다면 내부 저항에 전압이 모두 걸리게 되고 그 결과 열이 발생하게 됩니다. 건전지를 오래 사용할 수 없게 되니 절대로 해서는 안 됩니다.

두 번째 문제는 저자가 어렸을 적에 직접 실험해 보았습니다(...). 이런 상태를 단락短絡, short circuit이라고 합니다. 선 2개가 합쳐진다고 합선이라고도 합니다.

가정용 전기는 내부저항이 없습니다. 때문에 옴의 법칙 $I = V/R$에 따라 전선에 전압이 그대로 걸리고 엄청나게 높은 전류가 흘러 스파크가 일어나며 구리로 된 전선은 그대로 녹아버립니다. 동시에 차단기가 작동하면서 전기가 끊어집니다.

만약 전선의 피복이 벗겨진 상태이고 그곳에 손이라도 닿았다면...

절대로 실험하지 마십시오.

4
전지와 저항의 직렬과 병렬연결

　전지의 직렬연결은 한 전지의 (+)극을 다른 전지의 (–)극과 연결하는 방법입니다. 이때 전압은 각 전지 전압의 합과 같습니다. 예를 들어 전압 1.5V 건전지 3개를 직렬연결하면 4.5V가 됩니다.

　전지의 병렬연결은 각 전지의 (+)극은 (+)극끼리, (–)극은 (–)극끼리 같은 극을 공통으로 연결하는 것입니다. 이때의 전압은 전지 1개의 전압과 같지만 전지의 수명은 전지의 개수만큼 늘어나게 됩니다.

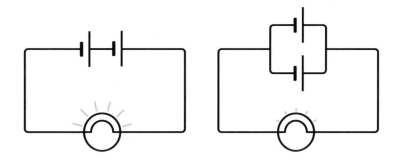

　저항의 직렬연결은 저항을 하나의 도선으로 연결하는 것입니다. 이때 저항의 크기는 각 저항의 합과 같습니다. 예를 들어 전압 1Ω 저항 3개를 직렬연결하면 3Ω이 됩니다. 그리고 각 저항으로 흐르는 전류의 크기는 같습니다.

　저항의 병렬연결은 각 저항을 각각 다른 도선으로 연결하는 것입니다. 이때는 각 저항마다 흐르는 전류의 양이 달라집니다.

전지를 직렬로 연결하면 전압은 더해주면 됩니다. 만약 1.5V 건전지 2개를 직렬연결했다면 전체 전압은 3V입니다.

전지를 병렬로 연결하면 전압은 하나일 때와 마찬가지입니다. 만약 1.5V 건전지 2개를 병렬연결했다면 전체 전압은 1.5V입니다.

그런데 다음처럼 연결하고 스위치를 열고 닫을 때 전체 전압은 얼마일까요?

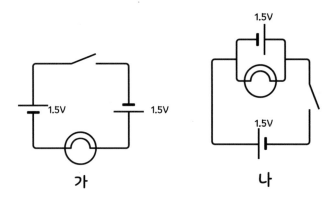

직렬이란 하나의 회로입니다. (가)는 하나의 회로이므로 직렬입니다. 때문에 스위치를 열면 회로가 끊어지니 0V입니다. 스위치를 닫으면 위에 나오는 직렬연결과 다를 바 없으니 3V입니다.

병렬이란 여러 개의 회로를 하나로 합친 것입니다. (나)는 하나의 저항에 두 개의 회로가 연결되어 있습니다. 때문에 스위치를 열어도 위쪽의 회로는 연결되어 있으니 1.5V입니다.

스위치를 닫을 때는 조금 복잡합니다.

전류의 방향을 그려보면 왼쪽 아래 그림과 같습니다. 오른쪽과 왼쪽에서 방향은 반대이고 힘은 같은 벡터가 합쳐지니 실제 힘은 0입니다. 그리고 애초에 저항쪽으로 전류가 많이 흐르지도 않습니다. 전기는 저항이 작은 곳으로 이동합니다. 때문에 실제로는 오른쪽 아래 그림처럼 이동합니다.

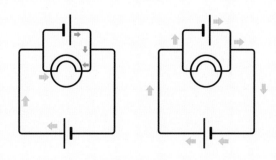

문제 2. 전지의 직렬과 병렬 2

전압이 1.5V인 건전지를 다음과 같이 연결하면 전압은 얼마나 될까요?

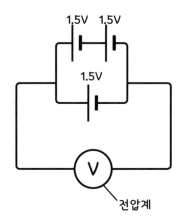

1. 1.5V

2. 1.5V에서 3V 사이

3. 3V

4. 3V에서 4.5V 사이

전압은 수압으로 비유하면 이해하기가 쉽습니다.

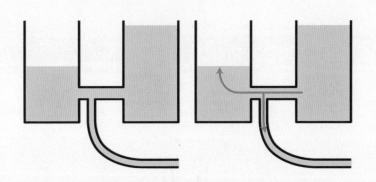

　수압은 높은 곳에서 낮은 곳으로 흐르기 때문에 흘러나가는 동시에 수위가 낮은 곳으로 역류하게 됩니다.

　위의 회로도 마찬가지 현상이 일어납니다. 때문에 1.5V에서 3V 사이의 전압이 형성됩니다. 하지만 전지 내부 저항에 의해 전력이 급격히 소모되면서 결국 1.5V가 됩니다. 심한 경우에는 전지 속의 열화학반응에 폭발할 수도 있습니다. 때문에 전압이 다른 건전지는 병렬연결해서 사용하면 안 됩니다.

건전지는 1.5V가 기본입니다. 1.5V가 넘는 건전지는 대부분 더 작은 건전지를 직렬연결해서 만듭니다. 6V 사각형 건전지를 분해하면 R25 1.5V 전지 4개가 들어 있습니다. 9V 건전지를 분해하면 AAAA 건전지 6개가 들어있습니다. 12V인 A23 건전지를 분해하면 단추형 건전지 8개가 들어있습니다. 시중에서 사용하는 건전지와는 규격이 약간씩 다르지만 사용에는 지장이 없습니다. 9V 건전지는 종류가 두 가지인데, 6F22 9V 건전지는 6LR61 9V 건전지와 완전히 같은 모습이지만 분해하면 망간가루만 들어있어 낭패를 보기도 합니다. 정말로 궁금하신 분들은 다 쓴 건전지를 분해하시기 바랍니다.

문제 3. 전구의 직렬

같은 저항을 가진 전구 두 개를 직렬로 연결하면 하나를 연결했을 때보다 밝기가 어떻게 변할까요?

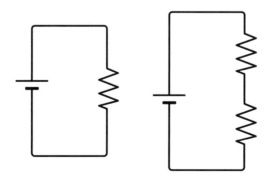

1. 각 전구의 밝기는 하나일 때의 2배이므로 합쳐서 4배 밝아진다.

2. 각 전구의 밝기는 하나일 때와 동일하므로 합쳐서 2배 밝아진다.

3. 각 전구의 밝기는 하나일 때의 1/2이므로 합쳐서 하나일 때와 동일하다.

4. 각 전구의 밝기는 하나일 때의 1/4이므로 합쳐서 1/2배 어두워진다.

　　하나의 전구가 사용하는 전력량은 전류와 전압의 곱입니다(P=IV). 그리고 전압=전류×저항입니다(V=IR).

　　전구 두 개를 연결하면 저항도 두 배로 늘어나기 때문에 전류는 절반으로 줄게 됩니다. 이럴 경우 하나의 저항에 걸리는 전압은 당연히 절반입니다. 때문에 P=IV에 대입하면 하나당 1/4의 전력을 사용하며 밝기도 1/4이며, 두 개를 합치면 총 밝기는 1/2입니다.

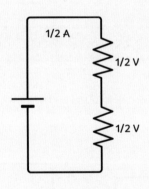

전구 두 개를 다음처럼 직렬과 병렬로 연결합니다.

B의 저항이 A 저항의 2배입니다.

어느 쪽의 전구가 더 밝을까요?

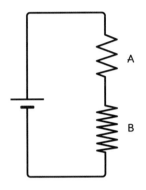

1. A

2. B

3. 같다.

4. 연결 순서에 따라 다르다.

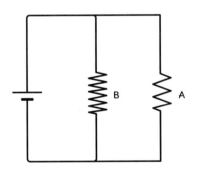

1. A가 더 밝다.

2. B가 더 밝다.

3. A, B 둘 다 같다.

4. 불이 들어오지 않는다.

전압=전류×저항입니다(V=IR). 같은 회로에 있다면 전류의 양은 같습니다. 그런데 저항은 B가 A보다 2배 크므로 전압도 B가 A보다 2배 높습니다.

전력량은 전류와 전압의 곱입니다(P=IV). 따라서 전력량도 B가 A보다 2배 높습니다. 더 간단하게 B를 A가 두 개 합쳐진 것으로 생각해도 됩니다.

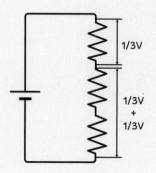

병렬의 경우는 A와 B에 걸리는 전압은 같습니다. 때문에 전류의 양은 A가 B보다 2배 더 많습니다. 전력량은 전류와 전압의 곱입니다(P=IV). 전압은 같고 전류는 2배 차이가 나기 때문에 A가 2배 더 밝습니다.

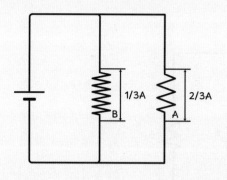

앞에 나왔던 회로에서 A와 B 사이에 전선을 연결합니다.

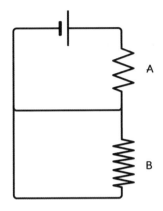

그러면 어느 쪽이 더 밝을까요?

1. A

2. B

3. 둘 다 같다.

B는 아래 전선과 병렬연결되어 있습니다. 전선의 저항은 0에 가깝기 때문에 사실 B로는 전류가 거의 흐르지 않습니다(전구의 병렬연결은 저항이 작을수록 전류가 많이 흐릅니다). 때문에 A 전구만 연결한 회로와 같습니다.

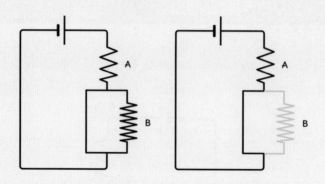

A 전구에는 불이 들어오고 B에는 아예 불이 들어오지 않습니다.

5
전류의 자기작용

예전에는 자기와 전기가 서로 관련이 없는 현상이라 생각했습니다. 하지만 덴마크의 물리학자 외르스테드 Hans Christian Ørsted가 1820년 전류가 흐르는 철사 가까이에 있던 나침반이 돌아가는 현상을 발견하면서 전기와 자기가 관련이 있는 현상임이 밝혀졌습니다.

전기와 자기는 공통점이 많습니다. 자력과 전기력은 다른 극끼리는 당기고, 같은 극끼리는 밀어냅니다. 접촉하지 않아도 힘이 작용합니다. 그리고 두 물체의 거리가 가까울수록 힘의 크기가 커집니다. 또한 전기가 흐르면 자기가 만들어지고 자력이 변하면 전기가 만들어집니다.

제임스 클러크 맥스웰이 전기와 자기를 통합하는 4개의 방정식(맥스웰 방정식)을 발견한 것을 계기로 전기와 자기는 완전히 통합되어 전자기電磁氣라고 불리게 됩니다.

그런데 자석과 달리 전기의 경우는 양전하(+)나 음전하(-)가 따로 존재합니다. 반면에 자석은 N극이나 S극이 따로 존재하지 않습니다. 항상 함께 존재합니다. 때문에 쌍극자雙極子, dipole라고 표현합니다.

전기력은 자기력과 상호작용합니다. 전기력을 이용해서 자기력을 만들 수 있고 자기력을 이용해서 전기력을 만들 수 있습니다. 앞의 경우는 전자석과 모터가 있고, 후자의 경우는 발전기가 있습니다.

전자석의 N극과 S극은 오른손 나사법칙으로 구할 수 있습니다.

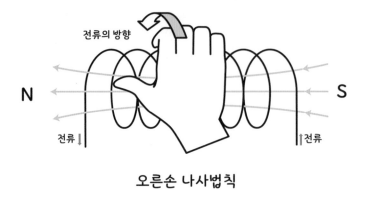

오른손 나사법칙

모터의 회전방향은 플레밍Alexander Fleming의 왼손법칙으로 구할 수 있습니다.

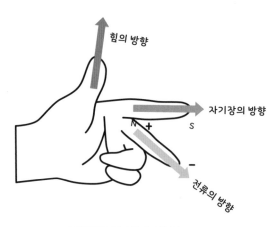

플레밍의 왼손법칙

나침반은 중국이 만든 4대 발명품 중 하나입니다(나머지 3개는 종이, 인쇄술, 화약입니다). 나침반의 기원은 무려 기원전 2698년까지 거슬러 올라갑니다. 사마천은 자신의 저서 『사기』의 첫머리를 황제 헌원의 이야기로 시작합니다. 기원전 2698년 즉위한 황제는 치우와 중원을 차지하기 위한 결전을 벌이는데 치우가 일으키는 안개 때문에 방향을 잃어 번번히 패배합니다. 그래서 항상 남쪽만 가리키는 '지남차指南車'라는 수레를 만들어 승리했다고 사기에 기록되어 있습니다.

송 휘종 때(12세기) 주욱이 편찬한 『평주가담』에는 "항해를 할 때 주간에는 태양을 관측하고, 밤에는 별을 관측하고, 흐린 날에는 지남부침을 관측한다"는 기록이 있습니다. 지남부침指南浮針은 자석을 물 위에 띄운 것입니다.

혹자는 나침반이 없을 때는 하늘의 별을 바라보고 항해를 했고, 흐린 날에는 항해를 하지 말라는 하늘의 뜻으로 여겼는데 나침반이 발명되고 나서 더 이상 하늘을 쳐다보지도 않고 하늘의 뜻(기후)과는 상관없이 항해를 나가게 되어 신과 인간의 사이가 멀어졌다고 말하기도 합니다. 거꾸로 말하자면 나침반은 인류가 과학이라는 새로운 영역으로 나아갈 수 있게 해준 물건이라는 소리겠지요.

나침반 바늘을 일정한 위치에 놓아두면 항상 남북을 가르키고 있으며 움직이지 않습니다.

그렇다면 나침반 바늘에는 힘이 작용하지 않은 것일까요?

1. 그렇다. 나침반에는 힘이 작용하지 않는다.

2. 아니다. 우리가 느끼지 못할 뿐 나침반은 끊임없이 미세하게 떨고 있다.

3. 아니다. 나침반에도 분명히 힘이 작용하고 있다.

나침반이 남북을 가리키는 것은 지구의 자기력 때문입니다. 이를 확인하려면 나침반을 건드려 바늘을 회전시켜 보면 알 수 있습니다. 만약 나침반에 자기력이 없다면 나침반은 관성 때문에 계속 회전해야 합니다. 하지만 실제로는 회전을 멈추고 다시 남북을 가리키게 됩니다.

지구자기장이 생기는 이유는 다음과 같습니다. 지구의 외핵을 이루는 물질은 상부와 하부의 온도 차이 때문에 대류합니다. 이때 외핵을 이루는 녹은 철과 니켈이 움직이면서 유도 전류가 발생하고, 이 전류에 의해 외핵 내부에 자기장이 형성됩니다. 이렇게 형성된 자기장에서 지구의 자전으로 외핵의 물질이 원운동을 하면 다시 이 운동에 의한 유도 전류가 발생하는데, 이 전류에 의해 지구자기장이 생성된다고 합니다(참고로 태양계 내의 지구형 행성 중 자기장이 있는 행성은 지구가 유일합니다. 수성, 금성, 화성은 자기장이 없습니다).

그런데 우주에는 터무니없이 강한 자기장을 가진 별이 존재합니다. 태양 질량의 30배 이상에 중원소(헬륨과 수소보다 무거운 원소)의 함량이 태양의 1.2배가 넘어가는 별이 어마어마한 속도로 자전을 하면 마그네타^{magnetar}라는, 자기장이 무지막지하게 강력한 별이 됩니다. 중성자별의 일종인 마그네타의 자기장 세기는 무려 10 기가(10^9) 테슬라^{Tesla}(T)입니다. 지구자기장이 지표면 어디냐에 따라 25~65 마이크로(10^{-6}) 테슬라이니 마그네타의 자기장 세기는 지구의 1.5~4천조 배입니다.

마그네타의 자기력은 원자의 구조를 변형시켜 구형이 아닌 원통형으로 만듭니다. 때문에 원자들이 제대로 분자결합을 하지 못해 물체들이 원자 단위로 분쇄됩니다. 이 별 근처에만 가도 강력한 자기장 때문에 각종 전자기기와 마그네틱 카드들은 전부 고장나 버릴 겁니다. 태양계 근처에 마그네타가 없어서 정말 다행입니다.

아래의 회로에서 파란 원 속의 전선에는 서로 어떤 일이 일어날까요?

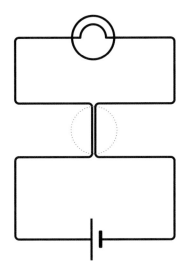

1. 아무 일도 없다.

2. 서로 당긴다.

3. 서로 밀어낸다.

4. 서로 밀었다 당겼다를 반복한다.

전지가 아니라 교류 전기에 연결하면 어떻게 될까요?

1. 아무 일도 없다.

2. 서로 당긴다.

3. 서로 밀어낸다.

4. 서로 밀었다 당겼다를 반복한다.

앙페르법칙Ampere's Law 또는 오른나사법칙은 '직선 전류에 의한 자기장의 방향은 오른손의 엄지손가락이 전류의 방향을 향하게 할 때 나머지 네 손가락을 감아쥐는 방향이다'입니다.

때문에 전선의 위쪽에는 다음과 같이 자기장이 형성됩니다.

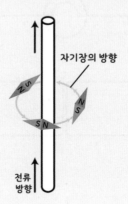

위의 경우는 두 전선의 전류의 방향이 다르므로 서로 같은 극이 인접하게 됩니다. 때문에 당연히 서로 밀어냅니다.

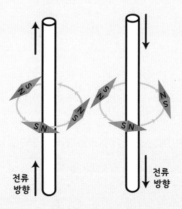

전지의 방향이 바뀌어도 서로 밀어낸다는 것을 알 수 있습니다. 그런데 만약 도선을 반이 잘린 파이프, 하프 파이프half-pipe에 넣는다면 어떻게 될까요?

교류는 주기적으로 약해졌다 강해졌다를 반복하니 전압이 강할 때는 벌어졌다가 전압이 떨어지면 중력에 의해 도선이 아래로 내려가기를 반복하게 됩니다. 아마도 초당 60번의 속도로 떨리게 될 것입니다.

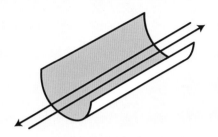

앙페르 법칙을 좀 더 알아보겠습니다. 앙페르의 영어식 발음인 암페어는 전류의 단위로 사용됩니다.

직선전류에 의한 자기장의 세기는 도선으로부터의 수직거리 r에 반비례하고, 전류의 세기 I에 비례합니다.

$$B \propto (I/r)$$

앞의 경우 거리가 가까울 때는 밀어내는 힘이 강하지만 거리가 멀어질수록 밀어내는 힘은 약해집니다.

태양으로부터 방출된 전하 입자를 태양풍이라고 합니다. 이 입자들은 지금도 지구의 생명을 위협할 만큼 지구로 쏟아집니다.

그럼에도 지구가 안전한 이유는 무엇 때문일까요?

1. 태양풍이 대기층을 뚫지 못하기 때문이다.

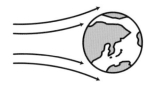

2. 지자기의 영향으로 지구 바깥으로 밀려나기 때문이다.

3. 지자기의 영향으로 남극과 북극으로 모인다. 때문에 극지방에는 생물이 많지 않다.

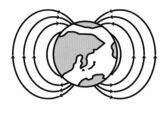

4. 지자기의 영향으로 지구 주위를 돌기 때문이다.

지구 상공 1,000~60,000킬로미터에는 밴앨런대$^{Van Allen belt}$가 있습니다. 밴앨런대는 태양풍(태양에서 분출된 플라스마)이 지구자기장에 붙잡혀 생긴 것입니다. 막대자석에 철가루를 뿌려놓은 것과 비슷합니다.

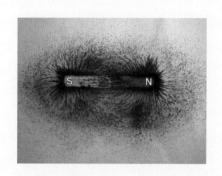
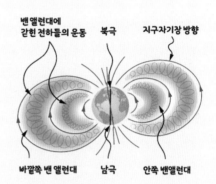

자기장이 전하가 만드는 전기장을 구속합니다. 앙페르 법칙에 따라 지구자기장에 놓인 전하 입자가 직각 방향이라면 입자는 원을 그립니다. 하지만 대부분의 입자는 직각이 아니다 보니 나선을 그리며 남극과 북극을 왔다갔다 하게 됩니다. 이 전하가 대기권까지 내려오면 오로라가 됩니다.

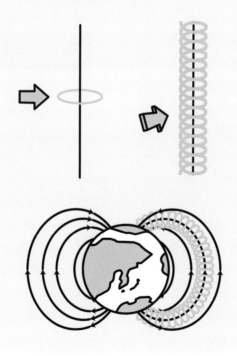

만약 지구자기장이 사라진다면 어떻게 될까요? 구체적으로 따져보겠습니다.

나침반을 사용하지 못하니 항공기나 선반 등의 운행에 커다란 차질이 생기게 됩니다. 또한 생체 자석을 이용해 길을 찾는 비둘기나 철새들이 방향 감각을 상실하고 헤매게 될 것입니다. 하지만 이 정도는 아무것도 아닙니다.

밴앨런대가 없으면 태양풍이 오존층을 전부 날려버리기 때문에 자외선, 감마선 등이 지표면까지 도달합니다. 그 결과 토양의 세균이나 바닷속의 플랑크톤 등이 먼저 죽을 것이고 덩치가 큰 생물들도 유전자의 변형이 일어나 암이 발생하고 기형 생명이 태어나게 됩니다. 오존층을 날려버린 태양풍은 서서히 지구의 대기도 날려버립니다. 때문에 암에 걸려 죽기 전에 질식해 죽을지도 모릅니다.

지구라는 행성에 생명체가 존재할 수 있는 이유는 지구의 크기와 질량, 태양과의 거리, 지자기의 존재 등 극히 낮은 확률의 수많은 조건이 겹쳐서 가능합니다.

문제 4. 전자석의 세기

철수는 10cm의 철심에 코일을 100번 감은 후 1.5V 건전지를 연결하여 전자석을 만들었습니다. 이후 조건을 달리하여 여러 종류의 전자석을 만들었습니다.

다음 중 전자석의 세기가 강해진 것을 모두 고르세요.

1. 1.5V 건전지 두 개를 직렬연결한다.

2. 코일을 200번 감는다.

3. 코일의 반지름을 줄인다.

4. 철심의 길이를 반으로 줄인다(감은 코일의 수는 그대로).

철수가 만든 전자석은 솔레노이드^{solenoid}라고 합니다. 솔레노이드 내부의 자기장의 세기는 앙페르의 법칙에 의해 구할 수 있습니다. 내부 자기장의 세기는 전류의 세기, 단위 길이당 코일의 감은 횟수에 비례합니다.

1의 경우 전류가 두 배가 되었고, 2의 경우 코일을 두 배 많이 감았고, 4의 경우 코일의 감은 횟수는 그대로인데 길이가 반으로 줄었으니 각각 내부 자기장의 세기는 두 배입니다. 하지만 코일의 반지름은 내부 자기장의 세기와 관계없습니다.

과학노트

전자석의 종류는 솔레노이드와 토로이드^{toroid}가 있습니다.

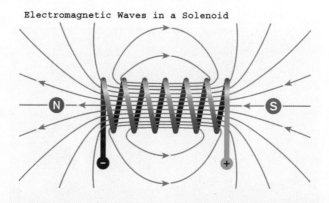

Electromagnetic Waves in a Solenoid

앞에서 '내부' 자기장이라는 것을 계속 강조했는데, 무한히 긴 솔레노이드는 외부에 자기장을 형성시킬 수 없습니다. 실제로도 솔레노이드의 길이가 길어지면 외부 자기장은 점점 약해집니다.

솔레노이드를 도넛 형태로 굽혀서 만든 전자석은 토로이드라 합니다. 토로이드의 경우는 반지름(r)이 작을수록 더 촘촘히 코일이 감기게 되므로 자기장의 세기가 커집니다.

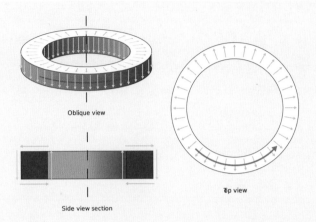

Oblique view

Side view section

Top view

토로이드는 핵융합 발전 과정에서 발생하는 플라스마를 가두기 위한 토카막 tokamak(자기장 코일을 이용한 도넛형 가둠 장치)이라는 장치에도 사용됩니다.

고리에 다음과 같이 전류를 흘려주면 고리는 어느 방향으로 움직일까요?

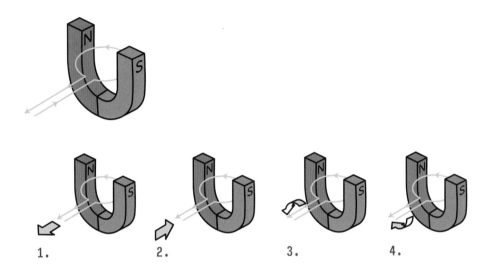

고리가 어느 방향으로 움직일지는 플레밍의 왼손법칙으로 찾을 수 있습니다. 고리의 왼쪽은 위로 들리고, 고리의 오른쪽은 아래로 내려갑니다.

가끔씩 혼동하시는 분들이 있는데 플레밍의 오른손법칙은 발전기에서 힘의 방향을 찾아내는 것이고 플레밍의 왼손법칙은 모터에서 힘의 방향을 찾아내는 것입니다. 때문에 'Fleming's left-hand rule for motors'입니다.

아래의 고리에 1A의 전류를 흘렸더니 90° 기울어졌습니다.

만약 2A, 4A의 전류를 흘린다면 얼마나 기울어질까요?

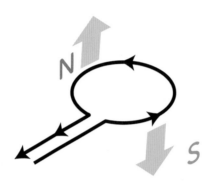

1. 2A, 4A 둘 다 90°

2. 2A는 135°, 4A는 180°

3. 2A는 180°, 4A는 270°

4. 2A는 180°, 4A는 360°

전류의 방향과 힘의 방향은 직각입니다. 때문에 많은 전류가 흐르면 힘이 더 강해지기는 하지만 방향은 여전히 자기장과 직각입니다.

모터는 90°가 될 때 전류의 흐름이 끊기게 됩니다. 그러면 관성에 의해 돌게 되고 90°를 넘어가면 다시 전류가 흐르면서 계속 돌게 됩니다. 이 과정을 매끄럽게

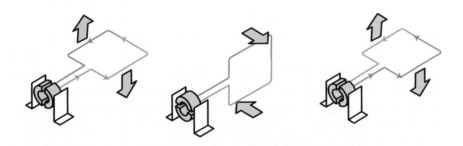

하기 위해 DC모터(직류 전동기)에는 브러시와 정류자(전류의 방향을 주기적으로 바꿔 전기자에 공급하는 장치)라는 장치가 있습니다.

브러시는 정류자와 접촉하여 회전자 코일에 전원을 공급합니다. 브러시는 회전자가 회전을 할 때 동일한 회전 방향으로 기자력이 생기도록 회전자 코일의 극성을 바꿔주는 역할을 합니다. 직류 전동기 내에서 180도 회전할 때마다 회전자에 공급되는 전류의 방향이 일정하도록 전환시켜 줍니다. 그리고 전류가 많이 흐르면 속도는 더 빨라집니다.

6
발전기의 원리

전기를 생산하는 방법은 태양의 광에너지를 이용하는 방법, 화학적 방법, 전자기 유도 현상을 이용한 방법 등이 있습니다.

태양광 발전은 광전효과라는 것을 이용하고, 전지는 화학적 방법을 이용합니다. 전자기 유도 현상을 이용하는 방법은 전기력이 자기력과 상호작용하기 때문에 가능합니다. 축에 영구자석이 연결되어 있는 상태로 영구자석이 움직이면 자기장이 변하고, 이 때문에 코일에 유도전류가 흐릅니다.

사실 발전기는 모터와 구조가 거의 같습니다. 모터는 전기를 축의 회전운동으로 변환시키지만, 발전기는 터빈의 회전운동을 전기로 변환시킵니다. 이때 나오는 전류의 방향은 플레밍의 오른손법칙으로 구할 수 있습니다.

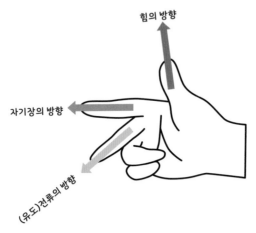

플레밍의 오른손법칙

전기의 일률은 W(와트)를 사용하여 나타냅니다. 1W(와트)는 1초 동안의 1J의 일을 하는 일률의 단위입니다. 어떤 에너지를 가지고 회전시키느냐에 따라 ○○발전이라는 말을 씁니다. 수력으로 수차를 돌리면 수력발전, 바람으

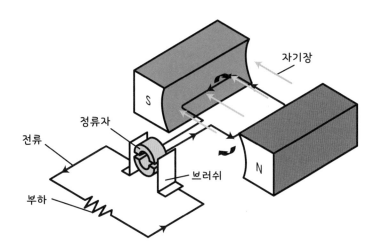

로 블레이드를 돌리면 풍력발전, 조석간만의 차를 이용해 수차를 돌리면 조력발전입니다.

화력발전은 화력으로 물을 끓여서 증기의 힘으로 터빈을 돌립니다. 원자력발전도 화력과 마찬가지로 물을 끓여서 증기의 힘으로 터빈을 돌립니다. 방사능 물질에서 직접 전기를 뽑아내는 기술은 아직 존재하지 않습니다. 전기는 전선만 있다면 아주 먼 거리라도 전송할 수 있으며 다른 에너지로 변환이 쉽기 때문에 현대 사회는 전기를 사용하고 있습니다.

구리관 안에 자석을 떨어트리면 어떻게 될까요?

1. 일반적인 낙하 속도로 떨어진다.

2. 일반적인 낙하 속도보다 더 빨리 떨어진다.

3. 일반적인 낙하 속도보다 더 느리게 떨어진다.

4. 점점 속도가 느려지다가 도중에 멈춘다.

자석이 도체로 떨어지면 다음과 같이 맴돌이 전류가 발생합니다. 이 맴돌이 전류가 자석의 낙하를 방해합니다. 때문에 일반적인 낙하 속도보다 더 느리게 떨어집니다.

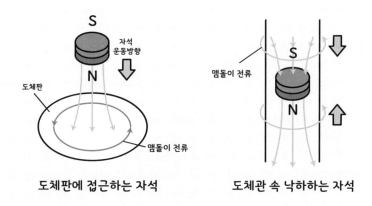

도체판에 접근하는 자석   **도체관 속 낙하하는 자석**

구리관이 아니라 코일 속을 통과시키면 전류를 얻을 수 있습니다. 이때 얻어지는 전류는 자석의 위치에너지가 변할 때 발생합니다. 만약 아래에 있는 도체의 저항이 0이라면 발생하는 전류는 이론상 무한입니다. 그러면 자석은 공중부양하게 됩니다. 실제로 도체의 저항이 0인 초전도체에서는 자석이 공중부양합니다.

자석이 코일에 들어올 때와 나갈 때 다음과 같이 전류가 생깁니다.

- N극이 접근하면 유도전류는 N극을 만들어 척력으로 오지 못하게 한다.
- N극이 멀어지면 유도전류는 S극을 만들어 인력으로 가지 못하게 한다.
- S극이 접근하면 유도전류는 S극을 만들어 척력으로 오지 못하게 한다.
- S극이 멀어지면 유도전류는 N극을 만들어 인력으로 가지 못하게 한다.

이렇게 전자기 유도 중에 자석이 움직이는 것을 방해하는 방향으로 유도전류가 흐른다는 것을 렌츠의 법칙Lenz's law이라고 합니다.

발전기와 모터는 구조가 거의 똑같습니다. 모터가 전기의 힘으로 회전운동을 하는 기계라면, 발전기는 터빈을 돌려 발전을 하는 것입니다.

그렇다면 모터에서도 전기가 생산이 될까요?

1. 그렇다. 그래서 한전에서는 생산된 전기만큼 전기세를 깎아준다.

2. 그렇다. 소비되는 전기량과 발전된 양이 같기 때문에 공짜로 사용할 수 있다.

3. 그렇다. 모터를 돌리면 소비량보다 더 많은 전기가 생산되기 때문에 한전에서 오히려 돈을 지불한다.

4. 아니다. 발전기와 모터는 다르다.

모터와 발전기는 구조가 똑같기 때문에 만약 에너지의 손실만 없다면 영원히 작동할 수 있습니다. 그러나 모터 내의 마찰로 에너지가 손실되기 때문에 결국은 작동을 멈추게 됩니다. 그런데 이럴 경우 전기 계량기는 되돌아오는 전기만큼 느리게 돌게 됩니다. 따라서 전기세는 적게 나옵니다.

이 문제는 영구기관이 불가능하다는 예시로 많이 나오는 문제이기도 합니다.

화력발전소와 원자력발전소는 증기로 터빈을 돌리고, 수력발전소는 물을 이용해서 수차를 돌리며, 풍력발전기는 바람으로 프로펠러를 돌립니다. 이 회전축에 영구자석을 달고 코일 속에서 회전시키면 렌츠 법칙에 따라 교류가 만들어집니다.

직류를 만들 수도 있지만 오히려 발전기의 구조가 더 복잡해지기 때문에 굳이 직류를 사용하지는 않습니다. 발전소에서 교류 전기가 만들어지기 때문에 가정용 전력도 교류입니다.

문제 3. 태양광발전

태양광발전은 광전효과를 이용한 것입니다. 광전효과란 금속 등의 물질이 높은 에너지를 가진 짧은 파장의 전자기파를 흡수했을 때 전자를 내보내는 현상입니다.

태양광발전으로 생산되는 전기는 직류일까요? 교류일까요?

1. 직류
2. 교류

태양광 패널의 재료는 반도체입니다. 반도체는 전기를 한쪽 방향으로만 흐르게 합니다. 광전효과로 발생한 전기가 한 방향으로 흐르기 때문에 직류 전기가 생산됩니다.

태양광발전은 낮에만 할 수 있습니다. 그리고 흐린 날에는 광량이 줄기 때문에 발전량도 줄어듭니다. 게다가 태양광 패널은 설치를 할 공간이 많이 필요합니다. 때문에 우리나라처럼 사계절이 뚜렷하고 산이 많은 곳은 태양광발전의 효율이 상당히 떨어집니다.

과학노트

생물도 태양광을 이용하여 에너지를 생산합니다. 광합성이라고 합니다. 식물의 광합성 기술은 인간의 태양광 발전 기술을 아득히 뛰어넘었습니다. 인간들은 기껏해야 전기를 생산하는 정도에 머무르지만 식물들은 이산화탄소와 물을 이용해 산소와 당분을 생산합니다.

다행히 식물의 광합성 기술을 따라잡기 위한 연구가 진행 중입니다. 인공 광합성이 상용화되면 전력 생산뿐 아니라 이산화탄소를 줄이는 일석이조의 효과가 있습니다. 하루빨리 상용화되었으면 좋겠습니다.

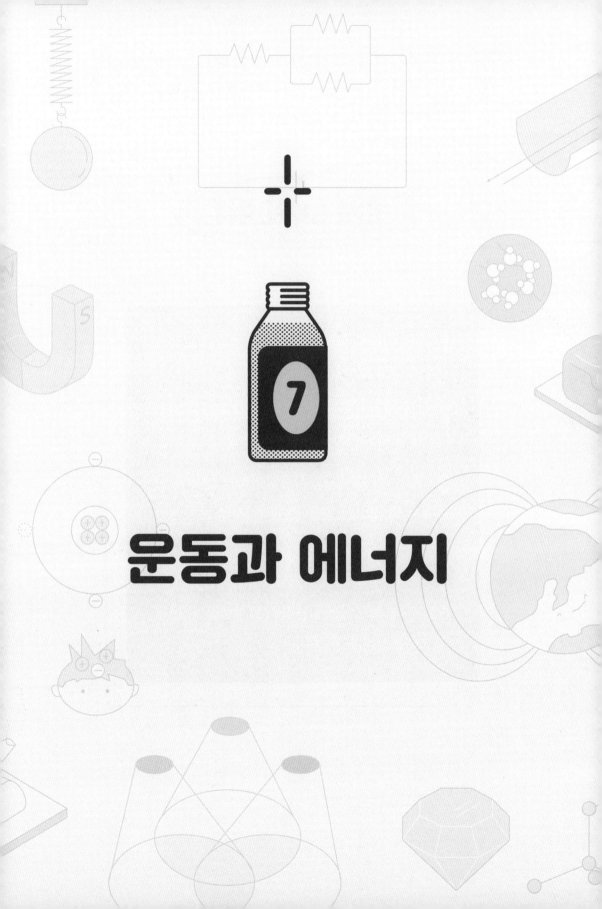

7

운동과 에너지

CHECKPOINT

1 직선상에서 움직이는 물체의 운동을 그래프로 나타내고 해석할 수 있다.

2 자유낙하하는 물체의 운동에서 시간에 따른 속력의 변화가 일정함을 분석할 수 있다.

3 일의 정의를 알고, 자유낙하하는 물체의 운동에서 중력이 한 일을 위치에너지와 운동에너지로 표현할 수 있다.

4 물체의 운동에서 역학적에너지의 전환과 보존을 이해하고, 이를 활용하여 일상생활 속 물체의 운동을 예측할 수 있다.

1
속력과 속도

속력^{速力, speed}이란 시간당 이동거리를 나타내는 물리량입니다. 단위로는 초속(m/s), 분속(km/분), 시속(km/h) 등을 사용합니다.

속도^{速度, velocity}도 속력과 같은 단위를 사용합니다만 속력과는 다른 개념입니다. 속도는 벡터^{vector}이고 속력은 스칼라^{scalar}입니다. 벡터는 방향과 크기가 있는 것이고, 스칼라는 크기만 있습니다. 이동거리는 스칼라이고, 변위는 벡터입니다.

쉽게 설명하자면 100km의 거리를 20km/h의 속력으로 뛰어서 5시간만에 목표점에 도달했다면 속도는 20km/h입니다. 그런데 자동차로 100km/h의 속력으로 달렸지만 멀리 돌아가는 바람에 5시간이 걸렸다면 이동거리는 500km이지만 변위(출발점에서 목표점까지의 거리)는 100km입니다. 따라서 평균속도는 20km/h입니다.

자동차 계기판에 나오는 것은 속력입니다. 그래서 영어로는 'speedo-meter'입니다. 그런데 어디서 잘못되었는지 속도계^{速度計}라고 사용하고 있습니다. 언어란 한번 사용하면 고치기가 힘드니, 고쳐서 쓰자고 해도 아마 안 될 것 같습니다.

속력에는 평균속력과 순간속력이 있고, 속도도 평균속도와 순간속도가 있습니다. 평균속력과 속도는 앞에 나온 설명처럼 구할 수 있습니다. 순간속력과 순간속도는 극히 짧은 시간 동안 움직인 거리로 측정합니다.

뉴턴은 순간속도를 연구하다가 미분을 발견합니다.

　　2001년 개봉한 <분노의 질주> 시리즈는 자동차와 관련된 가장 유명한 영화 시리즈가 아닐까 합니다. 2023년까지 총 열한 편의 영화가 나왔습니다. 그런데 최신작으로 올수록 자동차가 아닌 탱크, 잠수함, 비행기와 속도를 겨루더니 최근에는 우주까지 날아가 버렸습니다(동시에 물리법칙도 우주 저멀리 날아가 버렸습니다). 다음에 개봉할 영화에서는 타임머신이 나오는 것은 아닌지 모르겠습니다. 물리학으로 설명가능하던 초기로 돌아갔으면 하는 바람입니다. 그런 바람을 담아 이번 문제에서는 <분노의 질주> 시리즈에 등장하는 인물들로 문제를 내겠습니다.

　　도미닉 토레도는 레티 오티즈를 만나기 위해 A에서 B까지 운전을 하였습니다. A에서 B까지는 직선입니다. 토레도는 A지점을 출발할 때 제한속도 시속 50km 표시판을 보고는 정확히 시속 50km로 달렸습니다. 그런데 정확히 A와 B의 중간지점에 제한속도 시속 100km 표시판이 있습니다. 토레도는 즉시 속도를 올려 정확히 시속 100km로 달려 B지점에 도착했습니다.

　　토레도의 평균속력은 얼마일까요?

1. 시속 75km 이하

2. 정확히 시속 75km

3. 시속 75km 이상

4. 위의 조건으로는 알 수 없다.

A에서 B까지의 거리를 200km라고 하면 중간지점까지는 100km입니다. 100km를 시속 50km로 달리면 2시간 걸립니다. 그다음 100km는 시속 100km로 달렸으니 1시간 걸립니다. 그렇다면 200km를 3시간 동안 달렸으니 속력은 200/3=66.666... km/h입니다.

거리가 달라져도 마찬가지입니다. 굳이 계산하자면 총 거리를 2a라고 할 때 전반부에 걸린 시간은 a/50, 후반부에 걸린 시간은 a/100입니다.

그러므로 평균속력은 $\dfrac{2a}{\dfrac{a}{50}+\dfrac{a}{100}}$=66.666입니다.

속력은 '거리/시간'입니다.

단순히 시속 50km과 시속 100km를 평균 내어서 시속 75km라고 하면 안 됩니다.

문제 2. 자동차의 속력 2

속력을 이야기할 때 만화 <플래시>의 배리 앨런을 빼놓을 순 없겠죠. 빛보다도 빠르게 달릴 수 있지만 평소에는 과학 수사대에서 일하는 배리 앨런은 매일 같은 시간에 같은 거리의 도로를 같은 속력으로 달려 약속시간에 애인인 아이리스를 만납니다. 그런데 어느 날은 교통체증으로 평소보다 절반의 속도밖에 내지를 못합니다. 절반의 거리를 지났을 때 비로소 교통체증이 풀립니다.

앨런이 아이리스를 약속시간에 만나려면 속력을 평소보다 몇 배로 올려야 할까요?

1. 1.5배

2. 2배

3. 10배

4. 플래시로 변신해서 빛의 속도로 뛰어도 늦는다.

  100km의 거리를 시속 100km로 달려 1시간 후에 만난다고 가정하겠습니다. 교통체증으로 속도가 절반이 되었으니 시속 50km로 달리는 셈입니다. 이 속도로 절반의 거리를 달렸으니 50km를 달린 것입니다.

  시속 50km로 50km를 달리면 걸린 시간은 1시간입니다. 이미 약속시간이 되어버렸습니다. 플래시로 변신해서 빛의 속도로 뛴다고 해도 약속시간을 지킬 수 없습니다. 거리와 속도가 달라져도 마찬가지입니다.

과학노트

  시속 100km로 달리는 차에서 같은 방향으로 달리는 시속 150km의 차의 속도를 측정하면 시속 50km가 나옵니다. 그런데 빛의 경우는 이런 상식이 적용되지 않습니다. 정지한 상태에서 측정을 하든지 달리는 차 안에서 측정을 하든지 속도가 똑같습니다.

  광속은 초속 30만 km이니 차이를 못 느끼는 것이라고 생각하는 분들도 있겠습니다. 하지만 초속 29만 9,999km로 날아가는 우주선에서 재어도 빛의 속도는 여전히 초속 30만 km입니다. 심지어 빛과 반대 방향으로 움직여도 마찬가지입니다.

인간 대신 차량들이 살고 있는 <카> 세계관의 라이트닝 맥퀸은 레이싱 경주에서 은퇴하고 래디에이터 스프링스에서 평범한 삶을 살아갑니다. 맥퀸은 건강을 위해 매일 자신의 집(A)에서 외곽도로를 달려 근처 산(B)에 올라 마을을 내려다보고 다시 돌아옵니다.

A에서 B까지는 시속 60km의 속력으로 달려 20분이 소요됩니다. 그런데 어느 날 돌아오는 길에 A에서 B까지의 도로가 봉쇄되었습니다. 맥퀸은 할 수 없이 B에서 C까지는 시속 64km, C에서 A까지는 시속 72km로 달려 퇴근했습니다.

그날 맥퀸의 돌아오는 길 속도는 얼마일까요?

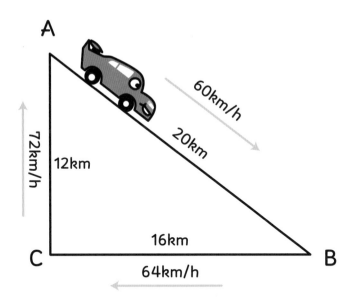

1. 시속 68.0km   **2.** 시속 60.0km   **3.** 시속 48.0km   **4.** 시속 40.0km

B에서 C까지 걸린 시간이 15분이고 C에서 A까지 걸린 시간이 10분입니다. 따라서 총 소요시간은 25분이고 B에서 A까지의 거리는 20km이므로 시속 48.0km입니다.

속도는 거리뿐 아니라 방향도 포함됩니다. 초속 8km의 속력으로 지구를 돌고 있는 나로 과학위성이 지구를 한 바퀴 돌아 제자리로 왔다면 속도는 얼마일까요? 제자리로 돌아왔으니 결과적으로 전혀 움직이지 않은 것과 같으니 속도는 초속 0m입니다.

문제 4. 미사일의 이동거리

국경 근처에서 1,000km/h로 직선비행하는 UFO가 레이더에 발견되었습니다. 국경 수비대는 지체 없이 미사일을 발사했습니다.

미사일은 평균 3km/s의 속력으로 추적선을 그리며 날아갑니다.

1분 후 미사일은 UFO를 격파했습니다.

미사일이 날아간 총 거리는 얼마일까요?

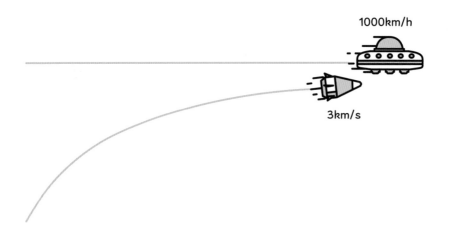

* 추적선의 방정식은 다음과 같습니다.

미사일의 속력/UFO의 속력=n(단 n=1이 아님)이라 할 때,

$$2(y-n) = \frac{x^{1-n}}{c(1-n)} - \frac{cx^{1+n}}{1+n}$$ 입니다.

1. 150km
2. 180km
3. 주어진 조건만으로는 알 수 없다.

추적선의 방정식을 적분하면 구할 수 있습니다…만, 더 간단한 방법도 있습니다.

미사일이 1분간 이동했습니다. 미사일은 1초에 3km를 이동합니다. 따라서 1분(=60초)간 이동한 거리는 3km/s × 60s =180km입니다.

문제 5. 공의 속도

공을 던지는 것은 매우 고된 노동입니다. 투수들을 고된 노동에서 해결해주기 위해 만들어진 기계가 바로 피칭머신입니다. 공을 두 개의 회전하는 팬 사이를 통과시켜 공을 날려보내는 방식입니다.

피칭머신은 몇백 번이라도 원하는 속도로 원하는 곳에 공을 던질 수 있기 때문에 오히려 인간보다도 훨씬 도움이 됩니다.

시속 150km로 달리는 차에서 피칭머신을 이용해 직각 방향으로 시속 100km의 속력으로 공을 던졌습니다.

이때 땅에 서 있는 관찰자가 속도를 재었습니다.

속도는 얼마일까요?

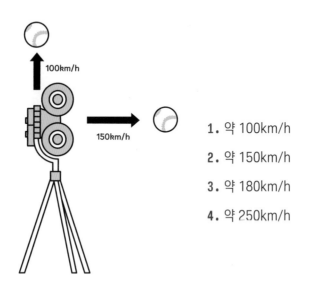

100km/h

150km/h

1. 약 100km/h

2. 약 150km/h

3. 약 180km/h

4. 약 250km/h

여기에서는 단순한 덧셈이 아니라 벡터의 덧셈으로 풀어야 합니다. 공의 실제 속력은 우측의 파란색 벡터의 길이와 같습니다. 피타고라스의 정리를 이용해서 구할 수 있습니다.

$$\sqrt{100^2 + 150^2} = \sqrt{32500} \fallingdotseq 180$$

따라서 공의 실제 속력은 약 180km/h입니다.

100

150

철수는 언덕 위에 있는 학교로 축구공을 가지고 올라갑니다. 그런데 막 언덕 위에 도착했을 때 축구공을 넣은 그물이 찢어지면서 언덕 아래로 굴러 갑니다. 공은 아래와 같이 경사도가 일정한 경사로를 굴러갑니다. 당연히 속력은 계속 올라갑니다.

그렇다면 공의 가속도는 어떻게 될까요?

1. 점점 올라간다.

2. 그대로다.

3. 점점 내려간다.

의외로 속도와 가속도를 혼동하는 경우가 많습니다. 속도는 위치가 변화하는 정도이고 가속도는 속도를 변화하는 정도입니다.

경사에서 물체의 가속도는 g·sin(θ)입니다.

이 문제의 경우 경사도가 일정하기 때문에 가속도도 일정합니다.

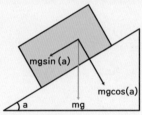

문제7. 공의 경주

철수와 영희는 과학반 프로젝트로 평평하지 않은 땅에서의 속도의 변화를 실험합니다. 같은 크기, 같은 무게의 공을 같은 힘으로 동시에 민다면 (나)와 (다) 중 어느 쪽이 먼저 끝에 도착할까요(나와 다의 시작점에서 끝까지의 거리는 같다고 가정하겠습니다)?

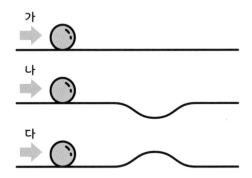

1. 나

2. 다

3. 두 경우 모두 같은 시간에 도착한다.

(나)의 경우 경사를 내려가면서 속도가 빨라집니다. 다시 올라오면서 속도는 점점 줄어 내려가기 전과 같은 속도가 됩니다. 때문에 평균속도는 평평한 곳을 구르는 것보다 빠릅니다.

(다)의 경우는 경사를 올라가면서 속도가 느려지다가 내려오면서 점점 빨라져 전과 같은 속도가 됩니다. 때문에 평균속도는 평평한 곳을 구르는 것보다 느립니다.

그림으로 나타낸다면 다음과 같습니다(노란 부분은 움직인 거리입니다).

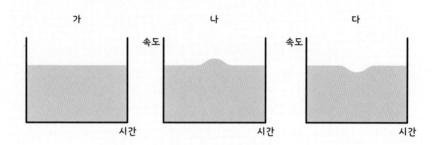

문제 8. 총알의 낙하

수평으로 쏜 총알과 같은 높이에서 자유낙하시킨 총알 중 어느 쪽이 먼저 땅에 떨어질까요?

1. 떨어트린 총알이 먼저 떨어진다.
2. 쏜 총알이 먼저 떨어진다.
3. 동시에 떨어진다.

아주 고전적인 문제입니다.

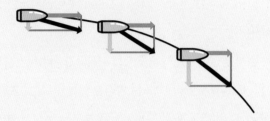

수평으로 총을 조준해 쏜 총알의 운동은 수직과 수평방향의 운동으로 분리할 수 있습니다. 총알의 수평방향 운동은 수직방향의 운동에 아무런 영향을 미치지 못합니다. 때문에 '동시에 떨어진다'가 정답입니다.

하지만 총알의 속도가 매우 빠르다면 떨어트린 총알이 먼저 떨어집니다. 총알에 원심력이 작용하기 때문입니다. 한쪽 끝에 공이 있는 줄을 머리 위에서 돌리면 공은 원심력에 의해서 바깥으로 나가려고 합니다. 공의 속도가 빠를수록 원심력은 커집니다. 총알도 마찬가지입니다. 만약 총알의 속도가 약 7.905km/s 이상이라면 총알은 절대로 떨어지지 않고 지구를 계속 돌게 됩니다. 중력의 영향이 적은 더 높은 고도에서는 훨씬 적은 속도로도 떨어지지 않습니다.

과학노트

약 7.095km/s는 제1우주속도입니다. 지구표면에서 지구의 중심을 궤도 중심으로 원운동 할 수 있는 속도입니다. 이보다 느리면 지표면으로 떨어집니다.

약 11.19km/s는 제2우주속도입니다. 이 속도를 넘어가면 지구 궤도를 벗어나 태양을 촛점으로 하는 타원궤도를 돌게 됩니다.

약 16.7km/s를 넘어가면 지구 공전 궤도에 있는 물체는 태양계를 탈출할 수 있습니다. 이를 제3우주속도라고 합니다.

문제 9. 인공위성이 떨어지지 않는 이유

2023년 5월 25일 18시, 대한민국은 누리호의 3차 시험발사에 성공합니다. 이로써 우리나라는 세계 11번째의 자력 우주로켓 발사국이 되었으며, 1톤 이상의 실용 위성을 궤도에 안착시킬 수 있는 7번째 국가가 되었습니다.

최초의 인공위성은 1957년 10월 4일에 발사된 소련의 스푸트니크 1호입니다. 소련이 인공위성을 발사한 이유는 미국에 대한 과시용이었습니다. 하지만 그후 과학위성, 통신위성, 군사위성, 기상위성 등을 발사하여 인류에게 큰 도움을 주고 있습니다.

인공위성이 없다면 위성중계되는 방송도 볼 수 없고 자동차의 네비게이션도 먹통이 됩니다.

그런데 인공위성이 떨어지지 않는 이유는 무엇 때문일까요?

1. 원심력 때문이다.

2. 구심력 때문이다.

3. 1, 2번 둘 다이다.

4. 1, 2번 둘 다 아니다.

인공위성이 떨어지지 않는 이유는 앞의 문제에서 수평으로 쏜 총알이 떨어지지 않는 이유와 같습니다. 구심력은 원운동에서 운동의 중심 방향으로 작용하여 물체의 경로를 바꾸는 힘입니다. 지구의 경우는 중력이 구심력이 됩니다.

하지만 원심력은 실제로 존재하는 힘이 아닙니다.

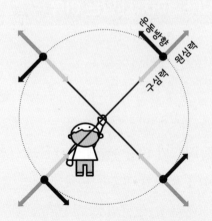

위의 그림에서 인공위성(검은 점)은 직진하고 있습니다. 그런데 구심력에 의해 당겨지다 보니 원운동을 합니다. 겉보기에 원심력이라는 힘이 작용하는 것처럼 보입니다. 원심력은 회전하고 있는 계 안의 관찰자가 느끼는 가상의 힘입니다.

만약 이 인공위성에 사람이 타고 있다면 이 사람은 어느 방향으로 힘을 느낄까요? 인공위성은 자유낙하 상태이기 때문에 중력 방향이나 중력 반대 방향으로의 힘도 느끼지 못합니다. 인공위성이 직진운동을 멈추면 구심력이 작용하여 인공위성은 지구로 떨어집니다.

인공위성이 추락한다면 어느 방향으로 힘을 느낄까요? 추락하는 동안에는 중력 방향으로 운동하므로 역시 무중력 상태입니다.

과학노트

위도 0°인 적도 36,000km 상공의 원형 궤도에서는 초속 약 3km로 등속 원운동, 즉 일정한 속도로 원을 그리며 운동을 하게 되면 추락하지 않습니다. 그런데 이 회전 각속도가 지구의 자전 각속도와 같기 때문에 지구에서는 마치 정지한 것처럼 보인다고 이를 정지궤도$^{Geostationary\ Orbit,\ GEO}$라고 합니다. 대부분의 위성은 이 궤도를 돌게됩니다.

2
일과 에너지

물리학에서 '일'은 힘을 가해 물체를 움직이는 것입니다.

다음과 같이 나타냅니다.

$$W = \int_C \vec{F} \cdot d\vec{s}$$

적분기호도 있고 화살표도 있어서 상당히 당황스럽습니다만 어쩔 수 없습니다. 화살표는 벡터, 즉 방향이 있다는 뜻이고 적분은 이동거리에 따라 변하는 힘을 더한다는 의미입니다.

중학교에서는 거리에 따라 일정한 힘을 쓴다고 가정하고는 W=Fs(W: 일, F: 힘의 크기 s: 이동거리)로 나타냅니다. 하지만 힘도 거리도 벡터라는 것을 반드시 기억하시기 바랍니다.

일의 단위는 줄(J)입니다. 풀어쓰면 N×m입니다. 1J은 1N의 힘이 작용하여 1m 움직였을 때 한 일의 양입니다. 움직이지 않는 벽을 밀었다면 일의 양은 0입니다. 왜냐하면 이동거리가 0이기 때문입니다(N×0=0).

왜 힘을 썼는데 일의 양은 0이냐고 한다면 참으로 설명하기가 힘드네요. 이삿짐을 옮기면 수당을 주겠다고 했는데 너무 무거워서 못 옮겼다면 수당을 받을 수 없습니다. 결국 일을 하지 않았으니까요(여전히 어색한 비유입니다).

등속 원운동에서 구심력이 하는 일도 언제나 0입니다. 등속 원운동에서는 구심력의 방향과 물체가 움직이는 방향이 언제나 직각이라 가해진 힘에 대해 물체의 이동거리가 0이기 때문입니다.

에너지는 일을 할 수 있는 능력을 말합니다. 에너지가 일로 변환되는 것이기 때문에 에너지의 단위는 일의 단위와 같은 줄(J)입니다.

에너지에는 운동에너지와 위치에너지가 있습니다.

운동에너지는 움직이는 물체가 갖는 에너지입니다. 움직이는 물체가 정지 상태에서 해당 속도까지 가속하는 데 필요한 일의 양으로 정의합니다.

$$E = \frac{1}{2}mv^2$$

(E: 에너지, m: 질량, v: 속력)

위치에너지(E)는 질량(m)×중력가속도(g)×높이(h)로 나타낼 수 있습니다. 위치에너지는 중력장에 의해 생깁니다만, 중력장을 중학교에서 설명하기는 무리이니 다르게 설명하겠습니다.

위치에너지는 중력에 의해 생깁니다. 중력은 물체를 지구의 중심으로 $9.8m/s^2$의 가속도로 당기고 있습니다. 당기는 물체의 거리와 질량에 따라 차이가 나지만 지구의 질량과 반지름이 압도적으로 많고 길기 때문에 지구 표면 근처에서는 질량에 관계없이 $9.8m/s^2(=g)$의 가속도로 당긴다고 하겠습니다.

높은 위치에서 지표면으로 떨어지는 물체는 가속할 시간이 더 많기 때문에 지표면에 도달할 때 속도가, 낮은 위치에서 떨어지는 물체보다 빠릅니다. 속도가 빠르면 당연히 운동에너지가 높습니다. 따라서 높은 위치는 낮은 위치보다 에너지를 더 많이 가지고 있다고 할 수 있습니다.

문제 1. 말뚝박기

토르는 북유럽 신화에 나오는 신으로, 북유럽 신화의 많은 부분이 토르의 모험 이야기일 정도로 인기 있는 신입니다. 그중에서도 형제인 로키와 시종 티얄피를 데리고 요툰헤임을 여행하는 이야기는 너무나 재미있으니 꼭 한번 읽어보시기 바랍니다.

토르는 로키, 티얄피와 함께 요툰헤임으로 여행을 갑니다. 로키와 티얄피가 먹을 것을 찾아 숲속으로 간 사이 토르는 텐트를 칩니다. 망치인 묠니르를 이용해 말뚝을 박는데 영 진도가 나가지 않습니다. 토르는 고민합니다.

묠니르를 2배 빠르게 휘두르는 것과 묠니르보다 2배 무거운 스톰브레이커를 사용하는 것 중 어느 것이 더 깊이 말뚝을 박을 수 있을까요?

1. 묠니르

2. 스톰브레이커

3. 둘 다 같다.

4. 알 수 없다.

운동에너지는 질량에 비례하고 속도의 제곱에 비례합니다. 묠니르의 경우 속도가 2배이니 에너지는 4배이고, 스톰브레이커의 경우 질량이 2배이니 에너지는 2배입니다. 때문에 묠니르를 2배 빠르게 휘두르는 것이 스톰브레이커를 사용할 때보다 2배 깊이 박을 수 있습니다.

이 외에 말뚝을 빨리 박을 수 있는 방법은 무엇이 있을까요?

해머 머리의 면적이 좁다면 어떨까요? 압력은 늘어나겠지만 에너지는 그대로 이니 빨리 박지는 못할 것입니다. 차라리 말뚝의 끝을 뾰족하게 하면 끝에 힘이 집중되어 압력이 높아지니 쉽게 박을 수 있습니다.

문제 2. 로켓 자동차의 속력

로켓 자동차가 도로를 질주합니다(진공이라 가정하겠습니다). 최종 속력은 시속 1,000km입니다.

- 같은 양의 연료를 채운 후 노즐을 열어 분사량을 두 배로 했습니다. 힘은 두 배가 되고 분사 시간은 절반으로 줄어듭니다. 최종 속력은 얼마일까요?

- 같은 양의 연료를 채운 후 노즐을 닫아 분사량을 절반으로 했습니다. 힘은 절반이 되고 분사 시간은 두 배로 늘어납니다. 최종 속력은 얼마일까요?

- 마지막으로 처음 실험을 지구가 아닌 달에서 합니다. 최종 속력은 얼마일까요?

1. 시속 500km   2. 시속 1,000km   3. 시속 2,000km

4. 현실적으로 음속의 벽을 돌파할 수 없다.   5. 엔진이 움직이지 않는다.

연료량이 같다면 가할 수 있는 에너지는 같다고 할 수 있습니다. 음속을 돌파하지 않았으니 4번은 정답이 아닙니다. 로켓 엔진은 공기가 없어도 움직이므로 5번도 정답이 아닙니다.

그리고 달에서는 산소가 없으니 연소가 일어나지 않아 엔진이 움직이지 않습니다. 만약 산소탱크를 달아 엔진을 작동시킨다고 하면 최종속력은 시속 1,000km입니다. 무게가 증가하는 것이지 질량이 증가하는 것이 아닙니다. 바퀴와 지면 사이의 마찰이 없다고 한다면 중력은 아무런 역할을 하지 못합니다.

공기 중에서는 음속에 가까워지면 물체가 진행하기가 무척 어렵습니다. 이를 '음속의 벽'이라고 합니다. 하지만 정말로 소리나 공기의 벽이 있는 것은 아닙니다. 공기의 저항력이 강해지기 때문에 마치 벽처럼 느껴지는 것뿐입니다.

재미있게도 음속을 넘어서면 오히려 저항이 줄어듭니다. 그래서 마하 0.9보다 마하 1.2가 오히려 힘이 덜 들어갑니다.

문제 3. 가속페달과 기름의 양

갑돌이는 시속 50km로 톨게이트를 통과한 후 시속 100km로 속도를 올렸습니다. 그러다가 CCTV가 없는 구간에 이르자 냅다 가속페달을 밟아 시속 200km로 속도를 올렸습니다.

정지 상태에서 시속 50km까지 속도를 올릴 때 든 기름의 양을 x라 할때, 시속 50km에서 시속 100km로 올릴 때 든 기름양(y)과, 시속 100km에서 시속 200km로 올릴 때 든 기름양(z)은 각각 얼마일까요(연비는 같다고 가정하겠습니다)?

1. y=x, z=2x

2. y=2x, z=4x

3. y=x, z=4x

4. y=3x, z=12x

$E = \dfrac{1}{2}mv^2$ 입니다.

속도가 2배가 되면 에너지는 4배이며 따라서 기름 사용량은 4x입니다. 그런데 정지 상태에서 시속 50km까지 올릴 때 x만큼을 소비했으니 시속 100km가 되려면 3x만큼이 더 필요합니다.

속도가 4배가 되면 기름 사용량은 16x입니다. 그런데 정지 상태에서 시속 100km가 될 때 4x만큼을 소비했으니 시속 200km가 되려면 12x만큼이 더 필요합니다.

화기란 화약의 폭발력으로 탄자를 추진, 투사하는 무기를 말합니다. 1장에서 배웠던 작용 반작용의 원리를 이용한 무기입니다. 이 중 탄자의 구경이 20mm 이상이고, 2인 이상이 운용해야 하는 화기를 화포라고 합니다.

화포의 위력은 포탄(화포에 사용하는 탄자)이 무거울수록, 더 멀리 날아갈수록 강합니다. 화포의 사거리를 늘리려면 화약의 양을 늘리거나 포신을 늘리면 됩니다. 화약의 양을 늘리면 폭발력이 강해지니까 당연히 더 멀리 날아갑니다.

그런데 포신의 길이를 늘리면 멀리 날아가는 이유는 무엇 때문일까요?

1. 조준이 더 정확해지기 때문이다.

2. 화약의 위력이 증가하기 때문이다.

3. 화약이 대포알을 미는 힘을 더 오래 받기 때문이다.

4. 위의 보기에는 답이 없다.

포신이 길수록 폭약의 힘이 오래도록 작용합니다. 물론 너무 늘리면 포신의 무게가 늘어나 휠 수도 있고 대포알과 포신의 마찰도 커지기 때문에 적정선에서 타협이 필요합니다.

질소^{nitrogen}는 대기 중에 가장 많은 원소입니다. 공기의 약 78%가 질소입니다. 분자의 원자 간 결합 에너지가 매우 강하기 때문에 웬만해서는 다른 물질과 반응하지 않는 안정된 물질입니다.

그리고 공기 중에 잔뜩 있기 때문에 가격도 대단히 쌉니다. 그래서 충격 보호제 겸 산화방지제로 과자 포장에 많이 사용합니다. 또한 산소에 비해 고무를 통과하기 어렵기 때문에 자동차 타이어를 질소로만 채우면 오래도록 타이어 압을 유지할 수 있습니다.

이름이 '질'소인 이유는 말 그대로 '질식'을 일으키기 때문입니다. 특이하게도 질소로 인해 질식사하게 될 땐 아무 고통을 못 느끼고 죽는다고 합니다. 이 때문에 미국의 경우 오클라호마 등 몇몇 주에서 질소를 이용한 질식사로 사형을 집행하고 있습니다.

이 질소와 산소의 화합물이 아산화질소(N_2O)입니다. 아산화질소는 많이 마시면 사람이 웃게 된다고 해서 웃음 가스라는 별명이 있습니다. 실제로 파티장에서 많이 사용했다고 합니다.

그런데 이 가스를 마신 사람이 아픔을 느끼지 못하는 것을 본 치과의사가 치과 치료를 할 때 아산화질소를 사용해서 마취를 하고 치료를 합니다. 이것이 최초의 마취 수술입니다.

그런데 이 아산화질소는 엔진출력을 강화하는 데도 사용됩니다. 액화 아산화질소를 분해시키면 산소 농도 33%의 기체가 되는데, 이는 대기 중 산소 농도의 1.5배입니다. 때문에 더 많은 연료를 태울 수 있어 출력이 증가됩니다. 게다가 액화 아산화질소가 기화되면서 흡기 온도도 낮춰줍니다. 노스$^{NOS, Nitrous Oxide Systems}$라는 상표명으로 많이 알려져 있습니다.

니트로를 사용하면 자동차가 웃을지도 모르겠네요.

또한 질소와 글리세린의 화합물이 니트로글리세린^{nitroglycerin}입니다. 만드는 방법은 알지만 알려드리지는 않겠습니다. 왜냐하면 폭발력이 아주 강한 물질이기 때문입니다. 게다가 너무나 민감하기 때문에 조그만 충격에도 터집니다. 심지어는 가만히 두었는데도 저절로 터지는 경우도 있습니다. 그래서 노벨이 규조토에 니트로글리세린을 흡수시켜 보다 안전하게 만든 것이 다이너마이트입니다.

그런데 이 니트로글리세린이 의약품으로 사용되기도 합니다. 혈관을 확장시키는 작용이 있기 때문에 협심증에 사용됩니다. 효과가 밝혀지게 된 과정이 특이한데요. 협심증을 앓던 노벨 화약공장 근로자가 니트로글리세린 증기로 가득 찬 공장에선 멀쩡하다가 집에만 가면 협심증이 재발하는 걸 조사하다가 밝혀졌습니다. 그 이유는 니트로글리세린이 혈관 내에서 일산화질소로 분해되면서 혈관을 확장시키기 때문입니다(이를 연구한 사람은 1998년 노벨 생리의학상을 받았습니다).

폭탄을 먹는 셈이네요. 반대로 의약품을 폭탄으로 사용하는 것인가요?

하기야 물건에 무슨 죄가 있겠습니까? 사용하는 사람이 문제이지요.

참고로 니트로글리세린은 달달합니다. 글리세린 자체가 당알코올이기 때문입니다. 그런다고 맛보지는 마십시오. 두통을 유발할 수 있습니다.

a, b, c, d 모두 같은 높이에서 같은 무게의 공을 굴립니다.

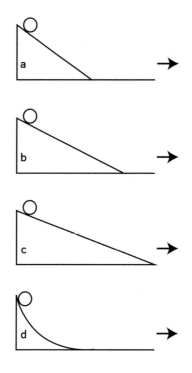

공이 비탈을 완전히 내려왔을 때 속도가 가장 빠른 것은 어느 것일까요?

같은 높이에서 공을 굴렸다면 위치에너지는 같습니다. 따라서 운동에너지도 같아야 합니다. 그런데 공의 무게가 같기 때문에 속도 또한 같습니다. 하지만 일정한 시간 동안 움직인 거리는 서로 다릅니다. 7파트 1장 '속력과 속도'의 7번 문제 '경주'를 참고하시기 바랍니다.

피사의 사탑은 이탈리아 토스카나 주 피사 시의 피사 대성당에 딸린 높이 55m의 종탑입니다.

종탑이 기울어진 탑(사탑)이 된 이유는 지반이 매우 부드러운데다가 탑을 지을 때 땅을 불과 3m밖에 파지 않아서입니다. 그 결과 공사 도중에 한쪽으로 서서히 쓰러지기 시작합니다. 그런데 피사는 공사를 중지하지 않고 기울어진 각도를 반영해서 수직으로 탑을 쌓고, 또 기울어지면 그 위층도 다시 한번 수직의 탑을 세우면서 계속 공사를 해 공사를 시작한 지 약 200년 후인 1372년에 완공합니다. 피사의 사탑이 아니라 피사의 바나나탑이 더 맞을 것 같습니다.

그런데 이 기울어진 모양 때문에 더 많은 관광객을 모으고 있으니 참으로 아이러니합니다(사실 피사 지방의 볼거리는 피사 대성당과 사탑밖에 없습니다). 지금은 계속되는 보수공사로 탑이 똑바로 서고 있다고 합니다. 피사에서는 관광상품으로서의 가치가 떨어질까봐 이러지도 저러지도 못하고 있다고 합니다.

갈릴레오가 피사의 사탑에서 낙하실험을 했다는 거짓말은 대단히 유명합니다. 이 책에서는 다른 실험을 한번 해보겠습니다.

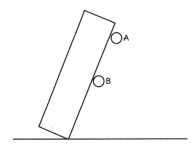

지면에서 A까지의 거리는 50m, 지면에서 B까지의 거리는 25m입니다(공기저항은 없다고 가정하겠습니다).

- 크기와 무게가 같은 두 공을 떨어트려 지면에 닿을 때 속력은 몇 배 차이가 날까요?

- 운동에너지는 몇 배가 차이 날까요?

- 이 실험을 수성에서 한다면 결과는 어떻게 달라질까요?

- 만약 바닥이 진흙이라면 두 공은 얼마나 깊이 박히게 될까요?

1. A:B=1:1　　**2.** A:B=1.4:1　　**3.** A:B=2:1　　**4.** A:B=4:1

첫 번째 문제의 경우, 위치에너지가 2배이니 최종 속력은 √2배 차이가 납니다.
두 번째 문제에서는 위치에너지의 차이가 2:1이었으므로 운동에너지도 2:1의 차이가 난다고 설명할 수 있습니다.
수성에서 실험을 한다고 해도 속력과 운동에너지의 차이는 같습니다. 다만 수성은 지구보다 중력이 약하기 때문에 속력은 줄고 운동에너지는 적어집니다.
네 번째 문제에서는 위치에너지의 차이가 2:1이므로 A가 2배 깊이 박힙니다.

물체가 천체와의 중력을 이겨내고 무한히 멀어질 수 있는 최소한 속도를 탈출속도라고 합니다. 지구에서의 탈출속도는 초속 11.19km/s입니다. 슈퍼맨이 공을 초속 11.19km/s로 던지면 공은 지구의 중력을 벗어나 우주로 탈출합니다.

그런데 야구공을 중력과 직각 방향으로 던져야 할까요, 아니면 중력과 반대 방향으로 던져야 할까요?

1. 중력과 직각 방향

2. 중력과 반대 방향

3. 상관없다.

슈퍼맨이 달(달의 중력은 지구의 1/6이고 반지름은 지구의 1/4, 질량은 1/81입니다)에서 공을 던집니다. 속도가 얼마가 되면 공은 달의 중력을 벗어나 우주로 탈출할까요?

1. 약 2.8km/s

2. 약 2.4km/s

3. 약 1.9km/s

4. 약 1.5km/s

탈출속도를 구하는 식을 만들어 봅시다. 약 100m 높이에서 물체를 떨어트리면 지표면에 도달할 때는 약 44m/s입니다. 그렇다면 지표면에서 수직으로 44m/s의 속도로 물체를 쏘아 올리면 약 100m에 도달한다는 소리입니다. 지표면에서 쏜 물체가 무한대의 거리에서 속력이 0이면 지구의 중력을 탈출했다고 할 수 있습니다.

이 말을 달리 하자면 무한대 거리에서의 위치에너지만큼의 운동에너지가 있으면 됩니다. 그런데 앞에서 나온 E=mgh라는 식은 사용할 수 없습니다. 왜냐하면 위의 식은 지구 표면에서만 적용되는 근사식이기 때문입니다.

지구의 중력 위치에너지는 $\dfrac{GmM}{r}$ (m은 물체의 질량, M은 천체의 질량, r은 천체 반지름)입니다.

따라서 $\dfrac{1}{2}mv^2 = \dfrac{GmM}{r}$ (m은 물체의 질량, M은 천체의 질량, r은 천체 반지름, v는 탈출속도, G는 중력상수)로 구할 수 있습니다.

이 식을 정리하면 $v = \sqrt{\dfrac{2GM}{r}}$ 입니다.

달의 반지름과 질량을 위의 식에 대입하면 달에서의 탈출속도는 약 2.4km/s입니다. 그런데 탈출속도는 벡터가 아니라 스칼라입니다. 탈출속도가 아니라 탈출속력이라고 해야 맞습니다. 때문에 방향은 관계가 없습니다.

블랙홀의 경우 탈출속도는 광속을 넘어갑니다. 빛조차 탈출을 못 하기 때문에 블랙 홀(검은 구멍)이라는 이름을 가지게 되었습니다.

아르키메데스에 관한 일화는 매우 많습니다. '유레카'처럼 사실인 것도 있고, '아르키메데스의 불'처럼 거짓인 것도 있습니다. 그러나 아르키메데스가 "나에게 긴 지렛대와 지렛목만 주면 지구도 들어올릴 수 있다"라고 말한 것은 사실입니다.

일=힘×움직인 거리 입니다. 때문에 움직이는 거리를 늘리면 적은 힘으로 일할 수 있습니다. 반대로 큰 힘을 이용하여 거리를 줄일 수도 있습니다. 이를 이용한 장치가 지레입니다.

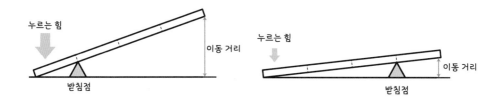

위의 지레는 힘이 3배로 들지만 이동거리는 3배 늘어납니다. 아래 지레는 힘이 1/3배로 줄지만 이동거리는 1/3배로 줄어듭니다.

지구의 무게는 약 6×10^{24}kg입니다. 아르키메데스의 몸무게를 60kg이라고 가정하고 지렛대를 몸무게로 눌러서 지구를 들어올린다고 가정했을 때 지구를 1cm 들어올리려면 몇 시간이 걸릴까요?

1. 시속 30km로 1시간

2. 분속 30km로 1달

3. 초속 30km로 1년

4. 광속으로 100년

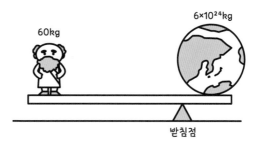

받침점과 작용점의 거리를 1m라고 하면 작용점과 힘점의 거리는 최소 10^{23}m 가 되어야 들 수 있습니다. 이때 지구를 1cm 들어올리려면 지렛대를 10^{18}km 움직여야 하는데 이는 약 105 광년 거리입니다.

과학노트

지레는 받침점, 작용점, 힘점의 위치에 따라 1종·2종·3종 지레가 있습니다.

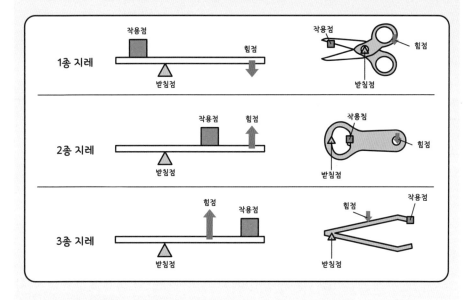

1종 지레는 받침점의 위치를 바꾸어 힘은 적게 들지만 움직인 거리는 길게 하거나, 작은 움직임으로 크게 움직이는 효과를 얻거나 할 수 있습니다.

2종 지레는 힘은 적게 들지만 움직인 거리는 길어집니다. 무거운 물건을 들어올릴 때 주로 사용합니다. 병따개, 외바퀴 손수레 등이 2종 지레를 사용한 도구입니다.

3종 지레는 작은 움직임으로 크게 움직이는 효과를 얻을 수 있습니다. 정교한 작업이 필요한 장치에 사용됩니다. 집게, 핀셋 등이 3종 지레를 사용한 도구입니다.

　물리반 선생님은 물리반 학생들을 데리고 과학관으로 향합니다. 과학관에는 물리반 선생님이 낸 아이디어로 만든 장치가 전시되어 있습니다.

　오른쪽 실린더는 왼쪽 실린더 직경의 두 배입니다. 두 실린더를 연결하는 파이프로 유체가 움직입니다.

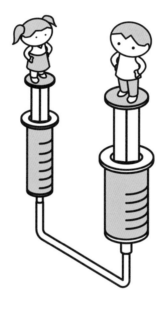

　왼쪽에 50kg의 여자, 오른쪽에 100kg의 남자가 앉는다면 실린더는 어느 쪽으로 움직일까요?

1. 그대로다.

2. 왼쪽은 내려가고 오른쪽은 올라간다.

3. 왼쪽은 올라가고 오른쪽은 내려간다.

실린더의 직경이 두 배 차이 나면 면적은 4배 차이가 납니다. 면적이 4배면 한 번에 밀어낼 수 있는 물의 양은 4배가 되지만 힘은 1/4로 줍니다. 남자의 몸무게는 여자 몸무게의 2배이므로 실제로 물을 누르는 힘은 2×(1/4)=1/2 밖에 되지 않습니다. 때문에 여자 쪽이 내려가고 남자 쪽이 올라갑니다.

사실 이 현상은 지레의 유체流體 버전이라 할 수 있습니다. 지레를 이용하면 무거운 물체를 보다 적은 힘으로 움직일 수 있습니다. 하지만 힘이 적어진 만큼 움직여야 하는 거리가 늘어납니다. 위의 경우도 마찬가지입니다. 힘이 1/4로 준 대신 4배 더 많이 움직여야만 합니다.

3
역학적에너지 전환과 보존

위치에너지와 운동에너지는 상호 변환됩니다. 높은 곳에서 낮은 곳으로 움직이는 동안 위치에너지가 운동에너지로 변하게 됩니다.

진자의 경우는 위치에너지와 운동에너지가 주기적으로 변하게 됩니다.

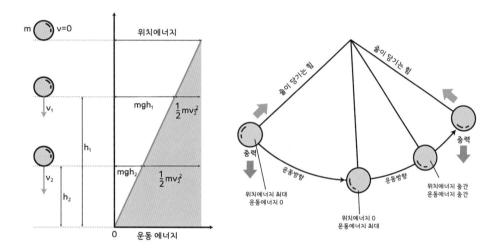

그런데 위의 경우 위치에너지와 운동에너지의 합은 어떻게 될까요? 떨어지는 물체건 진자운동을 하는 물체건 위치에너지와 운동에너지의 합은 위치와 관계없이 일정합니다. 이를 역학적에너지 보존법칙이라합니다.

물체가 땅에 떨어진다면 역학적에너지는 더 이상 보존되지 않습니다. 하지만 에너지가 사라진 것은 아닙니다. 땅에 떨어지는 충격으로 물체에서 열이 납니다. 역학적에너지가 열에너지로 변환되는 것입니다. 이때 변환된 열에너지의 크기는 역학적에너지와 정확하게 일치합니다. 사실 역학적에너지 보존법칙은 에너지 보존법칙의 일부입니다.

대척점對蹠點, antipodes이란 지구 중심으로 들어가서 반대편으로 나오는 지구 표면상의 지점입니다. 우리나라는 대체로 남미의 우루과이 일대가 대척점이 됩니다. 따라서 우리나라에서 우루과이로 가려면 어떤 길을 선택해도 꼬박 2만 km를 가야 합니다.

그렇다고 빨리 가는 방법이 없는 것은 아닙니다. 지구의 중심을 관통하는 터널을 뚫으면 됩니다. 그러면 7,300km나 단축할 수 있습니다. 현실적으로는 불가능하겠지만 뚫었다고 가정을 하고 다음 문제를 풀어보겠습니다.

(가) 지점에서 열차를 출발시킵니다. 그러면 (나) 지점에 도달할 수 있을까요?

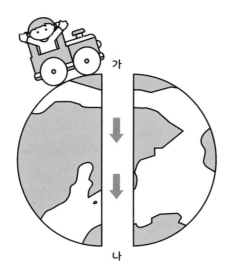

1. 가능하다. 점점 가속하다가, 지구 중심을 지나면서 점점 감속을 해서 (나) 지점에서 안전하게 정차한다.

2. 불가능하다. 가속이 계속되기 때문에 (나) 지점을 통과해 우주로 날아간다. 그래서 로켓 발사용으로 계획 중이다.

3. 불가능하다. 지구 중심은 무중력 상태이기 때문에 지구 중심에서 멈춰버린다.

중력은 지표면에서 가장 강하고 지표에서 멀어지거나 중심부로 갈수록 약해집니다. 그리고 지구 중심부는 무중력 상태입니다. 지구 관통 열차의 경우 중심부까지는 계속 가속하다가 중심을 지나는 순간 반대쪽으로 중력이 작용하면서 감속하게 됩니다.

때문에 (나) 지점에서 속도가 0이 되니 안전하게 정차할 수 있습니다. 만약 (나) 지점에서 열차를 잡지 못하면 열차는 다시 (가) 지점으로 진행합니다. 만약 (가) 지점에서도 잡지 못하면 영원히 왔다갔다 합니다.

가끔 무중력 상태에서 물체가 정지한다고 생각하시는 사람들이 있는데, 관성의 법칙에 따라 움직이는 물체는 계속 움직이고 정지한 물체는 계속 정지한 상태를 유지합니다. 지구 관통 열차의 경우 지구 중심부를 통과할 때 최고속도입니다. 정지하지 않고 그대로 진행합니다. 덤으로 지구 중심부까지 가는 동안 승객들은 무중력 상태를 경험하게 됩니다.

문제 2. 롤러코스터

한 기업이 놀이동산 사업에 진출했습니다. 놀이공원의 상징이라고 할 수 있는 롤러코스터를 빼놓을 수 없겠지요. 이 기업은 두 건설사에 롤러코스터 설계를 의뢰했습니다.

두 건설사는 다음과 같은 설계도를 가지고 왔습니다.

두 롤러코스터는 무사히 운행할 수 있을까요?

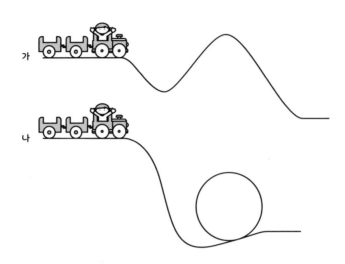

1. 둘 다 무사히 운행된다.

2. (가)는 무사히 운행되지만 (나)는 원형 구간 위에서 추락한다.

3. (나)는 무사히 운행되지만 (가)의 경우는 언덕을 넘지 못하고 되돌아간다.

4. 둘 다 운행이 되지 않는다

　(가)의 경우는 언덕이 출발 위치보다 높기 때문에 다시 내려오게 됩니다. (나)의 경우는 원형구간의 최고점이 출발 위치보다 낮기 때문에 원형 구간을 무사히 넘어서 운행할 수 있습니다(단, 원형 구간의 반지름 크기에 따라 운행 불가능할 경우가 발생할 수 있으니 건설할 때 반지름의 크기를 잘 계산해야 합니다).

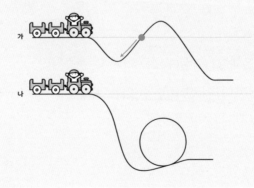

헤이든 플라네타리움$^{\text{Hayden planetarium}}$ 박물관의 관장인 닐 디그래스 타이슨$^{\text{Neil deGrasse Tyson}}$이 벽에 바짝 붙어있습니다. 타이슨은 자신의 코 앞에 천장에 줄로 연결된 쇠공을 갖다 댄 다음 손을 놓습니다(줄은 팽팽한 상태입니다). 쇠공은 반대편까지 갔다가 돌아옵니다.

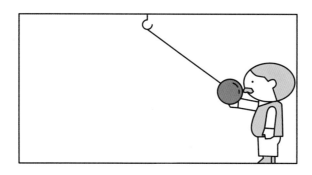

타이슨은 어떻게 되었을까요?

그리고 더욱 무거운 쇠공을 사용한다면 어떻게 될까요?

만약 줄 대신 용수철을 이용한다면 어떻게 될까요?

1. 쇠공은 타이슨에게 도달하지 못하고 중간에 다시 반대편으로 돌아간다.

2. 쇠공은 돌아와서 타이슨의 코를 깨고 반대편으로 돌아간다.

3. 쇠공은 돌아와서 정확하게 타이슨의 코 앞에 멈춘 후 반대편으로 돌아간다.

4. 그때그때 다르다.

진자운동은 위치에너지가 운동에너지로, 운동에너지가 위치에너지로 번갈아 변하는 운동입니다. 그런데 에너지는 절대로 저절로 만들어지거나 사라지지 않습니다. 때문에 진자운동을 몇 번 반복한다 하더라도 정확하게 처음 위치까지만 움직입니다(실제로는 마찰 때문에 코 앞에서 몇 mm 정도 떨어지게 됩니다).

또, 진자의 주기는 진자의 길이에만 의존합니다. 때문에 무게에 상관없이 진자가 움직이는 거리와 시간은 동일합니다(진자가 한 번 왕복하는 데 걸리는 시간을 주기라고 하며, 1초 동안에 진자가 진동하는 횟수를 진동수라고 합니다. 진동수의 단위는 Hz(헤르츠)를 사용합니다).

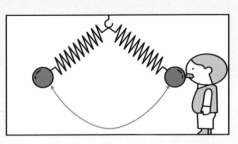

만약 진자운동과 용수철의 진동 운동의 주기가 일치한다면 오른쪽 그림처럼 움직입니다. 하지만 진자운동과 용수철의 진동 운동의 주기가 일치하지 않으면 어떻게 될지 직접 실험해봐야 합니다.

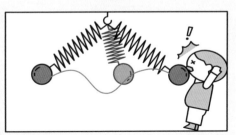

물론 마찰 때문에 에너지가 줄어들어 코가 깨지지 않을 확률이 높기는 하지만, 만의 하나 코가 깨질 수도 있으니 용수철로는 시도하지 않는 것이 좋겠습니다. 만약 오른쪽 아래 그림처럼 움직인다면 큰 사고가 생길 수도 있겠네요.

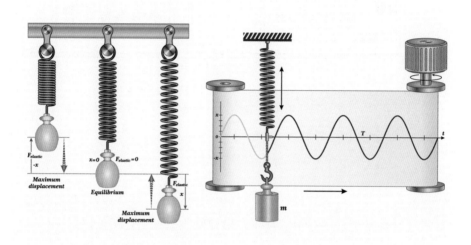

과학노트

탄성 퍼텐셜에너지$^{elastic\ potential\ energy}$를 가진 용수철을 당겼다 놓으면 진동합니다. 용수철의 움직이는 속도는 등속 원운동을 하는 물체의 Y축 방향의 속도와 같습니다. 진자운동에서 진자 끝에 달린 물체가 움직이는 속도도 마찬가지입니다.

문제 4. 뉴턴의 요람

뉴턴의 요람$^{Newton's\ cradle}$은 두 개의 줄에 연결한 같은 질량의 쇠공 여러 개가 연이어 닿아 있는 진자입니다. 뉴턴의 진자$^{Newton's\ pendulum}$라고도 합니다.

뉴턴의 『자연철학의 수학적 원리』에는 같은 질량을 가진 두 진자에 대한 충돌 실험이 실려있습니다. 충돌에 따른 에너지 손실이 거의 없는 탄성 충돌의 경우 한쪽 진자는 충돌 후 에너지를 잃고 정지하며 다른 쪽 진자가 운동하게 됩니다.

하지만 뉴턴이 직접 고안한 것은 아닙니다. 최초의 물건은 1967년 사이먼 프레블Simon Prebble이란 영국 사람이 목재로 만들었습니다. 아마도 뉴턴의 실험에 영감을 받아 뉴턴의 요람이라고 이름을 지은 것 같습니다.

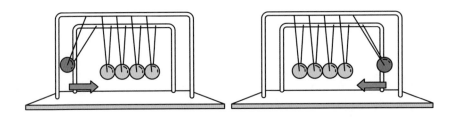

• 가장자리에 있는 하나의 진자를 당겼다 놓으면 반대편에 있는 진자 하나가 움직입니다. 진자를 두 배 더 높은 곳까지 당겼다 놓으면 반대편에 있는 진자 몇 개가 움직일까요?

• 가장자리에 있는 두 개의 진자를 당겼다 놓으면 반대편에 있는 진자 두 개가 움직입니다. 가장자리에 있는 세 개의 진자를 당겼다 놓으면 반대편에 있는 진자 몇 개가 움직일까요?

• 양쪽 가장자리에 있는 한 개의 진자를 당겼다 놓으면 진자는 어떻게 움직일까요?

• 한쪽은 2개, 반대쪽은 3개를 당겼다 놓으면 진자는 어떻게 움직일까요?

진자 한 개가 충돌하면 반대편 진자도 한 개만 움직입니다. 높이가 2배면 반대편 진자도 2배 높이로 올라갑니다.

진자 3개가 충돌하면 진자 3개가 움직입니다. 가운데 진자는 계속 좌우로 움직입니다.

양쪽 가장자리에 있는 한 개의 진자를 당겼다 놓으면 가운데 3개의 진자는 움직이지 않고 양쪽의 2개 진자만 같은 주기로 튀기게 됩니다.

한쪽은 2개 반대쪽은 3개를 당겼다 놓으면 아래와 같이 움직입니다.

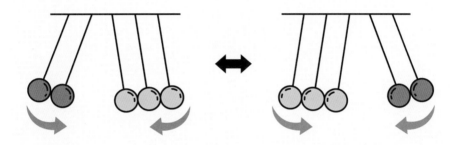

가운데 진자는 계속 좌우로 움직입니다.

흥미로운 이야기를 하나 더 하자면, 뉴턴의 요람의 과학적 원리도 뉴턴이 발견한 것이 아닙니다. ∞(무한대 기호)를 처음 사용한 영국 수학자 존 월리스^{John Wallis}가 뉴턴에게 알려 주었다고 합니다.

문제 5. 운동에너지와 열에너지의 전환

강철 바닥에 같은 무게의 강철 공과 진흙 공을 같은 높이에서 떨어트렸습니다. 강철 공은 튀어오르지만 진흙 공은 바닥에 붙어버렸습니다.

- 강철 공과 진흙 공 중 어느 것이 바닥에 더 많은 충격을 주었을까요?
- 강철 바닥이 아닌 강철 공(A)에 강철 공(B)와 진흙 공(C)를 같은 속도로 굴려 부딪히게 한다면 강철 공와 진흙 공 중 어느 것이 바닥에 더 많은 충격을 줄까요*?(A, B, C의 무게는 같습니다.)

1. 강철 공

2. 진흙 공

3. 둘 다 같다.

공을 바닥으로 떨어트리면 위치에너지가 운동에너지로 바뀌게 됩니다.

강철 공의 경우 다시 튀어 올라옵니다. 만약 1m의 높이에서 떨어트렸는데 90cm를 튀어 올랐다면 10cm 높이만큼의 위치에너지가 바닥에 충격을 준 셈입니다.

진흙 공의 경우 바닥에 달라붙었습니다. 만약 1m의 높이에서 떨어트렸다면 1m 높이만큼의 위치에너지가 바닥에 충격을 준 셈입니다. 위와 같은 상황이라면 진흙 공이 철 공보다 10배나 많은 충격을 준 것입니다.

두 번째 문제의 경우 강철 공(A)이 강철 공(B)에 부딪히는 순간 강철 공(A)는

---

* 위의 문제에서 충격은 충격량이라는 의미로 사용했습니다. 충격량은 물체가 받은 충격의 정도를 나타내는 양입니다. 충격량의 크기는 충돌 과정에서 받는 평균 힘의 크기가 클수록, 충돌 시간이 길수록 큽니다.

움직이고 강철 공(B)는 정지합니다.

강철 공(A)이 강철 공(B)에 부딪히는 순간 강철 공(A)는 움직이고 강철 공(B)는 정지합니다. 충돌 후 강철 공(B)의 속도가 충돌 전 강철 공(A)의 속도와 같다면 강철 공(A)는 전혀 충격을 받지 않은 것입니다.

강철 공(A)이 진흙 공(C)에 부딪히는 순간 강철 공(A)와 진흙 공(C)는 한 덩어리가 되어 느리게 움직입니다. 진흙 공(C)의 속도가 느려진 만큼 에너지도 줄어들게 되는데 이 에너지만큼 강철 공(A)에 충격을 주게 됩니다.

과학노트

운동량momentum은 물체의 질량과 속도의 곱으로 나타내는 물리량입니다. 운동량을 나타내는 기호는 p, 단위는 N·s 또는 kg·m/s입니다. 이 운동량은 외력을 받지 않는 계 내부에서는 변하지 않고 보존됩니다. 이를 운동량 보존법칙law of momentum conservation이라 합니다.

운동량 보존법칙을 이용하면 앞에 나온 두 번째 문제에서 강철 공과 진흙 공이 부딪힐 때 받은 충격을 구할 수 있습니다. 강철 공과 진흙 공의 무게를 1kg, 진흙 공의 속도를 4m/s라고 하겠습니다.

그러면 강철 공의 운동량은 1kg × 0m/s = 0kg·m/s이고, 진흙 공의 운동량은 1kg × 4m/s = 4kg·m/s입니다. 따라서 강철 공과 진흙 공의 운동량의 합은 4kg·m/s입니다.

강철 공과 진흙 공이 합쳐진 후에도 운동량은 같습니다. 따라서 속도는 다음과 같이 구할 수 있습니다. 4kg·m/s = 2kg × x m/s, x = 2m/s

이번에는 운동에너지를 구해보겠습니다.

강철 공의 운동에너지는 (1/2) × 1kg × (0m/s)² = 0J이고, 진흙 공의 운동량은 (1/2) × 1kg × (4m/s)² = 8J입니다. 따라서 강철 공과 진흙 공의 운동량의 합은 8J입니다.

강철 공과 진흙 공이 합쳐진 후의 운동에너지는 (1/2) × 2kg × (2m/s)² = 4J입니다. 강철 공은 충돌 전과 후의 에너지 차이인 4J만큼 충격을 받았습니다.

설명을 위해 구체적인 숫자를 이용했지만 강철 공과 진흙 공의 무게만 같다면 무게나 속도에 상관없이 진흙 공 운동에너지의 50%가 강철 공에 충격을 줍니다.

나가는 말

축하드립니다. 까탈물리를 끝까지 읽으셨군요. 즐거우셨기를 바랍니다.

왜 얼음이 바닥에 가라앉지 않고 뜨는지, 탄산음료의 거품은 왜 일어나는지, 달에서는 전동차의 무게가 가벼워지지만 사용하는 에너지는 같은 이유라든지, LED가 전구를 대체한 이유 등을 이제는 아실 것입니다.

이제 독자님은 물리의 기본 개념을 거의 다 익혔으니 '나는 물잘알'이라고 당당히 선언해도 됩니다. 이제부터는 한 단계 더 나아가서 이 책에서 익힌 개념을 실생활에서 찾고, 예측하고, 적용해보시기를 바랍니다.

또 책을 읽거나 영화를 볼 때 물리학적인 오류를 찾아보는 것도 좋겠지요. 물리 탐정이 된 기분을 느낄 수 있을 것입니다. 여기에서 멈추지 마시고 지구과학, 화학, 생명과학도 공부하면 더욱 도움이 될 것이라 생각합니다.

언젠가 저자의 졸저를 읽은 독자님 중 한국인 최초로 노벨물리학상을 타는 사람이 나오기를 바라겠습니다.

정답 CHECK!

❸ 힘의 작용

1 힘의 표현과 평형

문제1	쥐불놀이 통 안에 사람이 들어간다면?	1
문제2	항공모함에서 날아가는 비행기	3, 4

2 힘과 운동 상태 변화

문제1	우주에서 야구공을 던진다면?	4
문제2	야구공 안의 개미는 관성을 느낄까?	2

3 중력

문제1	만유인력의 크기는 얼마나 될까?	3
문제2	천체에서의 중력의 힘과 방향은?	별의 무게중심 방향, 2
문제3	중성자별에 착륙하기	2, 3, 4
문제4	질량과 무게는 어떻게 측정할 수 있을까?	4
문제5	지구 내부에서 중력의 크기는?	2
문제6	무중력을 만들 수 있을까?	1
문제7	무중력 상태에서 불꽃의 모습은?	2
문제8	무중력 상태에서 물체는 빨라질까?	5
문제9	중력을 인공적으로 강하게 만들 수 있을까?	2

4 탄성력

문제1	달에서 탄성력의 크기는 지구와 같을까?	2
문제2	탄성력의 조건은 무엇일까?	3
문제3	용수철을 직렬, 병렬로 연결하면?	둘 다 22cm
문제4	탄성력, 중력, 원심력	(가) 2, (나) 1

5 마찰력

문제1	마찰은 행성 표면의 운동도 좌우할까?	2
문제2	무게가 많이 나가면 마찰력도 커질까?	2
문제3	닿는 면적이 넓으면 마찰력은 커질까?	1, 2, 3
문제4	레이싱카의 타이어에 트레드 패턴이 없는 이유는?	3
문제5	마찰력과 운동과의 관계	3, 1
문제6	단단한 물체는 마찰력이 더 클까?	1

6 부력

문제1	부력의 크기를 정확히 측정하려면?	3<1=2<4
문제2	무거운 물체의 부력은?	3
문제3	물속에서 무게를 재면?	2
문제4	물 안에 들어간 물체 찾기	1
문제5	부력을 잴 때 필요한 물의 양은?	4
문제6	달에서의 부력은?	1